生物统计附试验设计

◎王　源　杨　婕　岳炳辉　主编

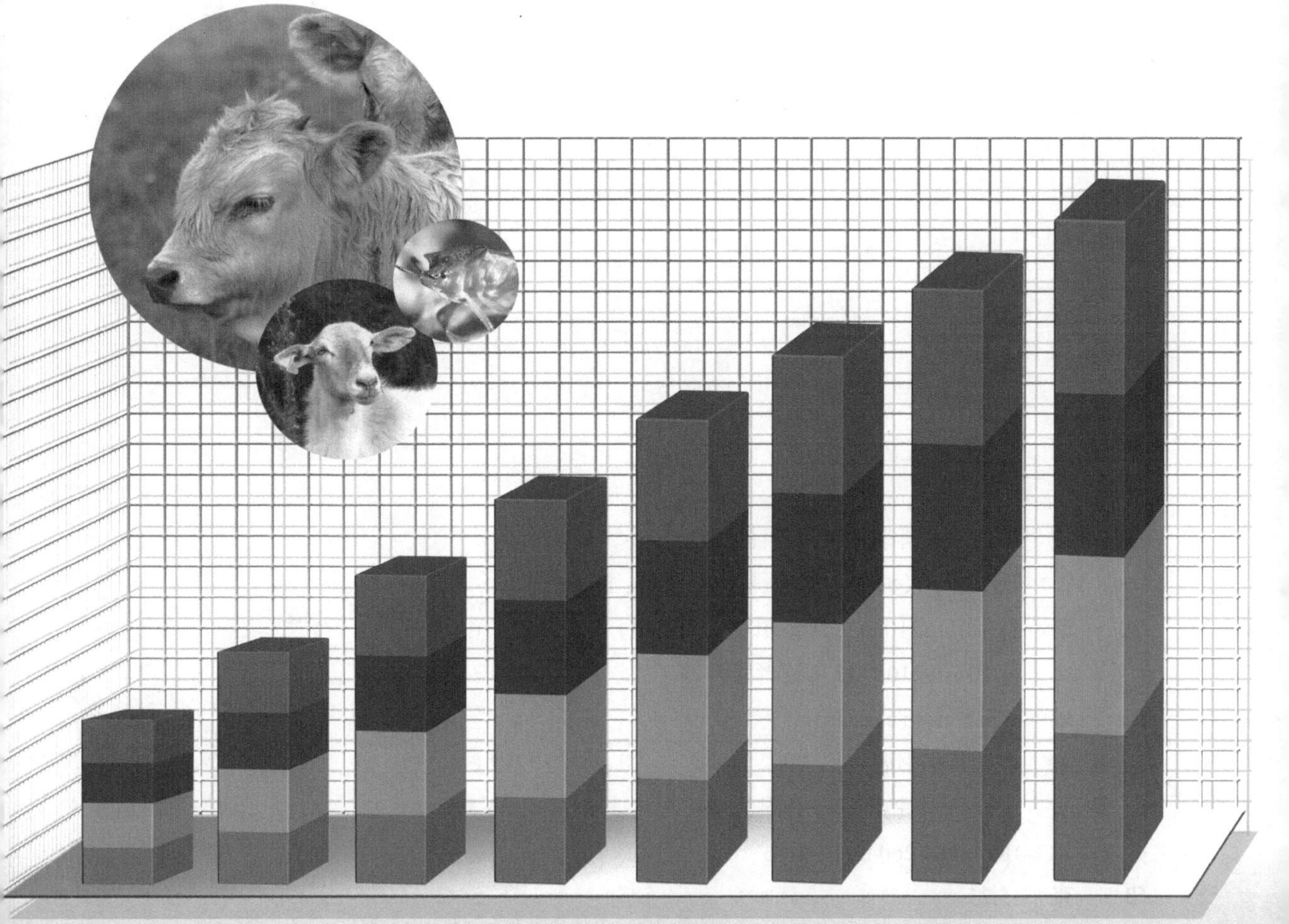

中国农业科学技术出版社

图书在版编目（CIP）数据

生物统计附试验设计 / 王源，杨婕，岳炳辉主编．北京：中国农业科学技术出版社，2025．1．-- ISBN 978-7-5116-7104-2

Ⅰ．Q-332

中国国家版本馆 CIP 数据核字第 20242H0Q66 号

责任编辑 周伟平
责任校对 李向荣
责任印制 姜义伟　王思文

出 版 者 中国农业科学技术出版社
北京市中关村南大街 12 号　邮编：100081
电　　话 （010）82106638（编辑室）（010）82106624（发行部）
（010）82109709（读者服务部）
网　　址 https://castp.caas.cn
经 销 者 各地新华书店
印 刷 者 中煤（北京）印务有限公司
开　　本 185 mm × 260 mm　1/16
印　　张 15.25
字　　数 352 千字
版　　次 2025 年 1 月第 1 版　2025 年 1 月第 1 次印刷
定　　价 58.00 元

内容提要

本教材共分为 5 个项目，主要包括统计学基本知识、均数差异显著性检验——t 检验、方差分析、χ^2 检验、畜牧兽医试验设计。分为 19 个任务，每个任务主要包含任务导入、任务工单、任务准备、任务评价等模块，具有逻辑清晰、目标明确、实用有效、数字化程度高等特点。本教材适合高等农林院校、综合院校生物学和农学相关专业教学使用。

编委会成员

主　编　王　源　　杨　婕　　岳炳辉

副主编　徐其红　　黄　晶　　张萌娥

参　编　牛骁麟　　毛玉平　　牛天悦
　　　　　窦永芳　　郝　佳

前 言

本教材的编写以深入贯彻落实党的二十大精神以及习近平新时代中国特色社会主义思想为指导，坚持立德树人的根本任务，深化“三全育人”改革，本教材为青海省省级“双高”培育计划高水平畜牧兽医专业群建设成果之一。

本教材的编写依照《国家中长期教育改革和发展规划纲要》《国家职业教育改革实施方案》《教育部等九部门关于印发〈职业教育提质培优行动计划（2020—2023年）〉的通知》（教职成〔2020〕7号）、《职业院校教材管理办法》等文件，结合现代农牧产业发展岗位要求，以不断提升人才培养的适应性为落脚点，科学、合理、精准提炼岗位核心技能；通过重构序化教学内容，彻底解决以往教材重理论轻实践、实用性不强等突出短板，做到理实并重，实用有效，是落实“三教”改革中新型教材建设的实践成果。

本教材共分为5个项目19个任务，每个任务内容包括任务导入、任务工单、任务准备、思政导学、任务评价等模块，具有逻辑清楚、目标明确、实用有效、数字化程度高等特点。本教材由王源、杨婕、岳炳辉、徐其红、黄晶等编写，由王源、杨婕统稿，进行了必要的修改和增减，最后由各编者互审、校对人员和审稿人审稿而最终定稿。

本教材承蒙青海农牧科技职业学院范月君教授审阅，提出了宝贵意见，在此致以衷心的感谢。此外，在教材编写过程中参考和引用了许多文献资料，由于篇幅有限，在附录中只列出部分主要参考文献。

由于编者水平有限，不妥之处敬请广大读者批评指正。本书配备教学资源，请拨打电话010-82967726免费获取。

编 者

2024年1月

目 录

项目一 统计学基本知识

项目导读

在生命学科中经常会遇到一些数学问题，例如，基因型如何影响表型，饲料配方如何影响畜禽生长速度等，为解决这些数学问题，将统计学引入生物现象中，对一些不确定的、随机的事件进行量化研究，形成了生物统计学科，本项目主要介绍了生物统计学科中的基本知识，包括生物统计与试验设计常用术语、整理数据资料、基本统计量、概率及其分布。

知识目标

理解生物统计与试验设计的概念；
了解生物统计与试验设计常用术语；
掌握数据资料的分类；
掌握基本统计量的种类及意义；
掌握概率及概率分布的意义。

技能目标

能够正确复述并区分生物统计中最常用的术语；

能够准确区分不同数据资料的类型，并根据不同性质的资料对庞杂无序的数据资料进行整理，绘制图表；

能够准确计算出数据资料的基本特征数；

能够正确计算正态分布、二项分布的概率。

素质目标

培养学生科学严谨的工作态度；
培养学生的团队精神和合作精神；
培养学生求真务实的价值引领；
训练学生分析及独立思考能力。

任务一　生物统计与试验设计常用术语

任务导入

生物统计学中主要学习内容是试验设计和统计分析。掌握试验设计，能使我们降低试验误差，利用较少的人力、物力和时间，获得丰富而可靠的数据资料。掌握统计分析，能使我们对所研究的资料得出合理的结论。由于事物都是相互联系的，统计不能孤立地研究各种现象，而必须通过一定数量的观察，从这些观察结果中研究事物间的相互关系。两者紧密结合，推断出合理的结论，不断地推动应用生物科学研究的发展。

任务：请小组内各成员针对同一试验设计不同试验方式，研究两种试验因子对试验指标的影响，并完成自己所设计的试验，收集整理数据，进行比较，说明试验结果。

任务工单

班级：__________　　姓名：__________　　学号：__________

任务名称	生物统计与试验设计常用术语
任务描述	任务内容：设计一个简单的试验，说明不同试验因子对试验指标的影响。 任务目的：通过此次试验设计，能够更加了解生物统计与试验设计的关系，并能够使相关术语的含义更加明晰。 任务流程：①进行试验指标、试验因子、因素水平及试验单位的确定；②确定试验处理，完成试验；③进行数据收集整理；④对数据进行分析，得出试验结果。 任务方法：通过所学生物统计相关术语，能够基本设计一个完善可靠的试验。
获取信息	要完成任务，需要掌握相关的知识。请收集资料，回答以下问题： 1. 什么是生物统计？什么是试验设计？两者有何关系？ 2. 试验设计包含内容有哪些？该如何确定试验内容？ 3. 试验过程中存在的误差该如何判断其性质？哪些误差可以避免？哪些误差不可以避免？ 4. 为了避免主观因素所导致的试验失败，我们在试验过程中应该如何选取样本？

（续表）

<table>
<tr><td>制订计划</td><td colspan="4"></td></tr>
<tr><td rowspan="6">任务实施</td><td colspan="4">按照预先制订的工作计划，完成本任务，并记录任务实施过程。</td></tr>
<tr><td>序号</td><td>完成的任务</td><td>遇到的问题</td><td>解决的办法</td></tr>
<tr><td></td><td></td><td></td><td></td></tr>
<tr><td></td><td></td><td></td><td></td></tr>
<tr><td></td><td></td><td></td><td></td></tr>
<tr><td></td><td></td><td></td><td></td></tr>
</table>

任务准备

一、生物统计

生物统计是数理统计在生物学研究中的应用，它是用数理统计的原理和方法来认识、分析、推断和解释生命过程中各种现象和试验调查资料的学科，属于生物数学的范畴。用它可以说明科学研究和生产实践中的数量规律，帮助人们从复杂的生物现象中找出变化规律，预测事物发展的可能性，以便指导生产实践。

在畜牧兽医和水产领域，随着科学研究的不断深入，许多性状的研究由定性分析到定量分析，很多实践经验也需要分析验证，这就使生物统计显得更为重要，已成为当代畜牧兽医、水产科学研究和生产必不可少的一个重要工具。

二、试验设计

试验设计广义理解是指在科研工作未进行前，对整个试验研究课题的设计，包括试验方案的拟定，试验单位（或试验动物）的选择和分组，试验设计方法的确定及相应的资料收集、整理和统计分析等一整套计划内容。而狭义理解是专指对试验方案的考虑。试验研究工作一般可以分为 3 个阶段：根据实践或理论的需要确立研究课题，提出必要的专业假说；根据研究课题拟定和实施试验（或调查）方案；根据试验结果检验假说是否成立，并对研究问题做出结论。

三、常用统计术语

（一）总体与样本

1. 总体

总体是指根据研究目的确定的、符合指定条件的全部个体或单位的集合。根据研究的范围不同，总体可分为有限总体和无限总体。有限总体是指个体数量有一定限度、一定范围，这个范围内的个体是有限的，可以查清的，如了解某牛场母牛繁殖率时，该牛场的可繁殖母牛就是一个有限总体。无限总体是指包含的个体数量是无限的，没有范围的，如羊毛根数、饲养试验时被试动物的全体等。实践中研究的总体大都为无限总体。

2. 样本

从总体中选择出来的部分个体或单位的集合。研究者通常从总体中选择样本来进行研究，并通过样本的统计特征来推断总体的特征。例如，在人口统计学研究中，研究者想要了解某个国家的人口结构，那么整个国家的人口就构成了总体，而研究者只抽取其中的一部分人口作为样本，通过对样本人口的年龄、性别、职业等信息进行统计和分析，从而推断整个国家的人口结构。

（二）随机抽样与随机样本

所谓随机原则是在抽取被调查单位时，每个单位都有同等被抽到的机会，被抽取的单位完全是偶然性的。在总体中用随机抽样的方法抽取的样本，称为随机样本。

抽样检验的基本形式，其特点是总体中每个单位被抽中的概率是相同的，完全由许多随机因素综合作用来决定，既排除了抽样时人的主观随意性，又排除了人的主观能动性。所以，统计中常说的样本是指随机样本。

（三）变数与变异数列

变数是指总体或样本中表示性状变异的任何一个观察值。常用 x、y 等表示。由各变数组成的一组观察值称为变量。把观察所得的所有变数（一个变量）按一定顺序排列，成为一个序列，称为变异数列。例如，测定了 10 头牛的体高，每头牛的体高数据就是一个变数，这 10 个变数在一起构成一个变量，把这个变量中 10 个变数由小到大顺序排列，便成为一个变异数列。

（四）参数与统计量

为了表示总体和样本的数量特征，需要计算出几个特征数。由总体计算的特征数叫参数，例如，用 μ 表示总体平均数，用 σ 表示总体标准差；由样本计算的特征数叫统计量，例如，用 $\bar{x}$ 表示样本平均数，用 s 表示样本标准差。通过样本统计量来估计总体参数是推论统计学的核心问题。

（五）系统误差与随机误差

系统误差是由特定原因引起的，具有可测性、重现性和单向性。它是非随机的，可以在一定程度上被认识和校正。如设备故障、测量方法不准确等。

随机误差，也称为偶然误差或不定时误差，是由一系列微小的、随机的因素引起的，如环境条件的微小变化、仪器的微小波动等。这些误差是不可预测的，并且不具有规律性。

总体来说，系统误差是有明确原因、可以预测和控制的误差，是可以避免的；而随机误差是无明确原因、不可预测且不具备规律性的误差，是无法避免的。

（六）准确性与精确性

准确性是指观测值或统计量接近总体真值的程度，两者越接近，说明观测值或统计量的准确性越高，反之，则准确性越低。精确性是指同一试验多次观测值相互之间的接近程度，也就是具体资料中，各个变数间变异程度的大小，变异程度越小，精确性就越高；反之，精确性就越低。例如，在射击比赛中，如果射手连续射击的成绩越来越接近靶心的中心，说明射击的准确性很高；如果射手连续射击的成绩全部偏离靶心，但各弹孔非常接近，说明射击的准确性低，但精确性高，主要是由于枪支未校准而人为造成的错误存在，但射击时随机误差小。

（七）试验指标

为衡量试验结果的好坏或处理效应的高低，在试验中具体测定的性状或观测的项目称为试验指标。由于试验目的不同，选择的试验指标也不相同。在畜禽、水产试验中常用的试验指标：日增重、产仔数、产奶量、产蛋率、瘦肉率、胴体重等，某些生理生化（如血糖含量、红细胞数）和体型指标（如体高、体重）等。

（八）试验因素

试验中所研究的影响试验指标的因素叫试验因素，也叫试验因子。如研究如何提高肉鸡的日增重时，饲料的配方、肉鸡的品种、饲养方式、环境温湿度等都对日增重有影响，均可作为试验因素来考虑。当试验中研究的因素只有一个时，称为单因子试验；若同时研究两个或两个以上的因素对试验指标的影响时，则称为两因子或多因子试验。试验因素常用大写字母 A，B，C，…表示。

（九）因素水平

试验因素所处的某种特定状态或数量等级称为因素水平，简称水平。如比较 5 个品种奶牛产奶量的高低，这 5 个品种就是奶牛品种这个试验因素的 5 个水平；研究某种饲料中 3 种不同能量水平对肥育猪瘦肉率的影响，这 3 种特定的能量水平就是饲料能量这一试验因素的 3 个水平。因素水平用代表该因素的字母加添角标 1，2，…来表示，如 A_1，A_2，…，B_1，B_2，…

（十）试验处理

事先设计好的实施在试验单位上的具体项目叫试验处理，简称处理。在单因子试验中，实施在试验单位上的具体项目就是试验因素的某一水平。例如，进行饲料的比较试验时，实施在试验单位（某种畜禽）上的具体项目就是喂饲某一种饲料。所以进行单因子试验时，试验因素的一个水平就是一个处理。在多因素试验中，实施在试验单位上的具体项目是各因素的某一水平组合。例如，进行 3 种饲料和 4 个品种对猪日增重影响的两因素试验，整个试验共有 $3\times4=12$ 个水平组合，实施在试验单位（试验猪）上的具体项目就是某品种与某种饲料的结合。所以，在多因素试验时，试验因素的一个水平组合就是一个处理。

（十一）试验单位

在试验中能接受不同试验处理的独立的试验载体叫试验单位。在畜禽、水产试验中，一只家禽、一头家畜、一只小白鼠、一尾鱼等，即一个动物；或几只家禽、几头家畜、几只小白鼠、几尾鱼等，即一组动物都可作为试验单位。试验单位往往也是观测数据的单位。

（十二）重复

在试验中，将一个处理实施在两个或两个以上的试验单位上，称为处理有重复；一处理实施的试验单位数称为处理的重复数。例如，用某种饲料喂 3 只羊，就说这个处理（饲料）有 3 次重复。

思政导学

生物统计学的研究开始于 19 世纪末。1870 年，英国遗传学家弗朗西斯・高尔顿（Francis Galton，1822—1911）应用统计方法研究人种特性，分析父母与子女的变异，探索其遗传规律。高尔顿自 1882 年起开设“人体测量实验室”，收集了大量有关身高、体重、胸围等人体特征方面的资料，并深入钻研这些资料中隐藏着的内在联系，最终得出“祖先遗传法则”。他努力探索那些能把大量数据加以描述与比较的方法和途径，引入了中位数、百分位数、四分位数、四分位差，以及分布、相关、回归等重要的统计学概念与方法，因此，被后人推崇为生物统计学的创始人。

卡尔・皮尔逊（Karl Pearson，1857—1936）全面继承和发展了高尔顿的思想，将回归与相关的理论进一步推广和一般化，并建立了相应的数学基础。1891 年之后，皮尔逊潜心研究区分物种时所用数据的分布理论，提出了“概率”和“相关”的概念。接着，又提出标准差、正态曲线、平均变差、均方根误差等一系列数理统计基本术语。皮尔逊致力于大样本理论的研究，他发现不少生物方面的数据有显著的偏态，不适合用正态分布去刻画，为此他提出了后来以他的名字命名的分布族，为估计这个分布族中的参数，他提出了“矩法”。为考察实际数据与族分布的拟合优劣问题，他引进了著名“卡平方检验法”，并在理论上研究了其性质。这个检验法是假设检验最早、最典型的方法，他在理论分布完全给定的情况下求出了检验统计量的极限分布。皮尔逊、高尔顿与拉斐尔・威尔登（Raphael Weldon，1860—1906）为了推广统计在生物上的应用，于 1901 年创立统计学期刊《生物计量》（*Biometrika*），使生物统计有了自己的学术阵地。

人类历史进入 20 世纪后，无论社会领域还是自然领域都向统计学提出更多的要求。各种事物与现象之间繁杂的数量关系及一系列未知的数量变化，单靠记录或描述的统计方法已难以奏效。因此，相继产生“推断”的方法来掌握事物总体的真正联系及预测未来的发展。从描述统计学到推断统计学，这是统计发展过程中的一大飞跃。统计学发展中的这场深刻变革是在农业田间试验领域中完成的。对现代推断统计的建立贡献最大的是英国统计学家威廉・戈塞特（William Sealy Gosset，1876—1937）和罗纳德・艾尔默・费歇尔（Ronald Aylmer Fisher，1890—1962）。

戈塞特在生产实践中对样本标准差进行了大量研究。1908 年，戈塞特首次以“Student”（学生）为笔名在该年的 *Biometrika* 上发表了论文“平均数的概率误差”，创立了小样本检验代替大样本检验的理论，即 t 分布（也称为学生式分布）和 t 检验。t 检验已成为当代生物统计工作的基本工具之一，为多元分析理论的形成和应用奠定了基础。为此，许多统计学家把 1908 年看作是统计推断理论发展史上的里程碑。后来，戈塞特又连续发表了“相关系数的概率误差”（1909）、“非随机抽样的样本平均数分布”（1909）、“从无限总体随机抽样平均数的概率估算表”（1917），等等。这些论文的完成，为“小样本理论”奠定了基础，同时也为以后的样本资料的统计分析与解释开创了一条崭新的道路。由于戈塞特开创的理论使统计学开始由大样本向小样本、由描述向推断发展，因此，有人把戈塞特推崇为推断统计学的先驱者。

（资料来源：根据相关资料整理）

思考分析：生物统计学为研究人员提供了各种各样的统计方法和技术，能够对生物数据进行分析和解释。

数据分析是从收集到的生物学数据中提取信息和发现规律的过程，生物统计学可以帮助研究人员对数据进行描述性统计、推断统计和试验设计等分析，并根据结果做出科学的结论。这些分析结果对于深入了解生物学现象、验证科学假设及指导进一步的研究具有重要的意义。

任务筹划

生物统计常用术语一般分为统计术语和试验设计术语，具体分类如图 1-1 所示。

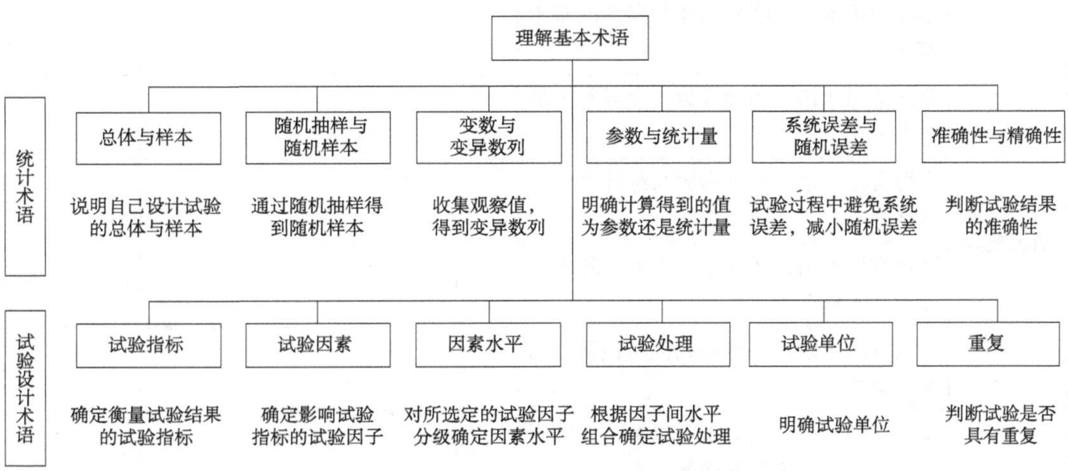

图 1-1 生物统计常用术语分类

任务实施

步骤一：

步骤二：

步骤三：

步骤四：

步骤五：

二维码 1-1

任务检测

使用微信小程序扫码进入在线测试，可多次答题，直到获得满意的结果。

任务评价

根据任务完成情况，进行任务评价，见表 1-1。

表 1-1　工作任务完成过程评价

班级：＿＿＿＿＿＿　姓名：＿＿＿＿＿＿　学号：＿＿＿＿＿＿

项目	评分标准	分值	自我评价	小组评价	教师评价
知识技能	掌握常用术语，明确总体与样本的基本概念	10			
	掌握常用术语，明确变数与变异数列的基本概念	10			
	掌握常用术语，明确参数与统计量的基本概念	10			
	掌握常用术语，明确系统误差与随机误差的基本概念	10			
	掌握常用术语，明确准确性与精确性的基本概念	10			
	掌握常用术语，明确试验指标、试验因素、因素水平等基本概念	10			
任务质量	准确判断总体与样本	10			
	准确判断参数与统计量	10			
	准确判断数据资料的准确性和精确性	10			
	准确识别给定试验中的试验指标、试验因素、因素水平和重复	10			

（续表）

项目	评分标准	分值	自我评价	小组评价	教师评价
合计		100			
自我评价与总结					
教师点评					

任务二　整理数据资料

任务导入

资料整理是根据统计研究的任务与要求，对调查得来的数据资料，进行科学的整理与加工，使之系统化，从而反映总体特征。统计调查取得的数据资料是分散的、杂乱的、不系统的，只能表明各个被调查单位的具体情况，反映事物的表面现象或一个侧面，不能说明事物的全貌、总体情况。因此，只有对这些资料进行加工整理才能认识事物的总体及其内部联系。统计资料整理，是统计调查的继续，也是统计分析的前提，在整个统计工作中具有承前启后的作用。

任务：通过统计调查得到了 100 头猪的血红蛋白含量（g/100 mL）资料（表 1-2），在小组内确定不同组中值后将该资料整理成次数分布表，并绘制成直方图和折线图。

表 1-2　100 头猪的血红蛋白含量　（单位：g/100 mL）

13.4	13.8	14.4	14.7	14.8	14.4	13.9	13.0	13.0	12.8
12.5	12.3	12.1	11.8	11.0	10.1	10.1	10.1	11.6	12.0
12.0	12.7	12.6	13.4	13.5	13.5	15.0	15.0	15.1	14.1
13.5	13.5	13.2	12.7	12.8	16.3	11.7	11.7	11.2	10.5
10.5	11.3	11.8	12.2	12.4	12.8	13.3	13.3	13.6	14.1
14.5	15.2	15.3	14.6	14.2	13.7	12.9	12.9	12.9	12.4
12.3	11.9	11.1	10.7	10.8	11.4	12.2	12.2	12.1	12.8
9.5	12.3	12.5	12.7	13.0	13.1	14.2	14.2	14.9	12.4
13.1	12.5	12.7	12.0	12.4	11.6	10.9	10.9	11.1	11.6
12.6	13.2	13.8	14.1	14.7	15.6	15.7	14.7	14.0	13.9

（提示：第 1 组下限取为 9.1，组距 i=0.7）

任务工单

班级:________________ 姓名:________________ 学号:______________

<table>
<tr><td>任务名称</td><td colspan="4">整理数据资料</td></tr>
<tr><td>任务描述</td><td colspan="4">任务内容：将调查所得的数据整理成次数分布表，并绘制统计表。
任务目的：通过将杂乱无章的数据进行整理使其更加一目了然，从而培养学生科学严谨、一丝不苟的学习态度。
任务流程：①根据给定任务判断数据资料类型；②根据判断结果对资料进行分组，并制作次数分布表；③根据次数分布表使用 Office 或 WPS 软件绘制统计表。
任务方法：提供数据，学生自行分析整理，利用 Excel 完成统计表绘制。</td></tr>
<tr><td>获取信息</td><td colspan="4">要完成任务，需要掌握相关的知识。请收集资料，回答以下问题：
1. 计量资料的特征是什么？

2. 计量资料的全距如何计算？

3. 计量资料的组数如何确定？

4. 计量资料的组距如何计算？

5. 计量资料的组限及组中值如何计算？

6. 直方图及折线图的绘制方法有哪些？</td></tr>
<tr><td>制订计划</td><td colspan="4"></td></tr>
<tr><td rowspan="6">任务实施</td><td colspan="4">按照预先制订的工作计划，完成本任务，并记录任务实施过程。</td></tr>
<tr><td>序号</td><td>完成的任务</td><td>遇到的问题</td><td>解决的办法</td></tr>
<tr><td></td><td></td><td></td><td></td></tr>
<tr><td></td><td></td><td></td><td></td></tr>
<tr><td></td><td></td><td></td><td></td></tr>
<tr><td></td><td></td><td></td><td></td></tr>
</table>

任务准备

一、资料的分类

正确地进行资料的分类是资料整理的前提。在调查或试验中，由观察、测量所得的数据按其性质的不同，一般可以分为定量数据（计量资料）和定性数据（计数资料）两类。

（一）计量资料

计量资料指用度、量、衡等计量工具直接测定得到的资料。其数据是用长度、容积、重量等来表示，如体高、产奶量、体重、绵羊剪毛量等。这种资料的各个观测值不一定是整数，两个相邻的整数间可以有带小数的任何数值出现，其小数位数的多少由度量工具的精度而定，它们之间的变异是连续性的。因此，计量资料也称为连续性变异资料，如体高、产奶量、绵羊剪毛量、血液的生理生化指标等。

（二）计数资料

计数资料指用计数方式得到的数量资料。在这类资料中，它的各个观察值只能以整数表示，在两个相邻整数间不得有任何带小数的数值出现。因此该类资料也称为不连续性变异资料或间断性变异资料，如猪的产仔数、鸡的产蛋数、鱼的尾数、母猪的乳头数、寄生虫虫卵数等。

对一些只能观察而不能直接测量的性状，如颜色、性别、生死等，不能直接用数值表示，要获得这类性状的数据资料，须对其观察结果作数量化处理，其方法有以下两种。

1. 统计次数法

在一定的总体或样本中，根据某一质量性状的类别统计其次数，以次数作为质量性状的数据。例如，在研究猪的毛色遗传时，白猪与黑猪杂交，子二代中白猪、黑猪和花猪的头数分类统计见表 1-3。

表 1-3　白猪和黑猪子二代的毛色分离情况

毛色	次数 /*f*	频率 /%
白色	332	73.78
黑色	96	21.33
花色	22	4.89
合计	450	100.00

这种由质量性状数量化得来的资料叫次数资料。

2. 评分法

对某一质量性状，因其类别不同，分别给予评分。例如，在研究猪的肉色遗传时，常用的方法是将屠宰后 2 h 的猪眼肌横切面与标准图谱对比，由浅到深分别给予 1～5 分的评分，以便统计分析。

二、资料的整理

在对原始资料进行整理之前，首先，要对全部资料进行检查与核对，其次，再根据资料的类型及研究的目的对资料进行整理。

（一）资料的检查与核对

检查和核对原始资料的目的在于确保原始资料的完整性和正确性。所谓完整性是指原始资料无遗漏或重复。所谓正确性是指原始资料的测量和记载无差错或未进行不合理的归并。检查中要特别注意特大、特小和异常数据（可结合专业知识做出判断）。对于有重复、异常或遗漏的资料，应予以删除或补齐；对有错误、相互矛盾的资料应进行更正，必要时进行复查或重新试验。资料的检查与核对工作虽然简单，但在统计处理工作中是一项非常重要的步骤，因为只有完整、正确的资料，才能真实地反映出调查或试验的客观情况，才能经过统计分析得出正确的结论。

（二）资料的整理方法

对原始资料进行检查核对后，根据资料中观测值的多少确定是否分组。当观测值不多（$n \leqslant 30$）时，不必分组，直接进行统计分析。当观测值较多（$n > 30$）时，宜将观测值分成若干组，以便统计分析。将观测值分组后，制成次数分布表，即可看到资料的集中和变异情况。不同类型的资料，其整理的方法略有不同。

1. 计数资料的整理

现以 50 枚受精种蛋孵化出雏鸡的天数为例（表 1-4），说明计数资料的整理。

表 1-4　50 枚受精种蛋孵化出雏鸡的天数

（单位：d）

21	20	20	21	23	22	22	22	21	22	20	23	22	23	22	19	22	23
24	22	19	22	21	21	21	22	22	24	22	21	21	22	22	23	22	22
21	22	22	23	22	23	22	22	22	23	23	22	21	22				

小鸡出壳天数在 19～24 d 内变动，有 6 个不同的观察值。用各个不同观察值进行分组，共分为 6 组，可得如表 1-5 形式的次数分布表。

表 1-5　50 枚受精种蛋出雏天数的次数分布表

孵化天数 /d	画线计数	次数 /*f*
19	‖	2
20	‖ |	3
21	卌 卌	10
22	卌 卌 卌 卌 ‖ ‖	24
23	卌 ‖ ‖	9
24	‖	2
合计		50

从表 1-5 可以看出：受精种蛋孵化出雏鸡天数大多集中在 21～23 d，以 22 d 的最多，孵化天数较短（19～20 d）和较长（24 d）的都较少。

有些计数资料，观察值较多，变异范围较大，若以每一观察值为一组，则组数太多，而每组内包含的观察值太少，资料的规律性显示不出来。对于这样的资料，可扩大为以几个相邻观察值为一组，适当减少组数，这样资料的规律性就较明显，对资料进一步计算分析也比较方便。例如，观测某品种 100 只蛋鸡每年每只鸡产蛋数（原始资料略），其变异范围为 200～299 枚。这样的资料如以每个观察值为一组，则组数太多（该资料最多可分为 100 组），如间隔 10 枚为一组，则可使组数适当减少。经初步整理后分为 10 组，资料的规律性就比较明显，见表 1-6。

从表 1-6 可以看到，大部分蛋鸡的年产蛋数为 220～259 枚，但也有少数蛋鸡每年产蛋数少到 200～209 枚，多到 290～299 枚。

表 1-6　100 只蛋鸡每年每只鸡产蛋数的次数分布表

产蛋数 / 枚	画线计数	次数 /f
200～209	‖	2
210～219	卌 ‖ |	8
220～229	卌 卌 卌	15
230～239	卌 卌 卌 卌	20
240～249	卌 卌卌 卌 ‖ |	23
250～259	卌 卌 卌 ‖	17
260～269	卌 ‖ |	8
270～279	‖ ‖	4
280～289	‖	2
290～299	|	1
合 计		100

2. 计量资料的整理

计量资料不能按计数资料的分组方法进行整理，在分组前需要确定全距、组数、组距、组中值及组限，然后将全部观测值画线计数归组。下面以 126 头基础母羊的体重资料为例，说明其整理的方法及步骤，并整理成次数分布表（表 1-7）。

（1）求全距。全距是资料中最大值与最小值之差，又称为极差（Range），用 R 表示，即

$$R = \mathrm{Max}(x) - \mathrm{Min}(x) \tag{1-1}$$

表 1-7 中，基础母羊的最大体重为 65.0 kg，最小体重为 37.0 kg，因此

$$R = 65.0 - 37.0 = 28.0(\mathrm{kg})$$

表 1-7　126 头基础母羊的体重资料　（单位：kg）

53.0	50.0	51.0	57.0	56.0	51.0	48.0	46.0	62.0	51.0	61.0	56.0	62.0	58.0	46.5
48.0	46.0	50.0	54.5	56.0	40.0	53.0	51.0	57.0	54.0	59.0	52.0	47.0	57.0	59.0
54.0	50.0	52.0	54.0	62.5	50.0	50.0	53.0	51.0	54.0	56.0	50.0	52.0	50.0	52.0
43.0	53.0	48.0	50.0	60.0	58.0	52.0	64.0	50.0	47.0	37.0	52.0	46.0	45.0	42.0
53.0	58.0	47.0	50.0	50.0	45.0	55.0	62.0	51.0	50.0	43.0	53.0	42.0	56.0	54.5
45.0	56.0	54.0	65.0	61.0	47.0	52.0	49.0	49.0	51.0	45.0	52.0	54.0	48.0	57.0
45.0	53.0	54.0	57.0	54.0	54.0	45.0	44.0	52.0	50.0	52.0	52.0	55.0	50.0	54.0
43.0	57.0	56.0	54.0	49.0	55.0	50.0	48.0	46.0	56.0	45.0	45.0	51.0	46.0	49.0
48.5	49.0	55.0	52.0	58.0	54.5									

（2）确定组数。组数的多少视样本含量及资料的变动范围而定，一般以达到既简化资料又不影响反映资料的规律性为原则。组数要适当，不宜过多，也不宜过少。分组越多所求得的统计量越精确，但增大了运算量；若分组过少，资料的规律性就反映不出来，计算出的统计量的精确性也较差。一般组数的确定，可参考表 1-8。

表 1-8　样本含量（n）与组数

样本含量	组　数
10～100	7～10
101～200	9～12
201～500	12～17
500 以上	17～30

本例中 n=126，根据表 1-8，初步确定组数为 10 组。

（3）确定组距。每组最大值与最小值之差称为组距，记为 i。分组时要求各组的组距相等。组距的大小由全距与组数确定，计算公式为

$$组距（i）= 全距 / 组数 \tag{1-2}$$

本例中 $i=\dfrac{28.0}{10}\approx 3.0$。

（4）确定组限及组中值。各组的最大值与最小值称为组限。最大值称为上限，最小值称为下限。每一组的中点值称为组中值，它是该组的代表值。组中值与组限、组距的关系如下：

$$组中值=\frac{组下限+组上限}{2}=组下限+\frac{1}{2}组距=组上限-\frac{1}{2}组距$$

由于相邻两组的组中值间的距离等于组距，所以当第 1 组的组中值确定以后，加上组距就是第 2 组的组中值，第 2 组的组中值加上组距就是第 3 组的组中值，其余类推。

组距确定后，要选定第 1 组的组中值。在分组时为了避免第 1 组中观察值过多，一般第 1 组的组中值以接近于或等于资料中的最小值为好。同时，为便于计算，组中值最好取整数。第 1 组组中值确定后，该组组限即可确定，其余各组的组中值和组限也可相继确定。注意，最末一组的上限应大于资料中的最大值。

表 1-7 中，最小值为 37.0，第 1 组的组中值取 37.5，因组距已确定为 3.0，所以第 1 组的下限 $=37.5-\frac{1}{2}\times 3.0=36.0$；第 1 组的上限也就是第 2 组的下限为 36.0+3.0=39.0；第 2 组的上限也就是第 3 组的下限为 39.0+3.0=42.0……依此类推，一直到某一组的上限大于资料中的最大值为止，于是可分组为 36.0～39.0，39.0～42.0……为了使恰好等于前一组上限和后一组下限的数据能确切归组，约定将其归入后一组。通常将上限略去不写。如第 1 组记为 36.0～，第 2 组记为 39.0～……

（5）归组画线计数，制作次数分布表。分组结束后，将资料中的每一观测值逐一归组，画线计数，然后制成次数分布表。如表 1-7 中，第 1 个观察值为 53.0，应归入表 1-9 中第 6 组，组限为 51.0～54.0；第 2 个数观察值为 50.0，应归入第 5 组，组限为 48.0～51.0；依次将 126 个观察值都进行归组画线计数，制成次数分布表，见表 1-9。

表 1-9　126 头基础母羊的体重次数分布表

组别	组中值	画线计数	次数 /f
36.0～	37.5	|	1
39.0～	40.5	|	1
42.0～	43.5	卌 |	6
45.0～	46.5	卌 卌 卌 ‖ |	18
48.0～	49.5	卌 卌 卌 卌 卌 |	26
51.0～	52.5	卌 卌 卌 卌 卌 ‖	27
54.0～	55.5	卌 卌 卌 卌 卌 |	26
57.0～	58.5	卌 卌 ‖	12
60.0～	61.5	卌 ‖	7
63.0～	64.5	‖	2
合 计			126

次数分布表不仅便于观察资料的规律性，而且可根据它绘成次数分布图及计算平均数、标准差等统计量。从表 1-9 可以看出 126 头基础母羊的体重资料分布的一般趋势：体重的变异范围为 37.0～65.0 kg，大部分母羊的体重在 45.0～60.0 kg。

在归组画线时应注意，不要重复或遗漏，归组画线后将各组的次数相加，结果应与样本含量相等，如不等，证明归组画线有误，应予纠正。在分组后所得实际组数，有时和最初确定的组数不同，如第 1 组下限和资料中的最小值相差较大或实际组距比计算的组距要小，则实际分组的组数将比原定组数多；反之则少。

三、绘制统计图

常用的统计图有柱形图、圆图、直方图和折线图等。图形的选择取决于资料的性质，一般情况下，计量资料采用直方图和折线图，计数资料常用柱形图、折线图或圆图。

（一）柱形图

在直角坐标系的横轴上标记组限，纵轴上标记次数，以各组组限为宽度，各组的次数为高度，按比例绘制成垂直相连的柱形，即次数分布柱形图。

例 1-1 某养猪场 3 个品种猪从出生至 6 月龄的体重变化见表 1-10，制出 3 个品种猪体重变化的柱形图。

表 1-10 3 个品种猪体重的变化（出生至 6 月龄） （单位：kg）

品种	出生	1 月龄	2 月龄	3 月龄	4 月龄	5 月龄	6 月龄
长白猪	2.0	13.5	27.5	43.0	61.2	83.8	118.5
大约克	1.8	12.0	24.5	38.0	53.6	72.3	104.5
大白猪	1.6	10.0	21.0	32.0	45.0	60.5	85.7

操作步骤：

第一步：数据录入

在 Excel 中录入数据，如图 1-2 所示。

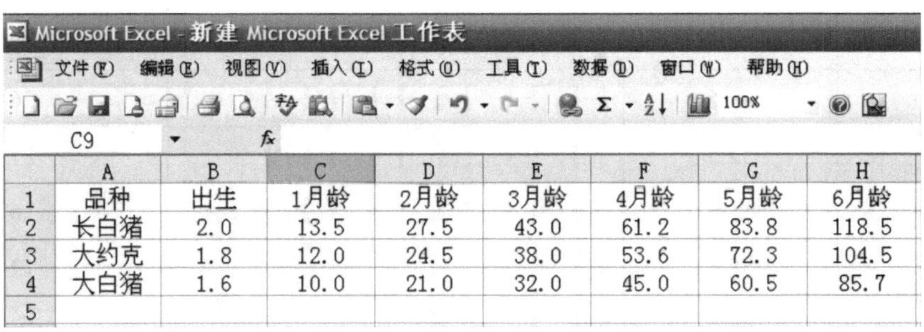

	A	B	C	D	E	F	G	H
1	品种	出生	1月龄	2月龄	3月龄	4月龄	5月龄	6月龄
2	长白猪	2.0	13.5	27.5	43.0	61.2	83.8	118.5
3	大约克	1.8	12.0	24.5	38.0	53.6	72.3	104.5
4	大白猪	1.6	10.0	21.0	32.0	45.0	60.5	85.7
5								

图 1-2 原始数据录入

第二步：绘制柱形图

单击“插入”栏中的“图表”，弹出“图表类型”对话框，选择“柱形图”，可根据需要选择“子图表类型”中“簇状柱形图”，点击“完成”，如图 1-3 所示。

第三步：绘制普通线图

单击“插入”栏中的“图表”，弹出“图表类型”对话框，选择“折线图”，可根据需要选择“子图表类型”中“数据点折线图”，点击“完成”，如图 1-4 所示。

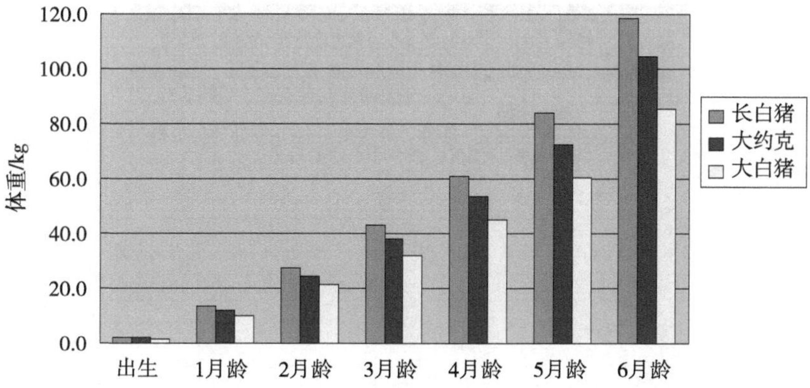

图 1-3　3 个品种猪体重变化（柱形图）

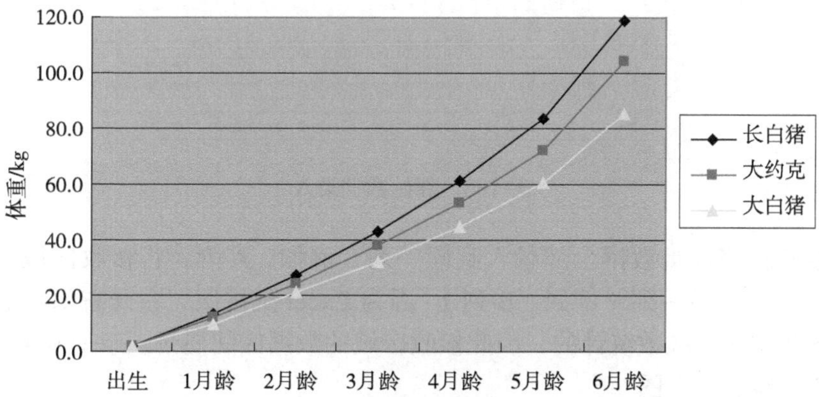

图 1-4　3 个品种猪体重变化（普通线图）

（二）直方图和折线图

1. 直方图

在统计数据时，按照次数分布表，在平面直角坐标系中，横轴标出每个组的端点，纵轴表示次数，每个矩形的高代表对应的次数，称这样的统计图为次数分布直方图。

2. 折线图

以各组组中值为横坐标，次数为纵坐标在直角坐标系描点，用线段依次连接各点，即成次数分布折线图。

例 1-2　以表 1-7 数据为例，绘制直方图和折线图。

操作步骤：

第一步：数据录入

在 Excel 中录入数据，如图 1-5 所示。

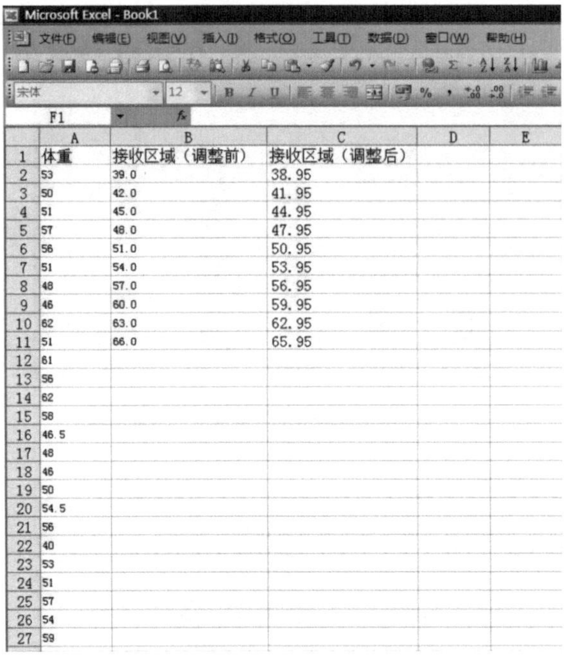

图 1-5　原始数据录入

录入技巧：将体重数据全部录入到同一列，例如，A 列；将接收区域（指每一个组的组上限）录入另一列（例如，B 列）。因为 Excel 是按照“左开右闭”的方式对落在各区间的数据进行频数统计的，因此接收区域的数据区间要录入组上限值。

第二步：绘制直方图

（1）以图 1-5 数据为例，在 Excel 中，点击“工具”—“数据分析”—“直方图”，出现如图 1-6 所示对话框。

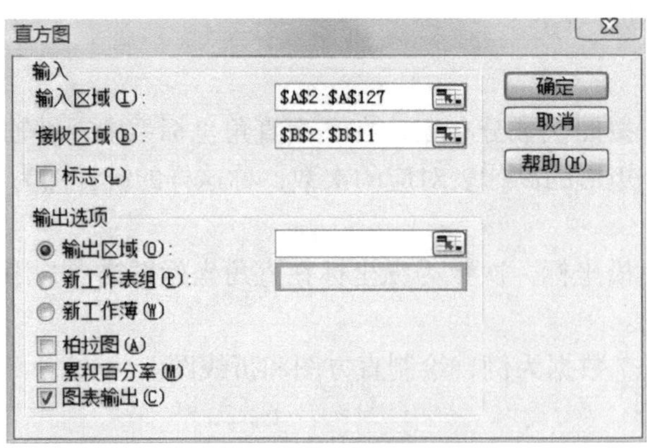

图 1-6　直方图对话框

（2）在“输入区域”对话框点击后，选定录入在 A 列的全部数据，在“接收区域”对话框点击后，选定 C2：C11（调整后的接收区域）。注意，按道理，本来应该选择 B2：B11（调整前的接收区域），但为了使 Excel 能更准确地统计出“左开右闭”区间段的频数，将各区间段“右闭”的数据比样本数据多取一位小数点，并将数据改小，就得到 C2：C11（调整后的接收区域）。

（3）在“输出区域”对话框中点击后，在 Excel 电子表格空白处随便选择一个二列十行（或更大区域）作为数据输出区域。然后勾选“图表输出”，确定，得到如图 1-7 所示图形。

接收	频率
38.95	1
41.95	1
44.95	6
47.95	18
50.95	26
53.95	27
56.95	26
59.95	12
62.95	7
65.95	2
其他	0

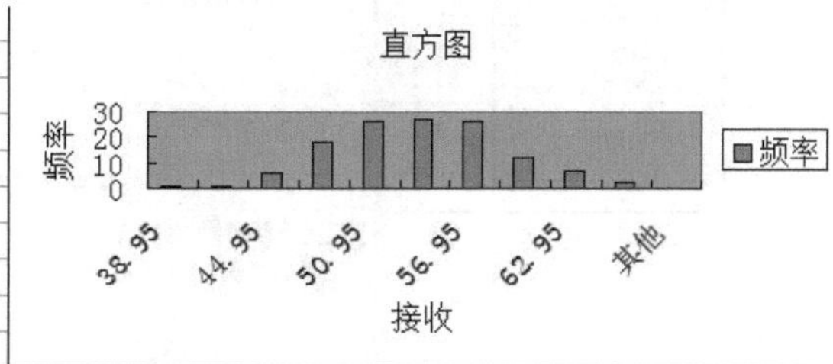

图 1-7　直方图

（4）将接收和频率所在表格中的“其他”行删除，“接收”列的数据可根据情况替换为组中值，再修正直方图。具体操作如下：

将光标置于频率分布直方图的任一长条图上，双击，出现“数据系列格式”对话框，在“选项”栏中将“分类间距”调整为零，确定。然后调整图形大小，使全部组中值显示在 x 轴上，再在图表标题、x 轴、y 轴对话框输入相应的信息，可完成直方图，如图 1-8 所示。

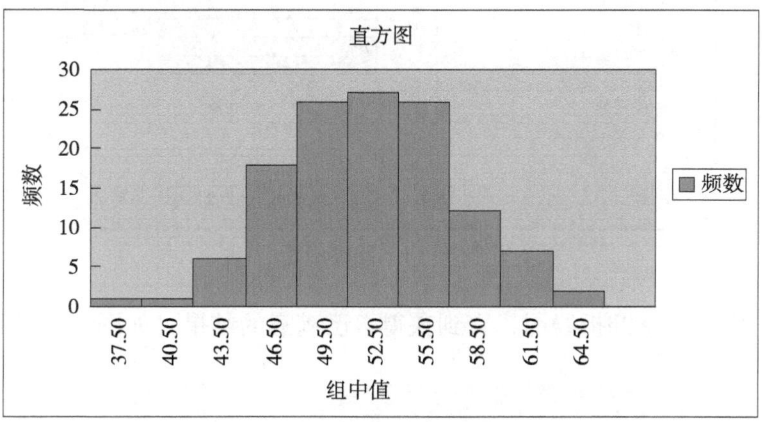

图 1-8　修正后的直方图

第三步：绘制折线图

（1）在 Excel 中录入数据，如图 1-9 所示，并选择这个数据区域。

（2）单击“插入”下拉菜单“图表”，弹出“图表类型”对话框，选择“折线图”中的“数据点折线图”，单击“下一步”弹出“图表源数据”对话框，在“系列”标签中，默认“系列 1”，“名称”为空。在“值（V）”中，选定“频率”区域数值，在“分类（X）轴标志”选定“接收”区域数值，如图 1-10 所示。

37.5	1
40.5	1
43.5	6
46.5	18
49.5	26
52.5	27
55.5	26
58.5	12
61.5	7
64.5	2

图 1-9　数据选择

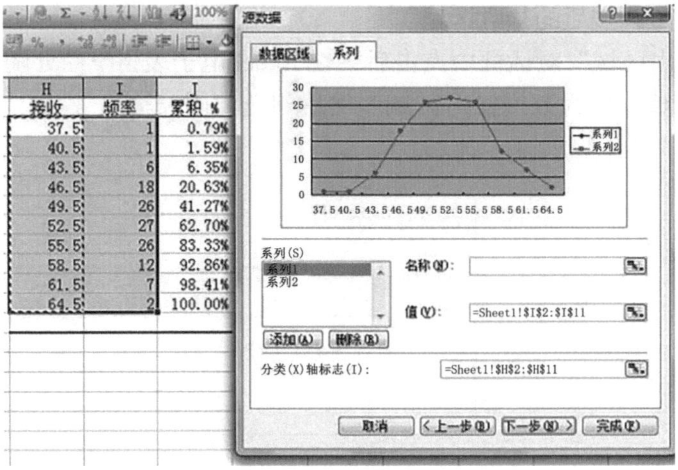

图 1-10　数值选定

（3）继续点击下一步，在“图表标题、分类（X）轴、数值（Y）轴”中输入相应的名称，如图 1-11 所示。

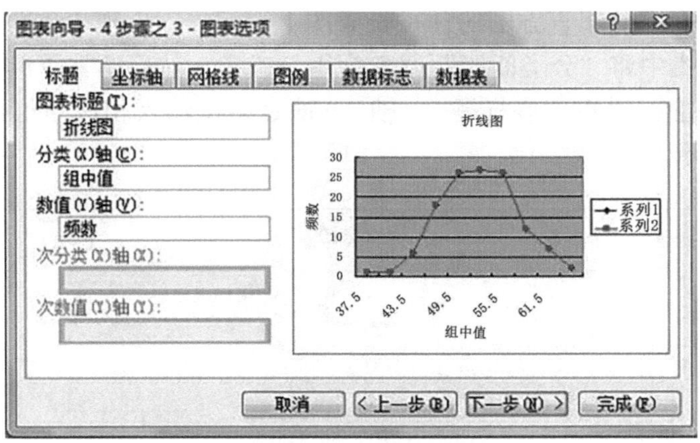

图 1-11　图表标题

（4）单击完成，修饰折线图，直到获得自己满意的结果，如图 1-12 所示。

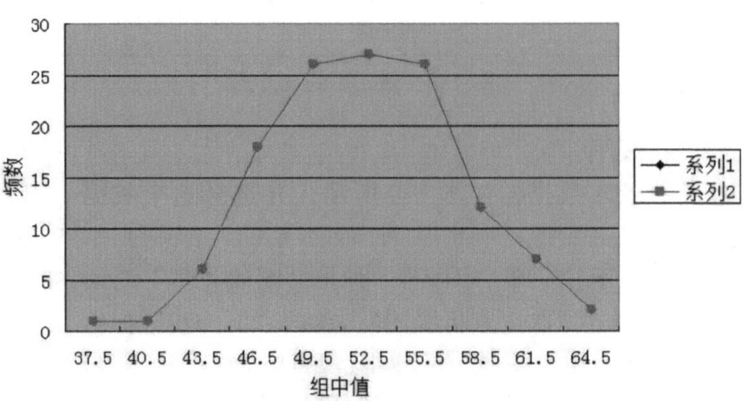

图 1-12　折线图效果

思政导学

2022 年末全国人口（包括 31 个省、自治区、直辖市和现役军人的人口，不包括居住在 31 个省、自治区、直辖市的港澳台居民和外籍人员）141 175 万人，比上年末减少 85 万人（图 1-13，图 1-14）。

全年出生人口 956 万人，人口出生率为 6.77‰；死亡人口 1 041 万人，人口死亡率为 7.37‰；人口自然增长率为 -0.60‰。从性别构成看，男性人口 72 206 万人，女性人口 68 969 万人，总人口性别比为 104.69（以女性为 100）。从城乡构成看，城镇常住人口 92 071 万人，比上年末增加 646 万人；乡村常住人口 49 104 万人，比上年末减少 731 万人；城镇人口占全国人口比重（城镇化率）为 65.22%，比上年末提高 0.50 个百分点。

指标	2022年	2021年	2020年	2019年	2018年	2017年	2016年	2015年
年末总人口/万人	141 175	141 260	141 212	141 008	140 541	140 011	139 232	138 326
男性人口/万人	72 206	72 311	72 357	72 039	71 864	71 650	71 307	70 857
女性人口/万人	68 969	68 949	68 855	68 969	68 677	68 361	67 925	67 469
城镇人口/万人	92 071	91 425	90 220	88 426	86 433	84 343	81 924	79 302
乡村人口/万人	49 104	49 835	50 992	52 582	54 108	55 668	57 308	59 024

图 1-13　2015—2022 年国家人口数据

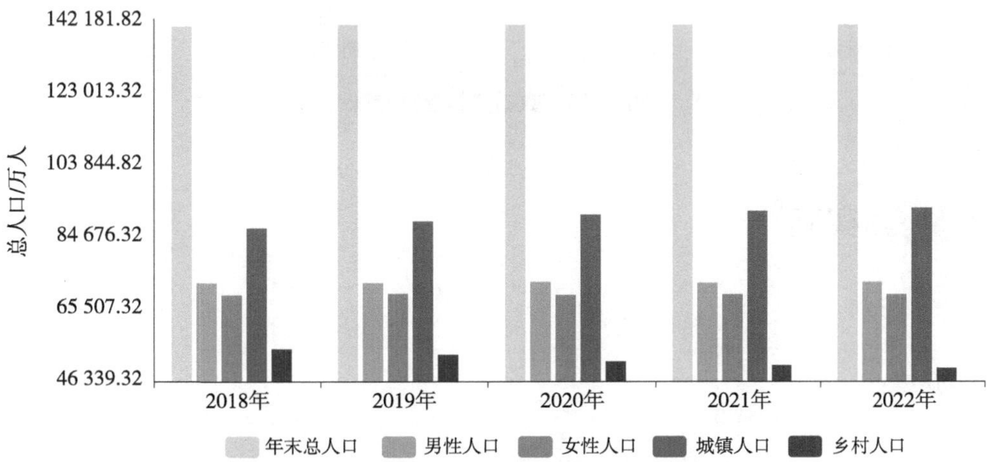

图 1-14　2018—2022 年国家人口数据统计

（数据来源：国家统计局网站）

思考分析：根据上述数据描述，提出问题："相同的数据，不同的展示方式。同学们在阅读的过程中，更喜欢哪种形式？为什么？"进而引出统计图具有的优势。

我国是世界上人口最多的国家，人口多是最基本的国情，我们进行社会主义现代化建设，发扬社会主义民主，做好民生工作，都需要有翔实准确的人口数据，而人口普查就是取得人口数据的重要途径。定期开展人口普查的目的就是查清我国人口在数量、结构、分布和居住环境等方面的情况变化，为科学制定国民经济和社会发展规划，统筹安排人民的物质和文化生活，制定可持续发展等重大战略决策，建设现代化经济体系提供科学的、强有力的理论基础支持。

因此，数据资料的真实性、准确性和可靠性就显得尤为重要，只有数据真实可靠，才有可能让各级决策者做出正确的判断，在数据调查、整理、分析过程中务必要树立科学严谨的态度，确保数据准确、真实、可靠。

任务筹划

数据资料的整理步骤如图 1-15 所示。

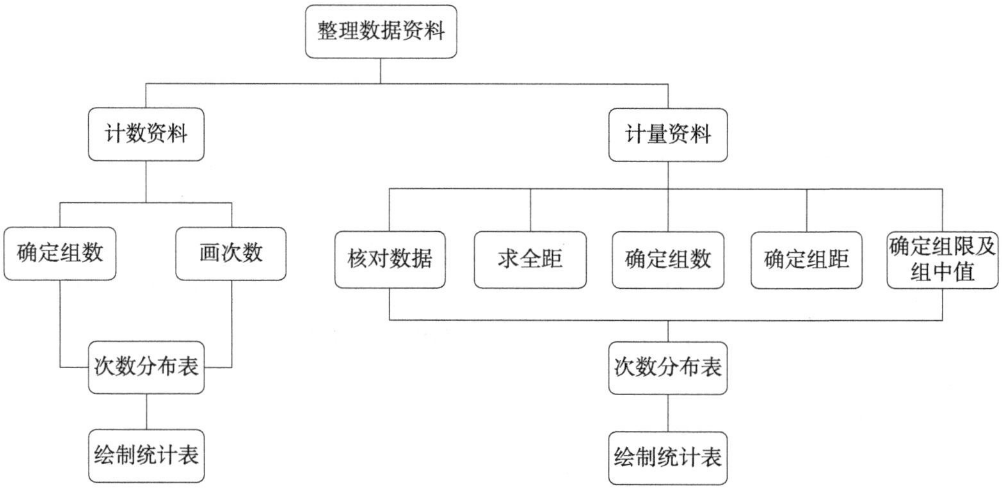

图 1-15 数据资料整理步骤

任务实施

步骤一：

步骤二：

步骤三：

步骤四：

步骤五：

步骤六：

步骤七：

二维码 1-2

任务检测

使用微信小程序扫码进入在线测试，可多次答题，直到获得满意的结果。

任务评价

根据任务完成情况，进行任务评价，见表 1-11。

表 1-11　工作任务完成过程评价

班级：________　姓名：________　学号：________

项目	评分标准	分值	自我评价	小组评价	教师评价
知识技能	掌握数据资料的分类	10			
	明确计量资料和计数资料的基本概念	10			
	掌握计数资料整理的方法	10			
	掌握计量资料整理的方法	10			
实操技能	对数据的核查是否准确，在统计归组过程中有无错误，并找出最大值与最小值，求出全距	10			
	按照样本含量与组数参考标准确定组数	10			
	各组要确定好明确的界限，分组后确定组限及组中值	10			
	将数据中全部变数，按数值大小，依次归入相应组内统计次数，制作次数分布表	10			
	在 Excel 中录入数据，绘制直方图	10			
	在直方图的数据录入基础上，绘制折线图	10			
合计		100			
自我评价与总结					
教师点评					

任务三 基本统计量

任务导入

对于成功的数据分析而言，把握数据整体的性质是至关重要的，使用统计量来检查数据特征，可以识别数据集整体上的一些重要性质，对后续的数据分析有很大的参考作用。统计量是一组数据的数学描述，用于概括和总结这些数据的集中趋势或离散程度。

任务：抽样调查某品种猪的窝产仔数（单位：头）与断奶时窝重（单位：kg）的数据资料见表 1-12，请分组讨论，说明哪个性状离散程度大。

表 1-12 某品种猪的窝产仔数与断奶时窝重数据资料

窝产仔数 / 头	12	11	10	12	9	10	11	12	11	12	13
断奶时窝重 /kg	95.5	82.7	95.3	83.5	79.9	85.3	86.3	79.5	83.4	85.3	86.5

任务工单

班级：__________ 姓名：__________ 学号：__________

任务名称	基本统计量
任务描述	任务内容：利用数据特征数分析两组数据的变异程度。 任务目的：通过比较两组数据的变异程度，学生掌握平均数、标准差、标准误及变异系数对数据分析的意义。 任务流程：①明确描述数据资料的基本特征数有哪些；②计算数据资料的基本特征数，包括平均数、标准差、标准误、变异系数；③根据计算所得的基本特征数，分析数据资料的离散程度，得出结论。 任务方法：分析数据并掌握描述资料特征的基本统计量有哪些，利用计算器或 Excel 计算出相应的统计量，并说明不同统计量反映了资料的什么特征。
获取信息	要完成任务，需要掌握相关的知识。请收集资料，回答以下问题： 1. 数据资料的基本特征数包括哪些？ 2. 平均数包括哪几类？如何计算？算术平均数有哪些基本性质？不同平均数对应的是什么样的数据资料？ 3. 标准差代表了数据的什么特性？如何进行计算？

（续表）

<table>
<tr><td>获取信息</td><td colspan="4">4. 什么是变异系数？为什么变异系数要与平均数、标准差配合使用？</td></tr>
<tr><td>制订计划</td><td colspan="4"></td></tr>
<tr><td rowspan="6">任务实施</td><td colspan="4">按照预先制订的工作计划，完成本任务，并记录任务实施过程。</td></tr>
<tr><td>序号</td><td>完成的任务</td><td>遇到的问题</td><td>解决的办法</td></tr>
<tr><td></td><td></td><td></td><td></td></tr>
<tr><td></td><td></td><td></td><td></td></tr>
<tr><td></td><td></td><td></td><td></td></tr>
<tr><td></td><td></td><td></td><td></td></tr>
</table>

任务准备

一、平均数

平均数是反映数据资料集中性的代表值，也是统计学中最常用的一个统计量，它既可以反映一组数据的一般情况和平均水平，又可以对不同组数据进行比较，以衡量不同资料之间的差异程度。

在统计学中表示数据平均水平的统计量较多，主要有平均数、中数、众数，其中，平均数包括算术平均数、几何平均数和调和平均数，一般以算术平均数的应用最为普遍。

（一）算术平均数

1. 算术平均数的概念

算术平均数是指在一组数据中所有数据之和再除以数据的个数。它是反映数据集中趋势的一项指标，在统计学中，简称为平均数或均数，用符号$\bar{x}$表示。

根据样本含量大小及分组情况，平均数的计算有直接法和加权法。

（1）直接法。由 n 个变数 x_1，x_2，x_3，…，x_n 组成的样本，其平均数的计算公式为

$$\bar{x}=\frac{x_1+x_2+x_3+\cdots+x_n}{n}=\frac{\sum_{i=1}^{n}x_i}{n} \tag{1-3}$$

式中，$\bar{x}$为样本平均数；$\sum$ 为求和符号，$\sum_{i=1}^{n}x_i$代表第 1 个观察值x_1累加到第 n 个观察值 x_n，若在意义上已明确时，$\sum_{i=1}^{n}x_i$可简记为 $\sum x$。

例 1-3　某种公牛站测得 10 头成年公牛的体重（单位：kg）分别为 500，520，535，560，585，600，480，510，505，490，求其算术平均数。

解：将其代入公式（1-3）得

$$\bar{x}=\frac{\sum_{i=1}^{10}x_i}{10}=\frac{500+520+\cdots+490}{10}=\frac{5\ 285}{10}=528.5\ \text{kg}$$

将数据代入 Excel：在 Excel 中录入数据（录在同一列，例如，A 列），点击“Σ”下拉菜单中的“其他函数”，弹出“插入函数”对话框，在“选择类别”栏中选择“全部”，在“选择函数”栏中寻找“算术平均数”的英文缩写“AVERAGE”，单击“确定”，弹出“函数参数”对话框，在“Number1（数值 1）”栏内选择 A 列全部数据，即可得出平均体重为 528.5 kg。如图 1-16 所示。

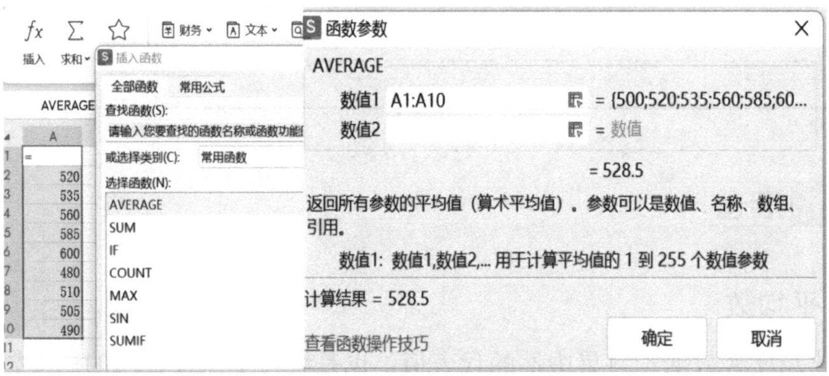

图 1-16　算术平均数计算

（2）加权法。用来自同一总体的若干个样本平均数计算合并平均数时，如果样本容量不等，则各平均数在合并平均数中所占的比重不同，比重大的对合并平均数影响就大，比重小的对合并平均数影响就小。所以，不能平等看待各样本平均数，而应采用加权的方法计算。计算公式为

$$\bar{x}=\frac{\sum f_1m_1+f_2m_2+\cdots+f_km_k}{f_1+f_2+\cdots+f_k}=\sum\frac{fm}{n} \tag{1-4}$$

式中，m 为各样本的平均数；f 为各样本容量；k 为样本数；n 为各样本容量总和。

例 1-4　某牛群有黑白花奶牛 1 500 头，其平均体重为 750 kg，而另一牛群有黑白花奶牛 1 200 头，平均体重为 725 kg，如果将这两个牛群混合在一起，其混合后的平均体重为多少？

解：以上两个牛群所包含的牛的头数不等，要计算两个牛群混合后的平均体重，应以两个牛群牛的头数为权数，求两个牛群平均体重的加权平均数，即

$$\bar{x}=\frac{\sum fm}{n}=\frac{1\ 500\times750+1\ 200\times725}{1\ 500+1\ 200}=738.89\ \text{kg}$$

即两个牛群混合后平均体重为 738.89 kg。

2. 算术平均数的基本性质

（1）样本各观察值与平均数之差的和为零，即离均差之和等于零。

$$\sum(x-\bar{x})=0$$

（2）样本中各观察值与平均数之差的平方和为最小，即离均差平方和为最小。

$$\sum(x-\bar{x})^2<\sum(x-a)^2$$

3. 算术平均数的用途

主要用于描述正态分布资料的集中趋势，是群体集中性的代表值，可以衡量资料的一般水平。许多生物现象所产生的数据，都服从正态分布，所以算术平均数是平均数中应用最广泛的一种，一般不特别说明，所称的"平均数"均为算术平均数。

（二）几何平均数

1. 几何平均数概念

n 个观察值 x_1，x_2，x_3，…，x_n 乘积开 n 次方所得的数值，称为几何平均数，用 G 表示，即

$$G=\sqrt[n]{x_1\cdot x_2\cdot x_3\cdot\cdots\cdot x_n} \tag{1-5}$$

例 1-5　将例 1-3 数据代入公式（1-5）得

$$G=\sqrt[10]{500\times520\times535\times\cdots\times490}=527.12\ \text{kg}$$

将数据录入 Excel：录入数据（录在同一列，如 A 列），点击"∑"下拉菜单中的"其他函数"，弹出"插入函数"对话框，在"选择类别"栏中选择"全部"，在"选择函数"栏中寻找"几何平均数"的英文缩写"GEOMEAN"，单击"确定"即可得到计算结果等于 527.12 kg。如图 1-17 所示。

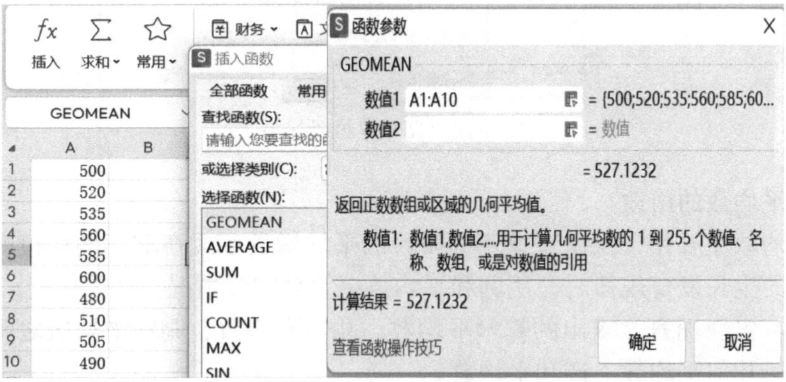

图 1-17　几何平均数计算

2. 几何平均数的用途

几何平均数主要应用于畜牧业、水产业的生产动态分析及畜禽疾病和药物效价的统计分析。如畜禽、水产养殖的增长率，抗体的滴度，药物的效价，畜禽疾病的潜伏

期等，这些资料中的观察值一般是呈几何次数增长的偏态分布，用几何平均数比用算术平均数更能代表其平均水平。

（三）调和平均数

1. 调和平均数的概念

资料中各观察值倒数的平均数的倒数称为调和平均数，用 H 表示，即

$$H=\frac{1}{\frac{1}{n}\left(\frac{1}{x_1}+\frac{1}{x_2}+\cdots+\frac{1}{x_n}\right)}=\frac{n}{\sum\frac{1}{x_i}} \tag{1-6}$$

例 1–6 将例 1-3 数据代入公式（1-6）得

$$H=\frac{1}{\frac{1}{10}\left(\frac{1}{500}+\frac{1}{520}+\frac{1}{535}+\cdots+\frac{1}{490}\right)}=525.79\ \text{kg}$$

将数据录入 Excel：录入数据，点击“∑”下拉菜单中的“其他函数”，弹出“插入函数”对话框，在“选择类别”栏中选择“全部”，在“选择函数”栏中寻找“调和平均数”的英文缩写“HARMEAN”，单击“确定”即可得到计算结果等于 525.79 kg，如图 1-18 所示。

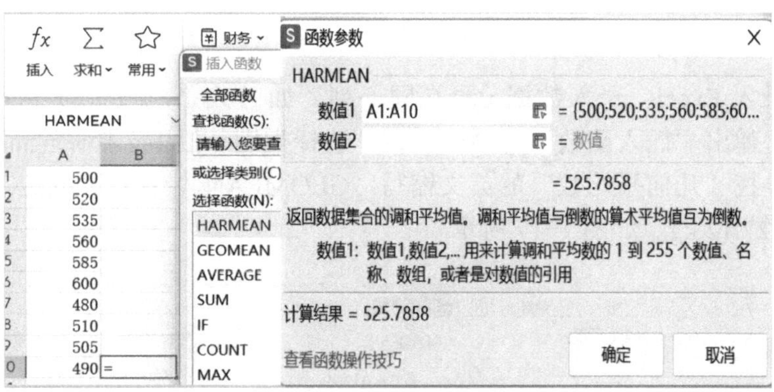

图 1–18　调和平均数计算

2. 调和平均数的用途

调和平均数主要用于反映畜群不同阶段的平均增长率或畜群不同规模的平均规模。在研究生物的生长发育规律时，用调和平均数更符合实际情况。

对于同一资料而言，求出的算术平均数、几何平均数、调和平均数之间的关系为：算术平均数＞几何平均数＞调和平均数。

二、中数

将给定资料内所有观察值从小到大依次排列，当观察值个数为奇数时，位于中间的那个观察值为中数；当观察值个数为偶数时，位于中间的两个观察值的平均数为中数，用 M_d 表示。

先将各观察值按从小到大的顺序排列，当观察值个数 n 为奇数时，$\frac{n+1}{2}$位置的观察值为中数，即

$$M_{\mathrm{d}} = x_{\frac{n+1}{2}} \tag{1-7}$$

当观察值个数 n 为偶数时，$\frac{n}{2}$和$\left(\frac{n}{2}+1\right)$位置的两个观察值之和的$\frac{1}{2}$为中数，即

$$M_{\mathrm{d}} = \frac{x_{\frac{n}{2}} + x_{\left(\frac{n}{2}+1\right)}}{2} \tag{1-8}$$

三、众数

在统计分布上具有明显集中趋势点的数值，代表数据的一般水平，也是一组数据中出现次数最多的数值，用 M_0 表示，有时众数在一组数中有好几个。

四、标准差

（一）标准差的意义

样本平均数作为样本数据集中性的代表值，其代表的程度如何，取决于样本内各个变数之间的变异程度。如果各个变数彼此相同没有差异，则平均数可以准确地代表该样本；如果各个变数之间变异较大，则平均数的代表性就小。因此仅用平均数对一个资料的特征进行统计描述是不够全面的，还需引入一个表示资料中观测值变异程度大小的统计量。

全距（极差）是表示资料中各观测值变异程度大小最简便的统计量。全距大，则资料中各观测值变异程度大，全距小，则资料中各观测值变异程度小。但是全距只利用了资料中的最大值和最小值，并不能准确表达资料中各观测值的变异程度，比较粗略，故应用较少。目前，被广泛应用的是用标准差来度量样本中各个变数之间的变异程度和平均数的代表程度。

（二）标准差的计算

为了准确地表示样本内各个观测值的变异程度，首先，考虑以平均数为标准，求出各个观测值与平均数的差，即$(x-\bar{x})$，称为离均差。其次，将离均差汇总起来，通过计算离均差的平均数，便可知道整个样本的变异程度。但因为离均差有正、有负，离均差之和为零，即$\sum(x-\bar{x})=0$，因而不能直接用离均差之和来表示资料中所有观测值的总偏离程度。为了消除离均差负值的影响，我们可以将每一个离均差进行平方后再相加，即$\sum(x-\bar{x})^2$，简称平方和，记为 SS。用平方和除以样本大小，即$\frac{\sum(x-\bar{x})^2}{n}$，求出离均差平方和的平均数。为了使所得的统计量是相应总体参数的无偏估计量，统计学证明，在求离均差平方和的平均数时，分母不用样本含量 n 而用自由度 n-1，于

是，我们采用统计量$\frac{\sum(x-\bar{x})^2}{n-1}$表示资料的变异程度。统计量$\frac{\sum(x-\bar{x})^2}{n-1}$称为均方（Mean Square）缩写为 *MS*，又称样本方差，记为 S^2，即

$$S^2=\frac{\sum(x-\bar{x})^2}{n-1} \tag{1-9}$$

相应的总体参数叫总体方差，记为σ^2。对于有限总体而言，σ^2的计算公式为

$$\sigma^2=\frac{\sum(x-\mu)^2}{N} \tag{1-10}$$

由于样本方差带有原观测单位的平方单位，在仅表示一个资料中各观测值的变异程度而不作其他分析时，常需要与平均数配合使用，这时应将平方单位还原，即应求出样本方差的平方根。统计学上把样本方差 S^2 的平方根叫作样本标准差记为 s，即

$$s=\sqrt{\frac{\sum(x-\bar{x})^2}{n-1}} \tag{1-11}$$

由于

$$\begin{aligned}\sum(x-\bar{x})^2&=\sum(x^2-2x\bar{x}+\bar{x}^2)\\&=\sum x^2-2\bar{x}\sum x+n\bar{x}^2\\&=\sum x^2-2\frac{(\sum x)^2}{n}+n\left(\frac{\sum x}{n}\right)^2\\&=\sum x^2-\frac{(\sum x)^2}{n}\end{aligned}$$

所以公式（1-11）可改写为

$$s=\sqrt{\frac{\sum x^2-\frac{(\sum x)^2}{n}}{n-1}}$$

相应的总体参数的平方根叫总体标准差，记为 σ。对于有限总体而言，σ 的计算公式为

$$\sigma=\sqrt{\frac{\sum(x-\mu)^2}{N}} \tag{1-12}$$

在统计学中，样本标准差 s 是总体标准差 σ 的估计值。

例 1-7 计算 10 只辽宁绒山羊产绒量（单位：g）：450，450，500，500，550，550，550，600，600，650 的标准差。

解：此例 n=10，经计算得$\sum x=5\,400$，$\sum x^2=2\,955\,000$，代入公式（1-11）得

$$s=\sqrt{\frac{\sum x^2-\frac{(\sum x)^2}{n}}{n-1}}=\sqrt{\frac{2\,955\,000-\frac{(5\,400)^2}{10}}{10-1}}=65.83\text{ g}$$

即 10 只辽宁绒山羊产绒量的标准差为 65.83 g。

将数据录入 Excel：在 Excel 中录入数据，点击“∑”下拉菜单中的“其他函数”，弹出“插入函数”对话框，在“选择类别”栏中选择“全部”，在“选择函数”栏中寻找“标准差”的英文缩写“STDEV”，单击“确定”即可得到计算结果等于 65.83 g，如图 1-19 所示。

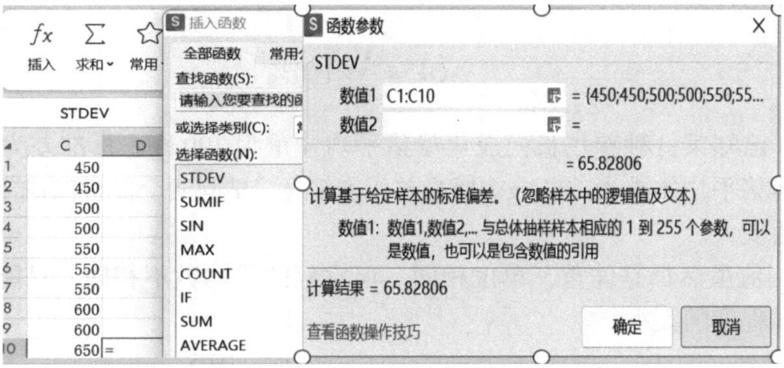

图 1-19　标准差计算

五、标准误

（一）标准误的意义

设有一个总体，其平均数为 μ，方差为 σ^2，从该总体中不断地抽取容量为 n 的样本，这样就能够得到一列样本平均数 $\bar{x}_1$，$\bar{x}_2$，…，$\bar{x}_k$，这些样本平均数之间不完全相同，且与总体平均数 μ 间也有一定程度的差异，统计学上把这种差异称为抽样误差。由这些样本平均数构成的新总体分布称为样本平均数的抽样分布，它也有平均数和标准差，把它们分别记为 $\mu_{\bar{x}}$ 与 $\sigma_{\bar{x}}$，样本平均数的标准差就称标准误，记作 $\sigma_{\bar{x}}$，它表示了平均数抽样误差的大小。由于原总体的标准差往往未知，需用样本标准差 s 估计，因此，标准误相应的用样本标准误 $s_{\bar{x}}$ 作无偏估计。

（二）标准误的计算

如果原总体的平均数为 μ，标准差为 σ，则可推导得

$$\mu_{\bar{x}} = \mu \qquad \sigma_{\bar{x}} = \frac{\sigma}{\sqrt{n}} \tag{1-13}$$

即由样本平均数构成新总体的平均数等于原总体的平均数，新总体的标准差大小与原总体的标准差成正比，与样本容量的平方根成反比。而原总体标准差 σ 一般是未知的，应用中以样本标准差 s 近似代替，从而可得样本标准误的计算公式

$$s_{\bar{x}} = \frac{s}{\sqrt{n}} \tag{1-14}$$

六、变异系数

变异系数是衡量资料中各观测值变异程度的另一个统计量。当进行两个或多个资

料变异程度的比较时，如果度量单位与平均数相同，可以直接利用标准差来比较。如果单位和（或）平均数不同时，比较其变异程度就不能采用标准差，而需采用标准差与平均数的比值（相对值）来比较。标准差与平均数的比值称为变异系数，记为 CV。变异系数可以消除单位和（或）平均数不同对两个或多个资料变异程度比较的影响。

变异系数的计算公式为

$$CV=\frac{s}{\bar{x}}\times 100\% \tag{1-15}$$

例 1–8 已知某良种猪场长白成年母猪平均体重为 190 kg，标准差为 10.5 kg，而大约克成年母猪平均体重为 196 kg，标准差为 8.5 kg，试问两个品种的成年母猪，哪一个体重变异程度大。

此例观测值虽然都是体重，单位相同，但它们的平均数不相同，只能用变异系数来比较其变异程度的大小。

由于，长白成年母猪体重的变异系数为 $CV_1=\frac{s_1}{\bar{x}_1}=\frac{10.5}{190}\times 100\%=5.53\%$，大约克成年母猪体重的变异系数为 $CV_2=\frac{s_2}{\bar{x}_2}=\frac{8.5}{196}\times 100\%=4.34\%$，所以，长白成年母猪体重的变异程度大于大约克成年母猪的体重变异程度。

例 1–9 调查黑白花奶牛 305 d 的产奶量和乳脂率，其平均数、标准差分别为 $\bar{x}_1=$ 3 600 kg，s_1=600 kg；$\bar{x}_2$=3.4%，s_2=0.4%。试比较其变异程度。

由于产奶量与乳脂率单位不同，不能直接用标准差比较其变异程度，只能用变异系数进行比较。

产奶量的变异系数

$$CV_1=\frac{s_1}{\bar{x}_1}=\frac{600}{3\,600}\times 100\%=16.67\%$$

乳脂率的变异系数

$$CV_2=\frac{s_2}{\bar{x}_2}=\frac{0.4\%}{3.4\%}\times 100\%=11.76\%$$

即产奶量的变异系数比乳脂率的大，说明产奶量的变异程度比乳脂率的大。

注意，变异系数的大小，同时受平均数和标准差两个统计量的影响，因而在利用变异系数表示资料的变异程度时，最好将平均数和标准差也列出来。

思政导学

改革开放后，我们党深刻总结正反两方面历史经验，认识到贫穷不是社会主义，打破传统体制束缚，允许一部分人、一部分地区先富起来，推动解放和发展社会生产力。

党的十八大以来，党中央把握发展阶段新变化，把逐步实现全体人民共同富裕摆在更加重要的位置上，推动区域协调发展，采取有力措施保障和改善民生，打赢脱贫攻坚战，全面建成小康社会，为促进共同富裕创造了良好条件。现在，已经到了扎实推动共同富裕的历史阶段。

现在，我们正在向第二个百年奋斗目标迈进。适应我国社会主要矛盾的变化，更好满足人民日益增长的美好生活需要，必须把促进全体人民共同富裕作为为人民谋幸福的着力点，不断夯实党长期执政基础。高质量发展需要高素质劳动者，只有促进共同富裕，提高城乡居民收入，提升人力资本，才能提高全要素生产率，夯实高质量发展的动力基础。当前，全球收入不平等问题突出，一些国家贫富分化，中产阶层塌陷，导致社会撕裂、政治极化、民粹主义泛滥，教训十分深刻！我国必须坚决防止两极分化，促进共同富裕，实现社会和谐安定。

同时，必须清醒认识到，我国发展不平衡不充分问题仍然突出，城乡区域发展和收入分配差距较大。新一轮科技革命和产业变革有力推动了经济发展，也对就业和收入分配带来深刻影响，包括一些负面影响，需要有效应对和解决。

共同富裕是社会主义的本质要求，是中国式现代化的重要特征。我们说的共同富裕是全体人民共同富裕，是人民群众物质生活和精神生活都富裕，不是少数人的富裕，也不是整齐划一的平均主义。

（资料来源：《求是》2021 年 10 月 16 日出版的第 20 期）

思考分析：由于我国乡村发展存在城乡差距较大、区域发展不平衡，部分地区贫富差距较大，我们不能以平均来看全体，在共同富裕的路上，一个都不能掉队。

任务筹划

根据给定数据资料，可计算基本统计量，为数据分析提供支撑，如图 1-20 所示。

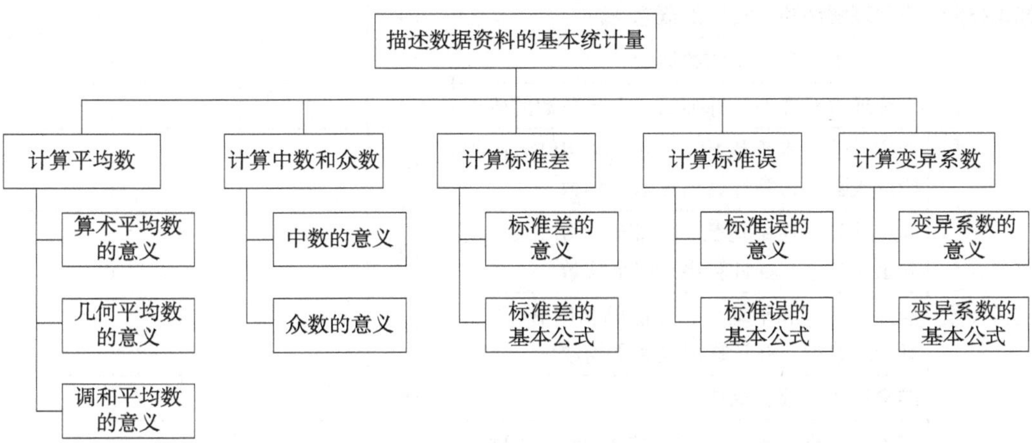

图 1-20　常见基本统计量

任务实施

步骤一：

步骤二：

步骤三：

步骤四：

步骤五：

二维码 1-3

任务检测

使用微信小程序扫码进入在线测试，可多次答题，直到获得满意的结果。

任务评价

根据任务完成情况，进行任务评价，见表 1-13。

表 1-13　工作任务完成过程评价

班级：__________　　姓名：__________　　学号：__________

项目	评分标准	分值	自我评价	小组评价	教师评价
知识技能	正确理解算数平均数的概念	10			
	正确理解几何平均数的概念	10			
	正确理解调和平均数的概念	10			
	正确理解中数、众数的概念	10			
	正确理解标准差、标准误、变异系数的概念	10			
实操技能	准确计算算术平均数，并能够利用 Excel 正确录入数据，并计算出算术平均数	10			
	准确计算几何平均数，并能够利用 Excel 正确录入数据，并计算出几何平均数	10			
	准确计算调和平均数，并能够利用 Excel 正确录入数据，并计算出调和平均数	10			
	准确计算中数、众数	10			
	准确计算标准差，并能够利用 Excel 正确录入数据，并计算出标准差	10			
合计		100			
自我评价与总结					
教师点评					

任务四　概率及其分布

任务导入

在随机事件中，概率分布可以描述随机变量的所有可能取值及其对应的概率，通过概率分布可以知道每个事件发生的可能性大小。当随机变量的概率分布较为集中时，说明事件发生的概率较高，不确定性较小；而当随机变量的概率分布较分散时，说明事件发生的概率较低，不确定性较大。因此，若要全面了解试验，则必须知道试验的全部可能结果及各种可能发生的概率，即随机试验的概率分布，通过对随机试验的概率分布分析，可以基于最大概率或期望值等准则制定最优决策，并对决策结果的风险进行评估和管理。

任务 1：设约定的合格品率为 97%，如果每批随机抽 10 件，那么抽出 1 件不合格时，整批零件的合格率是不是达不到 97%？

任务 2：某城市每天发生的交通事故数量服从正态分布，均值为 8，标准差为 2。计算出每天发生交通事故数量在 6～10 的概率是多少?

完成以上任务后请分组讨论标准正态分布与非标准正态分布概率计算的区别。

任务工单

班级:________________　　姓名:________________　　学号:______________

任务名称	概率及其分布
任务描述	任务内容：计算服从二项分布或正态分布时，随机变量的概率。 任务目的：通过生产实践实例，能够判断随机变量的类型，并能够利用原理及 Excel 计算概率。 任务流程：①判断随机变量服从的概率分布；②明确二项分布及正态分布的原理和意义；③利用概率分布的原理和意义计算概率；④利用 Excel 计算概率。 任务方法：学生掌握原理意义进行概率计算，并借助 Excel 进行概率计算。
获取信息	要完成任务，需要掌握相关的知识。请收集资料，回答以下问题： 1. 随机事件的概率范围是什么? 2. 计量资料的概率分布是什么样的? 3. 计数资料的概率分布是什么样的? 4. 如何计算正态分布和二项分布的概率?

（续表）

制订计划				
任务实施	按照预先制订的工作计划，完成本任务，并记录任务实施过程。			
	序号	完成的任务	遇到的问题	解决的办法

任务准备

一、事件

（一）必然现象与随机现象

在自然界与生产实践和科学试验中，人们会观察到各种各样的现象，把它们归纳起来，大体上分为两大类：一类是必然现象，另一类是随机现象。必然现象是指在一定条件下必然发生的现象，如在标准大气压下，水的沸点为 100 ℃。随机现象也叫偶然现象，是指在一定条件下有多种发生可能的现象，而对于哪个结果事先并不确定，即在保持条件不变的情况下，重复进行试验，其结果未必相同。比如明天天气可能是晴，也可能是阴、雨；孵化 6 枚种蛋，可能“孵化出 0 只雏”，也可能“孵化出 1 只雏”……也可能“孵化出 6 只雏”等。

（二）随机试验与随机事件

1. 随机试验

通常把根据某一研究目的，在一定条件下对自然现象所进行的观察或试验统称为一个试验。而概率论中将满足下列 3 个条件的试验称为随机试验（简称试验）。

（1）在相同条件下试验可以重复进行。

（2）每次试验的可能结果不止一个，并且事先可以确知试验的所有可能结果。

（3）试验之前不能确定哪一个结果会发生。

一般用字母 E 或 E_1，E_2，…表示随机试验。如在一定孵化条件下，孵化 6 枚种蛋，观察其出雏情况；又如观察两头临产妊娠母牛分娩后的仔畜性别。

随机试验 E 的所有可能结果所组成的集合称为 E 的样本空间（或基本事件空间），记为 Ω；样本空间中的元素（即 E 的每个结果）称为样本点，记为 ω。

2. 随机事件

样本空间 Ω 的子集，即试验 E 的结果称为随机事件（简称事件），通常用 A、B、C 等来表示。所谓一个随机事件 A 发生当且仅当 A 中的一个样本点 ω 发生。

（1）基本事件。把试验 E 的样本空间 Ω 中的每一个样本点（即由一个样本点组成的单点集）称为基本事件。基本事件是最简单不可再分的随机事件。

（2）必然事件。在随机试验中必然会发生的事件称为必然事件。例如，正常情况下，具有 X、Y 染色体的受精卵将发育成雄性胎儿；同性电荷互相排斥等。

（3）不可能事件。在随机试验中不可能发生的事件称为不可能事件。例如，在满足一定孵化条件下，从石头孵化出雏鸡；人长期在无氧情况下生活。

显然，样本空间 Ω 也是一个随机事件，它是自身的子集，Ω 中包含所有的样本点（或基本事件），在每次试验中它总是发生的，所以样本空间 Ω 是一个必然事件。空集 Ø 也是样本空间 Ω 的子集，它不包含任何样本点（或基本事件），在每次试验中它都不发生，所以是不可能事件。

注：通常把必然事件记为 Ω，不可能事件记为 Ø；必然事件和不可能事件是两个特殊的随机事件。

二、概率

研究随机试验，仅知道可能发生哪些随机事件是不够的，还需了解各种随机事件发生的可能性大小，以揭示这些事件内在的统计规律性，从而指导实践。这就要求有一个能够表示事件发生可能性大小的数量指标，这指标应该是事件本身所固有的，且不随人的主观意志而改变，人们称之为概率。事件 A 的概率记为 $P(A)$。下面先介绍概率的统计定义。

（一）概率的统计定义

在相同条件下进行 n 次重复试验，如果随机事件 A 发生的次数为 m，那么 $\frac{m}{n}$ 称为随机事件 A 的频率 $f(A)$；当试验重复数 n 逐渐增大时，随机事件 A 发生的频率越来越稳定地接近某一数值 P，那么就把 P 称为随机事件 A 发生的概率，记作 $P(A)$。

在一般情况下，随机事件的概率 P 是不可能准确得到的。通常以试验次数 n 充分大时随机事件 A 的频率作为该随机事件概率的近似值，即

$$P(A)=P\approx\frac{m}{n}\text{（}n\text{ 充分大）} \tag{1-16}$$

例 1-10　掷一枚硬币，事先无法确定会出现正面朝上还是反面朝上。但如果硬币是均匀的，则有理由认为出现正面朝上和反面朝上的可能性各占 1/2，故在大量重复试验中，出现正面朝上的频率应该接近于 0.5。为了验证这一点，曾有不少人做过投掷硬币试验。在表 1-14 中列出了他们的试验记录。

表 1-14　抛掷一枚硬币发生正面朝上的试验记录

试验者	投掷次数	出现正面次数	出现正面频率
蒲丰	4 040	2 048	0.506 9
皮尔逊	12 000	6 019	0.501 6
皮尔逊	24 000	12 012	0.500 5
维尼	30 000	14 994	0.499 8

从表 1-14 可看出，随着试验次数的增多，正面朝上这个事件发生的频率越来越稳定地接近 0.5，我们就把 0.5 作为这个事件的概率。

（二）概率的古典定义

如果随机试验的样本空间只有有限个基本事件（样本点），且每个基本事件（样本点）发生的可能性相同，则称这样的试验为古典概型（也称等可能概型）的随机试验，设古典概型的样本空间 Ω 含有 n 个样本点，事件 A 含有 k 个样本点，此时事件 A 发生的概率

$$P(A)=\frac{k}{n}=\frac{\text{事件}A\text{所含样本点的个数}}{\text{样本空间}\Omega\text{所含样本点的个数}} \tag{1-17}$$

按古典定义计算的概率称为古典概率。计算古典概率的关键是求出样本空间和事件所含样本点的个数，通常需要用到排列组合知识。

例 1–11 袋内有 5 个白球和 3 个黑球，从中任取 2 个球，求下列事件的概率：

（1）取到两个白球。

（2）取到 1 个白球、1 个黑球。

解：从袋内 8 个球中任取 2 个球，共有C_8^2种取法，即样本空间 Ω 所含样本点的个数为 $C_8^2=28$。下面分别讨论：

①设事件 A 为“取到 2 个白球”。从 5 个白球中任取 2 个球，共有C_5^2种取法，即事件 A 所含样本点的个数为$C_5^2=10$，故

$$P(A)=\frac{C_5^2}{C_8^2}=\frac{5}{14}$$

②设事件 B 为“取到 1 个白球、1 个黑球”。从 5 个白球和 3 个黑球中分别任取 1 个球，共有$C_5^1C_3^1$种取法，即事件 B 所含样本点的个数为$C_5^1C_3^1=15$，故

$$P(B)=\frac{C_5^1C_3^1}{C_8^2}=\frac{15}{28}$$

（三）概率的性质

根据概率的定义，概率有如下基本性质：

（1）对于任何事件 A，有 $0\leqslant P(A)\leqslant 1$。

（2）必然事件的概率为 1，即 $P(\Omega)=1$。

（3）不可能事件的概率为 0，即 $P(\varnothing)=0$。

需要指出的是，当事件 A 的概率与 0 非常接近时，如小于 0.05，0.01 或 0.001，称为小概率事件。小概率事件虽然不是不可能事件，但在一次试验中出现的可能性很小，不出现的可能性很大，以至于实际上可以看成是不可能发生的。在统计学上，把“小概率事件在一次试验中被看作是不会发生的”这个原理，称为小概率原理。它是假设检验时进行统计推断的重要理论依据。

例如，一些荐股骗局运用的就是小概率原理，诈骗机构首先，会收集大量股民的电话号码，其次，将推荐的股票发给所有人。假如涨跌的概率各占 1/2 的话，就会有一半的股票出现上涨。第 2 天，他们再给头天上涨的这 1/2 打电话推荐一只股票。假如涨跌的概率各占 1/2 的话，还有$\frac{1}{4}$的人；第 3 天，他们再给买到上涨的$\frac{1}{4}$的人打电话荐股；

第 4 天，他们再给这上涨的$\frac{1}{8}$的人打电话荐股；第 5 天他们再给这上涨的$\frac{1}{16}$的人打电话荐股。连续 5 天都能够推荐上涨的股票概率为$\left(\frac{1}{2}\right)^5$=3.1%，这个概率是相当小的，但是对受骗者来说，它确实发生了，因此受骗者自然会认为该机构确实是有预判股票涨跌能力的。

三、概率分布

（一）随机变量

为了研究随机事件的数量规律，发现随机试验的结果无论是否与数量直接相关，都可以将随机试验的结果加以数量化，表示随机试验结果的一个变量叫作随机变量。随机变量可以看作是关联了概率值的变量，即变量取每个值有一定的概率。例如，买彩票时最后的中奖金额 X 可以看作是一个随机变量，它的取值有 3 种情况，以 0.9 的概率中 0 元，以 0.09 的概率中 100 元，以 0.01 的概率中 1 000 元。根据随机变量可能取得的数值，可以把它们分为离散型随机变量和连续型随机变量。如果随机变量可能取得的数值为有限个或无穷个可数数值时，则称为离散型随机变量。如果随机变量可取某一区间内的任何数值，则称为连续型随机变量。

（二）正态分布

正态分布是连续型随机变量的概率分布，生物现象中有许多变量是服从或近似服从正态分布的，如家畜的体长、体重、产奶量、产毛量、血红蛋白含量、血糖含量等。许多统计分析方法都是以正态分布为基础的。此外，还有不少随机变量的概率分布在一定条件下以正态分布为其极限分布。因此在统计学中，正态分布无论在理论研究上还是实际应用中，均占有重要的地位。

1. 正态分布的意义

如果连续型随机变量 x 服从总体均数为 μ，总体方差为σ^2的正态分布，则将其记作 $x \sim N(\mu, \sigma^2)$。正态分布的概率密度曲线如图 1-21 所示。

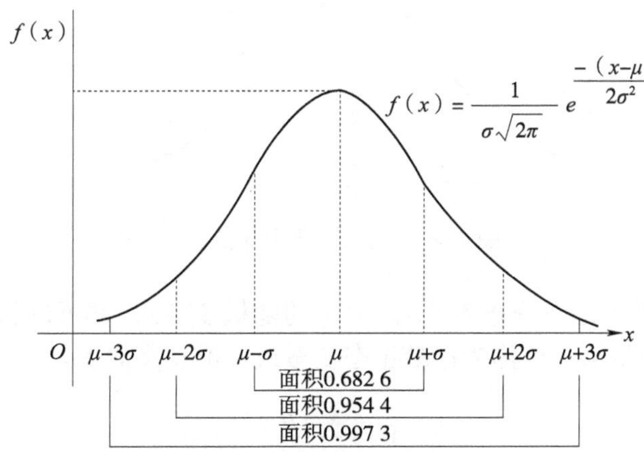

图 1-21 正态分布曲线

正态分布有以下特征。

（1）曲线关于 $x=\mu$ 对称，μ 的大小决定了曲线的水平位置（图 1-22）。

（2）正态分布密度曲线是单峰、对称的悬钟形曲线。

（3）$f(x)$ 在 $x=\mu$ 处达到极大，极大值 $f(\mu)=\dfrac{1}{\sigma\sqrt{2\pi}}$。

（4）$f(x)$是非负函数，以x轴为渐近线，分布从 $-\infty$ 至 $+\infty$。

（5）曲线在$x=\mu\pm\sigma$处各有一个拐点，即曲线在（$-\infty$，$\mu-\sigma$）和（$\mu+\sigma$，$+\infty$）区域是向上弯，在（$\mu-\sigma$，$\mu+\sigma$）区域向下弯。

（6）当μ恒定时，σ越大，表示x的取值越分散，曲线越平坦；σ越小，x的取值越集中在μ附近，曲线越陡峭（图 1-23）。

（7）分布曲线与x轴围成的面积等于 1。x出现在任何两个定值x_1和x_2之间的概率，即为正态分布曲线下这两个定值间曲边梯形的面积。

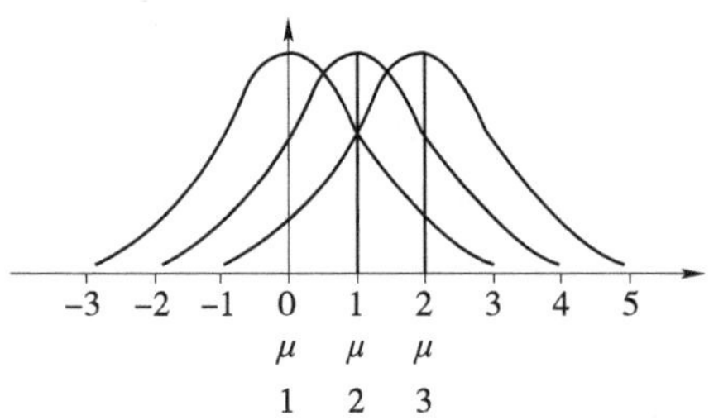

图 1-22　σ相同而μ不同的 3 个正态分布

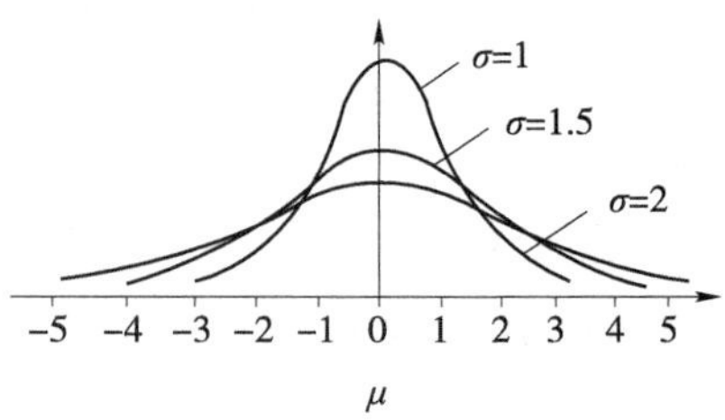

图 1-23　μ相同而σ不同的 3 个正态分布

2. 标准正态分布

由正态分布的定义可知，μ和σ^2是正态分布的两个重要参数，正态曲线的位置及形态随μ和σ^2的不同而不同，这就给研究具体的正态总体带来困难，需将一般的N（μ，σ^2）转换为$\mu=0$，$\sigma^2=1$的正态分布。我们称$\mu=0$，$\sigma^2=1$的正态分布为标准正态分布，记作x～N（0，1），其分布曲线如图 1-24 所示。

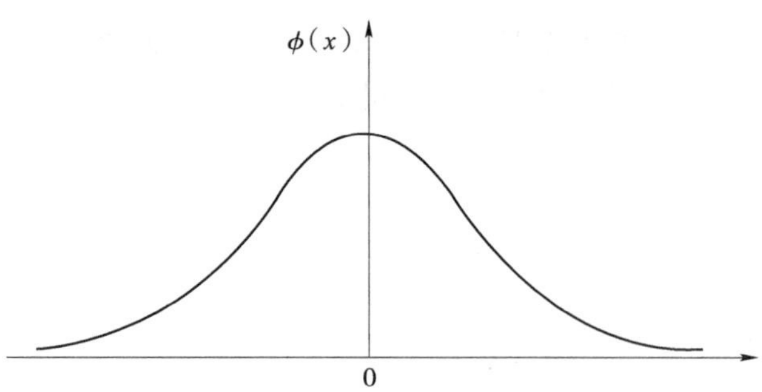

图 1-24　标准正态分布曲线

对于任何一个服从正态分布 N（μ，σ^2）的随机变量x，都可以将其变换为服从标准正态分布的随机变量 U。U 称为标准正态变量或标准正态离差。

$$U=\frac{x-\mu}{\sigma} \tag{1-18}$$

3. 正态分布的概率计算

（1）标准正态分布的概率计算。正态分布曲线与 x 轴围成的面积即代表概率，根据标准正态分布曲线的特征，可计算概率。

例 1–12 已知随机变量 x 服从正态分布 $N(0,1)$，计算随机变量 x 大于 2 的概率，即 $P(x>2)$ 等于多少？

解：查找标准正态分布表可知 $P(x\leqslant 2)=0.977\ 2$，则

$P(x>2)=1-P(x\leqslant 2)=1-0.977\ 2=0.022\ 8$

例 1–13 已知随机变量 x 服从正态分布 $N(0,1)$，计算随机变量 x 落在区间（-1,1）的概率，即 $P(-1<x<1)$ 等于多少？

解：查找标准正态分布表可知 $P(x=-1)\leqslant 0.158\ 7$，$P(x=1)\leqslant 0.841\ 3$，则

$P(-1<x<1)=P(x<1)-P(x<-1)=0.841\ 3-0.158\ 7=0.682\ 6$

（2）一般正态分布的概率计算。正态分布曲线与 x 轴围成的面积即代表概率，一般正态分布概率计算需将其先转化为标准正态分布，再根据标准正态分布曲线的特征，计算概率。

例 1–14 猪血红蛋白含量 x 服从正态分布 $N(12.86, 1.33^2)$，问猪血红蛋白含量 x 在 11.53～14.19 的概率是多少？

解：已知随机变量 x 服从 $\mu=12.86$，$\sigma^2=1.33^2$ 的正态分布，现求 $P(11.53\leqslant x<14.19)$。

令 $U=\dfrac{x-12.86}{1.33}$，则 U 服从标准正态分布，故

$$P(11.53\leqslant x<14.19)=P\left(\frac{11.53-12.86}{1.33}\leqslant\frac{x-12.86}{1.33}<\frac{14.19-12.86}{1.33}\right)$$

$$=P(-1\leqslant U<1)=\phi(1)-\phi(-1)$$

$$=2\phi(1)-1=2\times 0.841\,3-1=0.682\,6$$

（3）利用 Excel 计算正态分布的概率。正态分布概率函数 NORMDIST（x，Mean，Standard-dev，Cumulative），其中 x 为用于计算正态分布函数值的区间点；mean 为分布的算术平均数；Standard-dev 为标准差，取正数；Cumulative 为一逻辑值，若取 True 则函数所返回的是累积分布函数，若取 False 则函数所返回的是概率密度函数。

例 1–15 猪血红蛋白含量 x 服从正态分布 $N(12.86, 1.33^2)$，问利用 Excel 计算猪血红蛋白含量 x 在 11.53～14.19 的概率是多少？

操作步骤：

第一步：打开 Excel 界面，单击“插入”下拉菜单中“函数”，跳出“插入函数”对话框，在“或选择类别（C）”中选择“全部”，在“选择函数（N）”中选正态分布概率的英文名称“NORMDIST”。

第二步：单击“确定”按钮跳出“NORMDIST”对话框，填入各项参数（如图 1-25）；再按“确定”按钮，这样在选中的单元格中就出现了概率值约为 0.158 7，这是猪血红蛋白含量 x 取 11.53 时的累积概率。

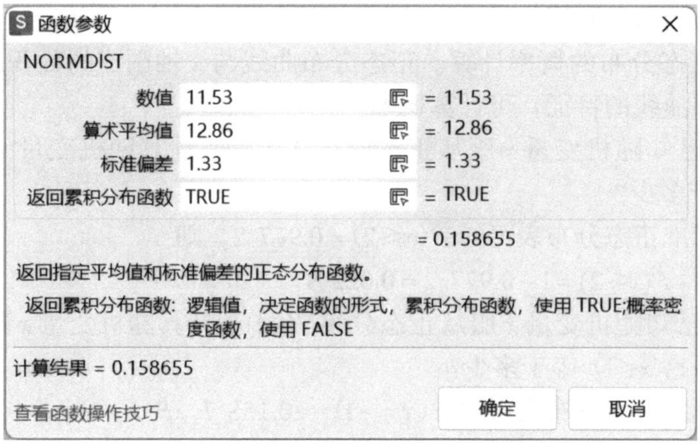

图 1-25 正态分布函数概率计算结果输出—1

第三步：同第一步、第二步步骤，只是将“数值”栏中输入 11.53 改为 14.19，则显示的概率值约为 0.841 3，这是猪血红蛋白含量 x 取 14.19 时的累积概率（如图 1-26）。这样，猪血红蛋白含量 x 在 11.53～14.19 的概率 =0.841 3-0.158 7=0.682 6。

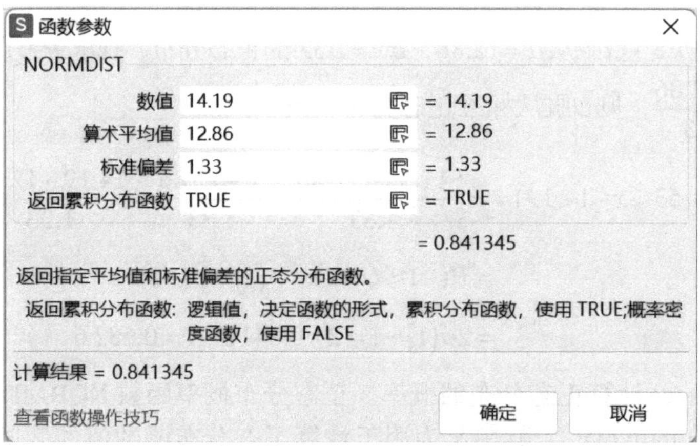

图 1-26 正态分布函数概率计算结果输出—2

（三）二项分布

1. 二项分布的概念及性质

二项分布是一种离散型随机变量的概率分布，二项分布的试验资料是根据总体内个体的某一性状的出现与否分为两组资料。如果以 p 代表事件出现的概率，以 $q=1-p$ 代表事件未出现的概率，且在 n 次重复的独立试验中，事件 A 在每次试验中均有相同的概率 p，则这一事件 A 在 n 次试验中出现 k 次的概率

$$P_n(k)=\mathrm{C}_n^k p^k(1-p)^{n-k} \tag{1-19}$$

式中，$\mathrm{C}_n^k=\dfrac{n!}{k!(n-k)!}$。

随机变量x服从参数为n和p的二项分布，记作x～B（n，p）。

二项分布由 n 和 p 两个参数决定。n 称为离散参数，只能取正整数；p 为连续参数，它能取 0 与 1 之间的任何数值。

（1）当 p 值较小且 n 不大时，分布是偏斜的。但随着 n 的增大，分布逐渐趋于对称，如图 1-27 所示。

（2）当 p 值趋于 0.5 时，分布趋于对称，如图 1-28 所示。

（3）对于固定的 n 及 p，当 k 增加时，P（x）先随之增加并达到其极大值，以后又下降。

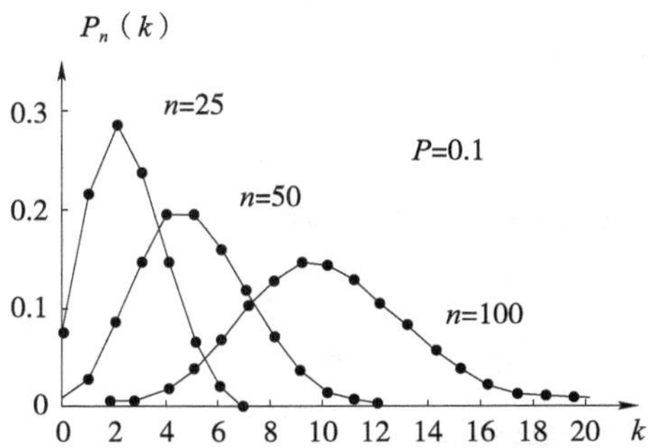

图 1-27　n 值不同的二项分布比较

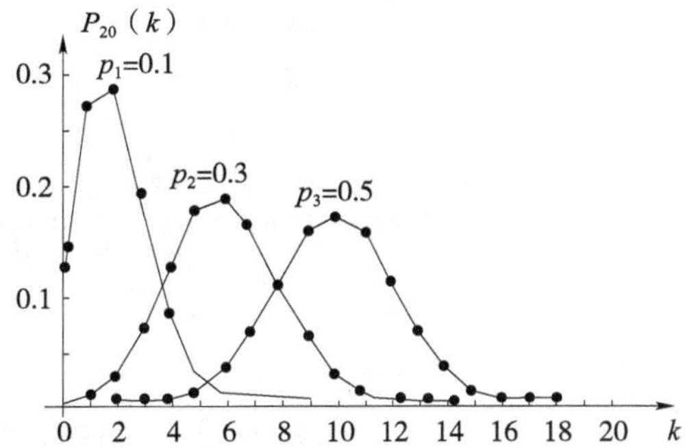

图 1-28　p 值不同的二项分布比较

2. 二项分布的概率计算及应用条件

当事件 A 的结果为非此即彼两种情况时，且它们出现的概率分别为 p 和 $q=1-p$，那么在 n 次重复试验中，事件 A 发生的概率不变，计算事件 A 在 n 次试验中出现 x 次的概率，可用二项分布。

例 1-16　已知某一大批产品的一级品率为 0.2，现在从中随机抽查 100 个，则：

① 100 个元件恰有 20 个为一级品的概率是多少?

②至少有 20 个为一级品的概率是多少?

解：设 x 表示 100 个产品中一级品的个数，则 $x \sim B$（100，0.2），则

①$P(x=20)=C_{100}^{20}(0.2)^{20}(0.8)^{80}$

②$P(x \leqslant 20)=\sum_{k=0}^{20} C_{100}^{k}(0.2)^{k}(0.8)^{100-k}$

3. 利用 Excel 计算二项分布的概率

二项分布函数可以通过 BINOMDIST 函数来计算，它有 4 个参数：Number_s 表示成功的次数；Trials 表示总共的试验次数；Probability_s 表示成功的概率；Cumulative 当等于 0 时，表示实际成功次数恰好等于指定次数的概率；当等于 1 时，表示实际成功次数小于或等于指定次数的概率。

例 1-17　以例 1-16 数据资料进行计算。

操作步骤：

第一步：打开 Excel 界面，单击"插入"下拉菜单中的"函数"，跳出"插入函数"对话框，在"或选择类别（C）"中选择"全部"，在"选择函数（N）"中寻找到二项分布概率的英文名称"BINOMDIST"。

第二步：点击“确定”，跳出“函数参数”对话框，如图所示，填入各项参数，其中“返回累积分布函数”若取 FALSE，则函数所返回的是概率密度函数，即 number_s 成功的概率；若为 TRUE，则函数所返回的是累积分布函数，即至多 number_s 成功的概率，如图 1-29 所示。

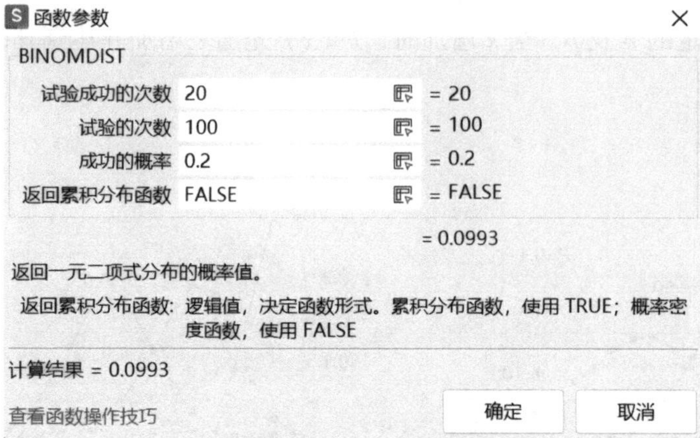

图 1-29　二项分布概率计算结果输出—1

第三步：计算 $p(x \leqslant 20)$ 只需在“函数参数”对话框中输入各项参数，将“返回累积分布函数”改为“TRUE”即可得出计算结果约为 0.559 5，如图 1-30 所示。

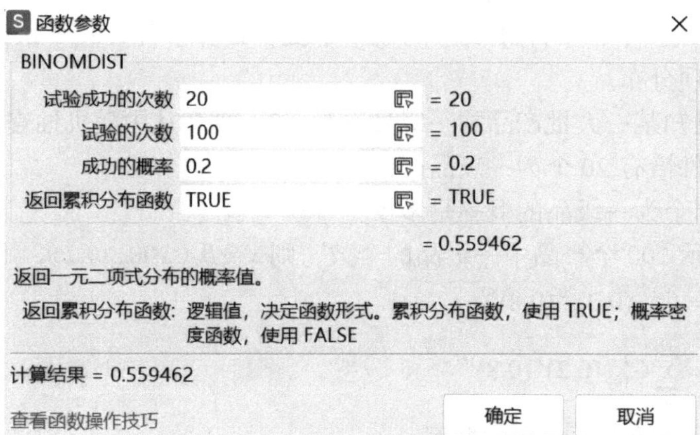

图 1-30　二项分布概率计算结果输出—2

4. 二项分布的平均数及标准差

前面已经指出二项分布由两个参数 n 和 p 决定。统计学证明，服从二项分布 $B(n, p)$ 的随机变量之平均数 μ、标准差 σ 与参数 n、p 有如下关系：

当试验结果以事件 A 发生次数 k 表示时

$$\mu = np \tag{1-20}$$

$$\sigma = \sqrt{npq} \tag{1-21}$$

思政导学

小概率事件，通常是指基于人们的经验和统计分析，在一段特定时间发生的可能性相对较低的事件。然而，小概率事件并非零概率事件。若从长时段来看，只要具备相关因素和条件，小概率事件就可能会发生。小概率事件具有偶发性，但它一旦发生，也可能会造成大影响。有些小概率事件发生后，还会形成多米诺骨牌效应。其影响不局限于一时一地，有可能给整个人类社会发展带来深远影响。如 2008 年国际金融危机由美国次贷危机引发，危机给世界经济带来的创伤至今仍未愈合。可见，如果应对不善，突如其来的“黑天鹅”事件也会导致系统性风险，产生严重后果。

〔资料来源:《人民日报》(2020 年 7 月 27 日 09 版)〕

思考分析：不能孤立、静止地看待小概率事件，不能因为其发生的可能性小就放松对其监测、预警和防范，而应用大概率思维来应对它。这需要我们既善于运用辩证思维、战略思维来预判事物发展趋势，从而把握工作的规律性；又善于运用底线思维、统计学思维来分析事物发展趋势中的偶然性，发现必然性与多种随机现象之间的联系，从而做好对最坏可能性的预防，这就是大概率思维。

用大概率思维应对小概率事件，要求我们从思想上高度重视潜在的风险，注意问题表象背后隐性的、深层次的风险点，并预估相关事件发生的各种可能性，在不影响经济社会常态运转的同时，做足做好相关准备工作，提前确定专门应对措施。用大概率思维应对小概率事件，有利于降低小概率事件发生的可能性，将矛盾化解于未萌；有利于在小概率事件发生之初就予以有效应对，从而化被动为主动，将负面影响降到最低。

任务筹划

正态分布及二项分布概率计算流程如图 1-31 所示。

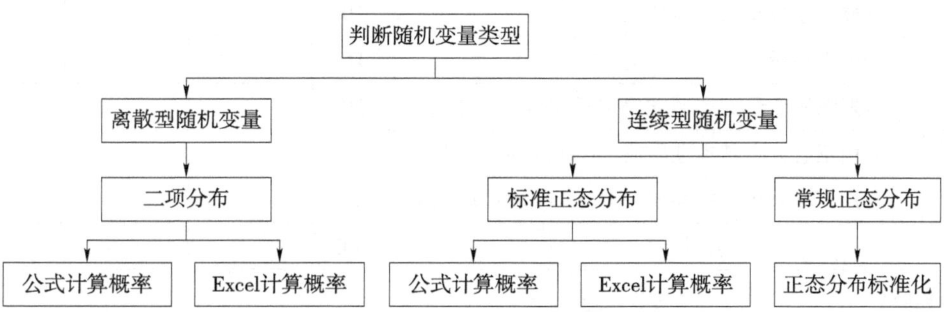

图 1-31　正态分布及二项分布概率计算流程

任务实施

步骤一：

步骤二：

步骤三：

步骤四：

步骤五：

二维码 1-4

任务检测

使用微信小程序扫码进入在线测试，可多次答题，直到获得满意的结果。

任务评价

根据任务完成情况，进行任务评价，详见表 1-15。

表 1-15 工作任务完成过程评价

班级：________ 姓名：________ 学号：________

项目	评分标准	分值	自我评价	小组评价	教师评价
知识技能	掌握随机事件、必然事件、不可能事件的基本概念	10			
	掌握正态分布的基本特征	10			
	掌握二项分布的基本特征	10			
实操技能	准确判断所给出事件的类型	10			
	根据随机变量的类型准确判断其概率分布情况	20			
	利用正态分布基本性质或 Excel 准确计算概率	20			
	利用二项分布基本性质或 Excel 准确计算概率	20			
合计		100			
自我评价与总结					
教师点评					

项目二 均数差异显著性检验——t检验

项目导读

对试验或调查获得的资料进行分析最常用、最重要的统计分析方法是假设检验。假设检验的方法很多，常用的有t检验、F检验、μ检验和χ^2检验等。尽管这些假设检验方法用途及使用条件不同，但检验的基本原理、基本步骤是相同的。本项目结合t检验实例阐明假设检验的基本原理、基本步骤；介绍均数差异显著性检验的意义及原理、样本均数与总体均数的差异显著性检验、两样本均数差异显著性检验、两个百分数资料差异显著性检验。

知识目标

能够理解t检验的意义及步骤；

能够理解t检验的两类错误及实质；

能够掌握非配对资料与配对资料的基本概念；

了解两个样本百分数资料显著性检验的步骤、使用的注意点及百分率资料的区间估计。

技能目标

能够正确掌握显著性检验的使用场合、步骤；

能够准确识别两类错误并掌握降低犯两类错误概率的措施和方法；

能够准确识别非配对资料与配对资料，同时掌握非配对数据、配对数据样本平均数差异显著性检验的步骤，使用场合及各自的优缺点；

能够完成百分率检验，并能做出正确推断。

素质目标

通过本项目的学习培养学生较强的求知欲，善于运用生物统计解决实际问题；

通过本项目的学习培养学生实事求是的科学态度，乐于通过实践、检验判断各种问题；

通过本项目的学习培养学生的团队精神，敢于提出与别人不同的见解，也勇于放弃或修正自己的错误观点。

任务一 均数差异显著性检验的意义及原理

任务导入

显著性检验就是事先对总体的参数或总体的分布形式做出一个假设，然后利用样本信息来判断这个假设是否合理，即判断总体的真实情况与原假设是否有显著性差异。

任务：某鸡场准备饲养一批某品种鸡，已知该品种鸡 4 周龄标准体重为 0.625 kg，为避免盲目投资，该鸡场先进行小规模试养，经过一段时间养殖，随机抽取 50 只 4 周龄鸡，测得平均体重为 0.584 kg，标准差为 0.135 kg。试分析这批鸡体重与标准体重有无差异？分组讨论鸡场能否进行该品种鸡的饲养？

任务工单

班级：________　　姓名：________　　学号：________

任务名称	均数差异显著性检验的意义及原理
任务描述	任务内容：分析这批鸡体重与标准体重有无差异。 任务目的：通过统计假设分析判断试养的这批鸡体重与标准体重有无差异，了解统计假设的基本原理和意义，并掌握统计检验的基本步骤。 任务流程：①了解统计假设的意义，提出正确假设；②收集样本数据，根据假设构造检验统计量；③根据所提出的显著水平，确定临界值和拒绝域；④做出统计推断。 任务方法：通过统计假设，完成检验，得出结果。
获取信息	要完成任务，需要掌握相关的知识。请收集资料，回答以下问题： 1. 显著性检验的意义是什么？ 2. 显著性检验运用了什么原理？ 3. 显著性检验的基本步骤是什么？ 4. 假设检验的两类错误是什么？怎么降低犯两类错误的概率？

（续表）

<table>
<tr><td>制订计划</td><td colspan="4"></td></tr>
<tr><td rowspan="6">任务实施</td><td colspan="4">按照预先制订的工作计划，完成本任务，并记录任务实施过程。</td></tr>
<tr><td>序号</td><td>完成的任务</td><td>遇到的问题</td><td>解决的办法</td></tr>
<tr><td></td><td></td><td></td><td></td></tr>
<tr><td></td><td></td><td></td><td></td></tr>
<tr><td></td><td></td><td></td><td></td></tr>
<tr><td></td><td></td><td></td><td></td></tr>
</table>

任务准备

一、均数差异显著性检验的目的

统计假设检验又称显著性检验，对未知或不完全知道的总体根据某种需要首先做出假设，其次，由样本的实际结果计算由误差引起的概率，最后，利用“小概率原理”做出应当接受何种假设的结论。

其目的是通过对部分资料的研究达到对总体的了解，即由样本推断总体。首先，对所估计的总体提出一个假设，例如，假设这个总体的平均数μ等于某个值μ_0（$\mu=\mu_0$），其次，通过样本数据去推断这个假设是否可以接受，如果接受假设，说明样本很可能抽样于这个总体，否则，样本很可能不是来自这个总体。

二、均数差异显著性检验的意义

显著性检验的目的在于对单个或多个样本进行比较时，必须判断结果的差异是由抽样误差造成的，还是由处理因素不同引起的。如何区分两类性质的差异，怎样通过样本来推断总体，这正是显著性检验要解决的问题。虽然观察到的是样本，但试验的目的在于由样本推断总体，对总体做出合乎客观实际的结论。

为了便于理解，我们结合一个具体例子来说明均数差异显著性检验的意义。随机抽测 10 头长白猪和 10 头大白猪经产母猪的产仔数（头），资料如下：

长白猪：11，11，9，12，10，13，13，8，10，13；

大白猪：8，11，12，10，9，8，8，9，10，7。

经计算，长白猪 10 头经产母猪产仔平均数$\bar{x}_1=11$头，标准差 s_1=1.76 头；大白猪 10 头经产母猪产仔平均数$\bar{x}_2=9.2$头，标准差 s_2=1.549 头。这两个平均数的差值是否意味着长白猪和大白猪的产仔数就是不同（即$\mu_1\neq\mu_2$）呢？统计学认为，这样得出的结论是不可靠的。因为如果我们再分别随机抽测 10 头长白猪和 10 头大白猪经产母猪的产仔数，又可得到两个样本资料。由于抽样误差的随机性，两样本平均数就不一定是 11 头和 9.2 头，其差值也不一定是 1.8 头。造成这种差异可能有两种原因：一种是由品种造成的差异，即长白猪与大白猪本质不同所致；另一种可能是试验误差（或抽样误差）。对两个样本进行比较时，必须判断样本间差异是由抽样误差造成的，还是由本质不同引起的，这正是均数差异显著性检验要解决的问题。

比较总体间的差异有两种方法：

（1）研究总体，即由总体中的所有个体数据计算出总体参数进行比较。这种研究总体的方法是很准确的，但因为总体往往是无限总体，因此很难实现。

（2）研究样本，通过样本研究其所代表的总体。例如，设长白猪经产母猪产仔数的总体平均数为μ_1，大白猪经产母猪产仔数的总体平均数为μ_2，试验研究的目的就是要给μ_1、μ_2是否相同做出推断。由于总体平均数μ_1、μ_2未知，在进行显著性检验时只能以样本平均数$\bar{x}_1$、$\bar{x}_2$作为检验对象，更确切地说，是以（$\bar{x}_1-\bar{x}_2$）作为检验对象。

通过试验测定得到的每个观测值x_i，既由被测个体所属总体的特征决定，又受个体差异和诸多无法控制的随机因素的影响。所以观测值x_i由两部分组成，即$x_i=\mu+\varepsilon_i$。对于接受不同处理的两个样本来说，则有$\bar{x}_1=\mu_1+\bar{\varepsilon}_1$，$\bar{x}_2=\mu_2+\bar{\varepsilon}_2$。

这说明两个样本平均数之差（$\bar{x}_1-\bar{x}_2$）也包括了两部分：一部分是两个总体平均数的差（$\mu_1-\mu_2$），叫作试验的处理效应；另一部分是试验误差（$\bar{\varepsilon}_1-\bar{\varepsilon}_2$），即$\bar{x}_1-\bar{x}_2=(\mu_1-\mu_2)+(\bar{\varepsilon}_1-\bar{\varepsilon}_2)$，统计上把误差效应所决定的差异看作非真实的差异（差异不显著），处理效应所决定的差异看作真实的差异（差异显著）。两个总体是否存在差异，只有通过显著性检验，借助数理统计方法对试验误差做出估计，从试验的表面效应与试验误差的权衡比较中间接地推断处理效应是否存在，这就是均数差异显著性检验的基本思想。

三、均数差异显著性检验的原理

显著性检验是先按研究目的提出一个假设，然后通过试验或调查，取得样本资料，最后检验这些资料结果，看是否与无效假设所提出的有关总体参数的假设相符合，如果两者之间符合的可能性很大，就接受这个无效假设，如果符合的可能性很小，则否定它，从而接受其备择假设。具体地讲，通过总体的分布确定的总体参数应该在某一个范围内，如果超过了这个范围界限，那么就认为无效假设是错误的，应接受备择假设。

均数差异显著性检验的理论依据是“统计假设”和“小概率原理”。如何进行假设及如何应用“小概率原理”，请看下例。

例 2-1 在一个口袋中装有黑球和白球共 100 个。已知其中某一个颜色的只有 1 个，另一个颜色的有 99 个，现任取一球为黑球，问袋内黑球有几个？

解决上述问题的思路如下：

（1）提出假设。口袋中有黑球 1 个，白球 99 个。在该假设成立的前提下，任取一球是黑球的概率为 0.01。

（2）对假设进行检验。现在的情况是，从口袋中任取一球的结果是黑球。在我们提出的统计假设中，任取一球是黑球的可能性只有 0.01，这是一个小概率事件。现在竟然在一次试验中发生了，这是反常的、不合理的，产生这一不合理现象的原因是由于我们提出的假设是错误的，不能接受。

（3）根据上面的检验做出判断。“口袋中有 1 个黑球，99 个白球”的假设是不成立的。也就是说，正确的结论：“口袋中有 1 个白球，99 个黑球”。

根据显著性检验的理论依据，可提出无效假设 H_0 和备择假设 H_A 两个相对立的假设，如上例中无效假设 H_0 为口袋中有 1 个黑球，99 个白球；备择假设 H_A 为口袋中有 1 个白球，99 个黑球。后根据“小概率原理”做出检验判断，当一事件的概率很小时，我们可以认为在一次试验中几乎不可能发生。如果$\bar{x}-\mu$由误差造成的概率$p<0.05$，我们就可认为它不可能属于试验误差，从而否定 H_0，接受 H_A，称这个差异是显著的；如若这个差异的概率$p<0.01$，则称这个差异是极显著；但若这个差异的概率$p>0.05$，那么我们就说这种差异由误差造成的可能性较大，因而不能否定 H_0，也即接受 H_0，这时叫作差异不显著。

四、均数差异显著性检验的基本步骤

1. 提出统计假设

统计假设通常包括无效假设 H_0 和备择假设 H_A。无效假设 H_0 一般可表示为 $\mu=\mu_0$，$\mu_1=\mu_2$，$\mu_1-\mu_2=0$ 等形式，其代表试验处理无效；备择假设 H_A 一般可表示为 $\mu\neq\mu_0$，$\mu_1\neq\mu_2$，$\mu_1-\mu_2\neq0$ 等形式，其代表在试验表面效应中，除含试验误差外，还含有处理效应。

2. 构造并计算统计量

在无效假设成立的前提下，根据样本所提供的信息，将样本均数进行标准化处理，计算出检验统计量 t 值。

根据样本平均数抽样分布的性质可知，当样本容量n充分大时，样本平均数的抽样分布可视为正态分布，若总体标准差σ未知，用 s 估计σ，即用$s_{\bar{x}}$估计$\sigma_{\bar{x}}$，此时对样本平均数进行标准化后的统计量令其为t值，即

$$t=\frac{\bar{x}-\mu}{s_{\bar{x}}} \tag{2-1}$$

统计量 t 值不再服从标准正态分布而是服从自由度为$n-1$的t分布。

3. 确定否定域（临界值）

否定域是指在检验统计量时抽样分布中的一个取值区域，一旦被检验统计量的计算值落入了这个区域，就否定无效假设，接受备择假设；而在这个否定域以外的其他区域就称为接受域，当被检验统计量的计算值落入了这个区域，就接受无效假设。通常将两尾概率 α 为 0.05 和 0.01 时的 t 分布的 t_α 值作为临界值。

4. 对假设进行统计推断

若 $|t|<t_{0.05}$，$p>0.05$，接受 H_0，差异不显著。

若 $t_{0.05}\leqslant|t|<t_{0.01}$，$0.01<p\leqslant0.05$，否定 H_0，差异显著，常用“*”表示。

若 $|t|\geqslant t_{0.01}$，$p\leqslant0.01$，否定 H_0，差异极显著，常用“**”表示。

例 2-2　某鸡场饲养了一批肉仔鸡，42 日龄时随机抽取了 16 只进行称重，测得平均体重为 1 777.25 g，标准差为 40.97。该鸡场一位长期从事收购工作的人员估计到：这批商品肉仔鸡 42 日龄平均体重为 1 800 g。请检验此收购人员估计是否正确？

解：①提出假设。H_0：$\mu=\mu_0=1800$ g，H_A：$\mu\neq\mu_0\neq1800$ g。

②构造统计量，计算 t 值。

$$s_{\bar{x}}=\frac{s}{\sqrt{n}}=\frac{40.97}{\sqrt{16}}=10.24$$

$$t=\frac{\bar{x}-\mu}{s_{\bar{x}}}=\frac{1\,776.5-1\,800}{10.24}=-2.319$$

③确定否定域（临界值）。

由于$df=n-1=16-1=15$，查表可得$t_{0.05}(15)=2.131$，$t_{0.01}(15)=2.947$。

④统计推断。

$|t|>t_{0.05}$，$p<0.05$，否定 H_0，接受 H_A，说明这批肉仔鸡平均体重与估计值之间差异显著，即该收购人员的估计不正确。

五、假设检验中的两类错误

假设检验是反证法的思想，依据样本统计量做出的统计推断，其推断结论并非绝对正确，结论有时也可能有错误，因为小概率事件毕竟还是有出现的可能性。因此假设检验有可能犯两类错误（表 2-1）：

第 1 类错误又称 I 型错误、拒真错误，是指拒绝了实际上成立的、正确的假设，为“弃真”的错误，其概率通常用 α 表示。

第 2 类错误又称 Ⅱ 型错误，接受了实际上不成立的 H_0，也就是错误地判定为无差别，这类取伪的错误称为第 2 类错误，其概率用 β 表示。

当样本容量固定时，α 减小，则 β 增大；反之，α 增大，则 β 减小。因而可通过选定 α 控制 β 大小。要同时减小 α 和 β，唯有增加样本容量。

表 2-1　假设检验的两类错误

检验结果	决策	
	接受 H_0	拒绝 H_0
H_0 为真	判断正确	α 错误（犯 I 型错误）
H_0 为假	β 错误（犯 Ⅱ 型错误）	判断正确

思政导学

某研究团队拟研究多种生活方式的干预对于学龄前儿童有氧运动能力和肥胖的影响，设计了一个整群随机对照试验（Cluster Randomised Controlled Trial），一共纳入 40 名学龄前儿童作为研究对象，将他们随机分为干预组和对照组。

对照组儿童仅接受常规的课程学习，包括每周 1 节 45 min 的体育课。而干预组儿童在对照组的基础上，接受包括参加体育活动项目，增加营养知识课程等多方位的生活方式干预，干预共持续 1 年。研究的主要评价结果为有氧运动能力（20 min 往返跑）和 BMI 指数。

结果显示，干预组儿童有氧运动能力高于对照组儿童（平均差异：0.32，95% 置信区间：0.07～0.57，p=0.01<0.05），而两组儿童 BMI 的差异却无统计学显著性（平均差

异：$-0.07\ \text{kg/m}^2$，95% 置信区间：$-0.19\sim0.16$，$p=0.31>0.05$）。

作者由此得出结论：多种生活方式干预可以提高学龄前儿童的有氧运动能力，但对 BMI 影响不大。

（上述研究于 2011 年发表在 BMJ 杂志上）

思考分析：研究结果很容易理解，那么问题来了，请大家判断一下，以下 3 种说法，哪一项是正确的呢？

（1）如果实际上在该人群中，多种生活方式干预对于儿童的有氧运动能力没有影响，两组儿童的有氧运动能力并无差异，那么作者针对有氧运动能力进行假设检验，得出的结论就会产生Ⅰ类错误。

（2）如果实际上在该人群中，多种生活方式干预可以改善儿童的 BMI 指数，干预组儿童 BMI 指数低于对照组儿童，那么作者针对 BMI 进行假设检验，得出的结论就会产生Ⅱ类错误。

（3）如果增加样本量，则可以降低Ⅰ类错误和Ⅱ类错误的发生概率。

在进行假设检验时要谨防假设检验的陷阱，当统计分析出现阳性结果，$p<0.05$ 时，不要高兴得太早，认真思考一下是否有可能犯Ⅰ类错误，当出现阴性结果，$p>0.05$ 时，也不要太灰心，想想是不是有可能Ⅱ类错误在作怪。要以更加严谨科学的方法进行分析，降低犯Ⅰ类错误和Ⅱ类错误的概率，避免给生产带来损失。

任务 筹划

完成均数差异显著性检验基本步骤如图 2-1 所示。

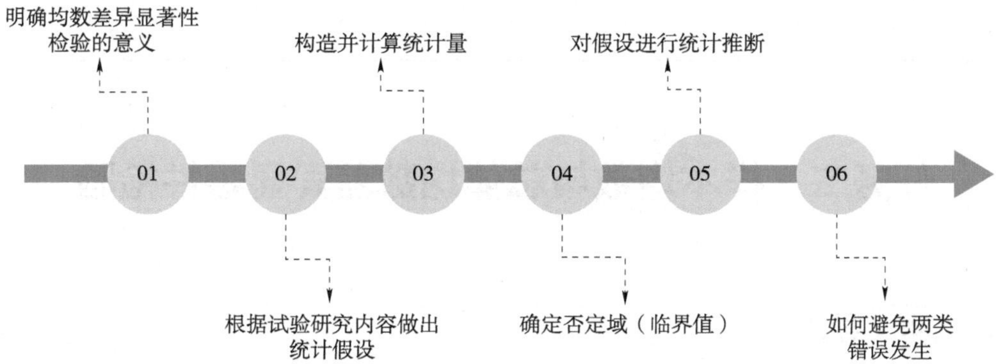

图 2-1　均数差异显著性检验基本步骤

任务 检测

使用微信小程序扫码进入在线测试，可多次答题，直到获得满意的结果。

二维码 2-1

任务评价

根据任务完成情况，进行任务评价，见表 2-2。

表 2-2 工作任务完成过程评价

班级：________ 姓名：________ 学号：________

项目	评分标准	分值	自我评价	小组评价	教师评价
知识技能	了解均数差异显著性检验的意义	10			
	掌握均数差异显著性检验的原理	10			
	掌握均数差异显著性检验的步骤	10			
实操技能	根据具体试验研究内容，做出准确的统计假设	20			
	根据统计假设构造正确统计量	20			
	确定否定域，做出准确统计推断	20			
	理解假设检验中的两类错误，并合理降低犯两类错误的概率	10			
合计		100			
自我评价与总结					
教师点评					

任务二　样本均数与总体均数差异显著性检验

任务导入

在实际工作中，我们往往需要检验一个样本平均数与已知的总体平均数是否有显著差异，即检验该样本是否来自某一总体。已知的总体平均数一般为一些公认的理论数值、经验数值或期望数值。如畜禽正常生理指标、受孕期、家禽出雏日龄及生产性能指标等，都可以用样本平均数与之比较，检验差异显著性。

任务：已知某品种成鱼平均体长为 24.5 cm，由于饲养管理的原因造成一批鱼生长不良，从所捕获的成鱼中随机抽取 10 尾，测定其体长（单位：cm）分别为 22，18，22，23，20，23，24，25，22，19。饲养管理原因对这批鱼体长的影响是否显著？并分小组用 SPSS 软件核查检验结果是否一致？

任务工单

班级：________ 姓名：________ 学号：________

<table>
<tr><td>任务名称</td><td colspan="4">样本均数与总体均数差异显著性检验</td></tr>
<tr><td>任务描述</td><td colspan="4">任务内容：检验饲养管理原因对鱼体长的影响是否显著。
任务目的：通过该任务的实施，掌握样本均数与总体均数差异显著性检验的基本步骤，并掌握检验结果的意义。
任务流程：①提出假设；②构造并计算统计量；③进行统计检验，确定临界值；④完成统计推断。
任务方法：根据显著性检验的意义提出假设，完成统计量构造及计算，并根据计算结果做出正确的统计推断。</td></tr>
<tr><td>获取信息</td><td colspan="4">要完成任务，需要掌握相关的知识。请收集资料，回答以下问题：
1. 样本均数与总体均数差异显著性检验无效假设与备择假设的含义是什么？

2. 计算 t 值的公式是什么？

3. 如何确定临界值？如何确定显著水平与自由度？

4. 如何用计算所得的 t 值的绝对值 $|t|$ 跟临界 t 值比较做出统计推断？

5. 接受 H_0 的意义是什么？接受 H_A 的意义是什么？</td></tr>
<tr><td>制订计划</td><td colspan="4"></td></tr>
<tr><td rowspan="6">任务实施</td><td colspan="4">按照预先制订的工作计划，完成本任务，并记录任务实施过程。</td></tr>
<tr><td>序号</td><td>完成的任务</td><td>遇到的问题</td><td>解决的办法</td></tr>
<tr><td></td><td></td><td></td><td></td></tr>
<tr><td></td><td></td><td></td><td></td></tr>
<tr><td></td><td></td><td></td><td></td></tr>
<tr><td></td><td></td><td></td><td></td></tr>
</table>

任务准备

检验的基本步骤

（一）提出无效假设与备择假设

H_0：$\mu=\mu_0$，H_A：$\mu\neq\mu_0$，其中，μ为样本所在总体平均数，μ_0为已知总体平均数。

（二）计算 t 值与自由度

$$t = \frac{\bar{x} - \mu}{s_{\bar{x}}} \tag{2-2}$$

$$s_{\bar{x}} = \frac{s}{\sqrt{n}} \tag{2-3}$$

$$df = n - 1 \tag{2-4}$$

（三）确定临界值

由 $df = n-1$，查表可得 $t_{0.01}(n-1)$，$t_{0.05}(n-1)$。

（四）统计推断

若 $|t| < t_{0.05}$，则 $p > 0.05$，不能否定 H_0：$\mu = \mu_0$，表明样本平均数 $\bar{x}$ 与总体平均数 μ_0 差异不显著，可以认为样本是取自该总体；若 $t_{0.05} \leqslant |t| < t_{0.01}$，则 $0.01 < p \leqslant 0.05$，否定 H_0：$\mu = \mu_0$，接受 H_A：$\mu \neq \mu_0$，表明样本平均数 $\bar{x}$ 与总体平均数 μ_0 差异显著，有 95% 的把握认为样本不是取自该总体；$|t| \geqslant t_{0.01}$，则 $p \leqslant 0.01$，表明样本平均数 $\bar{x}$ 与总体平均数 μ_0 差异极显著，有 99% 的把握认为样本不是取自该总体。

例 2–3 按饲料配方规定，每 1 000 kg 某种饲料中维生素 C 不得少于 246 g，现从工厂的产品中随机抽测 12 个样品，测得每 1 000 kg 饲料中维生素 C 含量（单位：g）如下：255，260，262，248，244，245，250，238，246，248，258，270，若样品的维生素 C 含量服从正态分布，问此产品是否符合规定要求？

经计算可得样本均数 $\bar{x}$ =252 kg，样本标准差 s=9.115 kg。

（1）提出假设。H_0：$\mu = \mu_0 = 246$ g，H_A：$\mu > \mu_0 > 246$ g。

（2）计算 t 值。

$$s_{\bar{x}} = \frac{s}{\sqrt{n}} = \frac{9.115}{\sqrt{12}} = 2.631$$

$$t = \frac{\bar{x} - \mu}{s_{\bar{x}}} = \frac{252 - 246}{2.631} = 2.281$$

（3）由 $df = n - 1 = 12 - 1 = 11$，查表可得 $t_{0.05}(11) = 2.201$，$t_{0.01}(11) = 3.106$。

（4）统计推断。因为 $|t| > t_{0.05}$，所以 $p < 0.05$，否定 H_0：$\mu = \mu_0 = 246$ g，接受 H_A：$\mu > \mu_0 > 246$ g，表明样本平均数 $\bar{x}$ 与总体平均数 μ_0 差异显著，可以认为该批饲料维生素 C 含量符合规定要求。

（5）样本均数差异显著性检验（SPSS 检验）基本步骤如下：

第一步：在 SPSS 中录入数据，如图 2–2 所示。

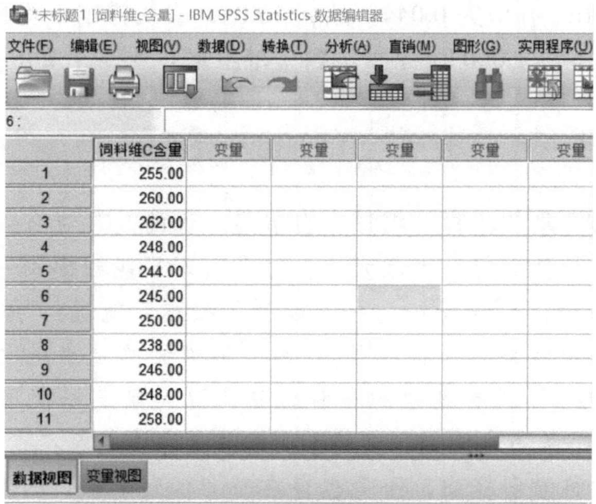

图 2-2　数据录入

第二步：单击“分析”（Analyze）→“比较均值”（Compare Means）→“单样本 t 检验”（One-sample T Test），弹出“单样本 t 检验”（One-sample T Test）对话框，在对话框左侧的变量列表中选择变量“饲料维生素 C 含量”进入“检验变量”［Test Variable（s）］框；在“检验值”（Test Value）编辑框中输入饲料维 C 含量 246，如图 2-3 所示。

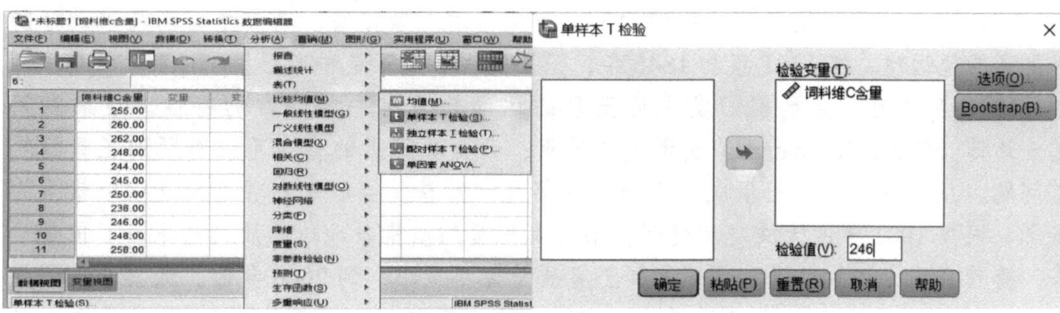

图 2-3　单样本资料 t 检验

第三步：单击“确定”（OK）按钮，得到输出结果，如图 2-4 所示。

单个样本统计量

	N	均值	标准差	均值的标准误
饲料维C含量	12	252.0000	9.11542	2.63140

单个样本检验

	检验值 = 246					
					差分的 95% 置信区间	
	t	df	Sig.(双侧)	均值差值	下限	上限
饲料维C含量	2.280	11	.044	6.00000	.2083	11.7917

图 2-4　SPSS 中单样本 t 检验输出结果

由图 2-4 可以看出，p 值为 0.044。故 $p<0.05$，表明样本平均数与总体平均数差异显著，可以认为该样本每 1 000 kg 某种饲料中维生素 C 不少于 246 g 的总体。

思政导学

大家都听过盲人摸象的故事。据说来自佛经，说的是几位盲人被国王召去触摸一头大象，以判断大象长什么样。大象太大，每个盲人只能触摸到一小部分。每个盲人摸到不同的部位，因而，众说纷纭。一人摸到了象腿，他说："原来大象长得像一棵树。"另一人说："原来大象是一根绳子。"因为他摸到的是象尾巴。摸到象鼻子的人说："大象是一根水管。"还有其他的种种说法，说大象是一把扇子、一堵墙、一个洞……一般人们用这个故事来比喻和嘲笑看问题狭隘片面之人。

但在我们漫长的科学研究中，不免也存在着"盲人摸象"的现象。比如，以人类对太阳系的认识过程为例，可以说明理论如何随着观测资料的积累而不断地改正"错误"的认识。

地心说时代，人类曾经自以为是地认为自己所在的地球是宇宙的中心。古希腊时代的人就注意到，天上有 7 个会移动的光点，除太阳和月亮之外的 5 个光点，分别被取名为"金、木、水、火、土"。后来，错误的地心说被日心说代替，人们又以为所有星球都绕着太阳转，其中也包括了月亮。这些星球自己都不发光，而是反射太阳光，因而被称为太阳系的"行星"。再后来，人类才认识到将月亮当作太阳的行星是一个"错误"，它应该看成是绕着地球转的卫星更为合理。紧接着，天文学家们又借助分辨率更高的望远镜，在 1781 年和 1846 年，分别发现了天王星和海王星。

1930 年之前，科学家们发现海王星的运动轨道有一些异常的特性，后来克莱德・汤博（Clyde Tombaugh）发现了冥王星，认为冥王星的存在可以解释海王星的轨道问题。从此以后，冥王星成为太阳系的第九大行星。但后来发现这又是一个错误的概念。根据 1931 年的天文观测资料，估计冥王星的质量与地球的质量差不多。但是后来，随着观测方法的改进，估算的冥王星质量逐年减小，到 2006 年时，天文学家们发现，冥王星的质量只有地球质量的 0.001 28 倍，只有月亮质量的 1/7。并且，在太阳系还发现了许多小行星群，其中有一些小行星比冥王星还大，如果将这些都算成行星的话，在小学教科书上的太阳系行星数目，将会超过 13 万个。因而，天文学家们于 2006 年，严格制定了作为太阳系行星的标准，纠正原来的错误，将冥王星从太阳系的行星中"开除"出去。

（资料来源：科学网 张天蓉）

思考分析：在学术研究中理论有缺陷是正常的，并不是一个值得大惊小怪之事，但需要对研究方案和试验设计进行全方位认知，不能"盲人摸象"地片面追求部分代表整体得出的"结论"，应对试验的原始数据、试验目的和实践应用进行仔细推断和准确定位，全面评估各种可能性，找到试验设计方法的优缺点及局限性，设定差异化的研究维度，不断地积累观测资料，才能更接近事实真相。

任务筹划

样本均数与总体均数差异显著性检验基本步骤如图 2-5 所示。

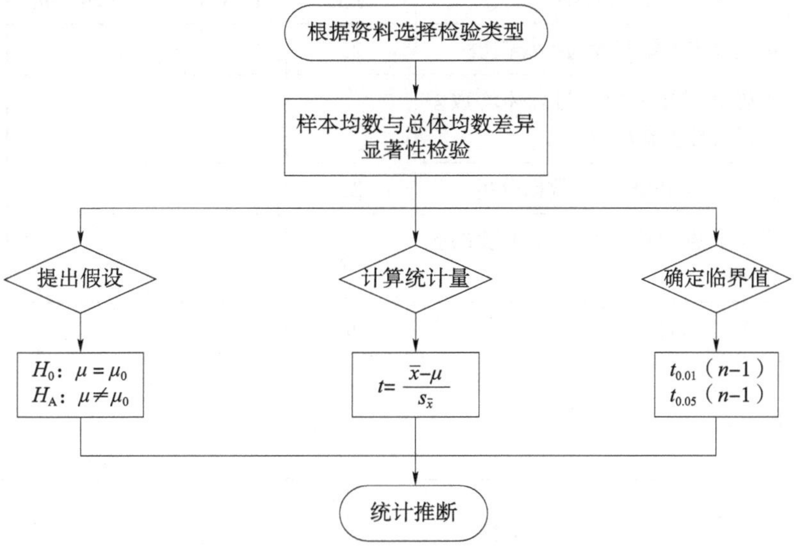

图 2-5　样本均数与总体均数差异显著性检验基本步骤

任务实施

步骤一：

步骤二：

步骤三：

步骤四：

步骤五：

二维码 2-2

任务检测

使用微信小程序扫码进入在线测试，可多次答题，直到获得满意的结果。

任务评价

根据任务完成情况，进行任务评价，详见表 2-3。

表 2-3 工作任务完成过程评价

班级：________ 姓名：________ 学号：________

项目	评分标准	分值	自我评价	小组评价	教师评价
实操技能	正确提出无效假设与备择假设	25			
	正确掌握样本均数与总体均数差异显著性检验步骤	25			
	正确运用 SPSS 进行数据分析	25			
	根据数据分析结果做出准确的统计推断	25			
合计		100			
自我评价与总结					
教师点评					

任务三 两样本均数差异显著性检验

任务导入

在实际工作中还经常会遇到推断两个样本平均数差异是否显著的问题，以了解两样本所在总体的平均数是否相同，由于试验设计方法的不同，一般分为两种情况：一种是配对试验设计，所得数据资料称为配对资料；另一种是非配对试验设计，即完全随机试验设计，所得数据资料称为成组资料。

任务：某猪场要选择甲、乙两种饲料进行育肥，为判断饲料育肥效果，选择了品种相同、体重相近的 20 头猪随机分成两组，分别投喂甲、乙两种饲料，经过一段时间后各头猪的增重（单位：kg）如下：

饲料甲：50，47，42，43，39，51，43，38，44，37；

饲料乙：36，38，37，38，36，39，37，35，33，37。

试判断两种饲料对猪增重效果的优劣，并分组使用 SPSS 软件进行验证。

任务工单

班级:________________　姓名:________________　学号:______________

<table>
<tr><td>任务名称</td><td colspan="4">两样本均数差异显著性检验</td></tr>
<tr><td>任务描述</td><td colspan="4">任务内容：通过两样本均数差异显著性检验，判断甲、乙两种饲料是否存在差异显著性，并使用 SPSS 软件进行分析。
任务目的：通过本任务的实施能够准确分辨配对资料与非配对资料，并选用正确的检验方法完成检验，得出正确的推断结果。
任务流程：①判断数据资料类型；②选择正确的比较方法；③进行数据计算，完成检验；④使用软件分析数据并核对结果。
任务方法：根据显著性检验的意义提出假设，完成统计量构造及计算，并根据计算结果做出正确的统计推断。</td></tr>
<tr><td>获取信息</td><td colspan="4">要完成任务，需要掌握相关的知识。请收集资料，回答以下问题：
1. 配对资料与非配对资料的特征是什么？如何识别配对资料与样本容量相同的非配对资料？
2. 两样本均数差异性显著检验该如何进行假设？
3. 配对资料与非配对资料检验过程中显著水平与自由度如何确定？
4. 检验结果接受 H_0 的意义是什么？接受 H_A 的意义是什么？</td></tr>
<tr><td>制订计划</td><td colspan="4"></td></tr>
<tr><td rowspan="6">任务实施</td><td colspan="4">按照预先制订的工作计划，完成本任务，并记录任务实施过程。</td></tr>
<tr><td>序号</td><td>完成的任务</td><td>遇到的问题</td><td>解决的办法</td></tr>
<tr><td></td><td></td><td></td><td></td></tr>
<tr><td></td><td></td><td></td><td></td></tr>
<tr><td></td><td></td><td></td><td></td></tr>
<tr><td></td><td></td><td></td><td></td></tr>
</table>

任务准备

一、配对资料

配对设计是指先根据配对的要求将试验单位两两配对，然后将配成对子的两个试验单位随机地分配到两个处理组中。配对的要求是，配成对子的两个试验单位的初始条件尽量一致，不同对子间试验单位的初始条件允许有差异，每一个对子就是试验处理的一个重复。配对的方式有两种：自身配对与同源配对。

（一）自身配对

自身配对是指同一试验单位在两个不同时间上分别接受前后两次处理，用其前后两次的观测值进行自身对照比较；或同一试验单位的不同部位的观测值或不同方法的观测值进行自身对照比较。如观测某种病畜治疗前后临床检查结果的变化；观测用两种不同方法对畜产品中毒物或药物残留量的测定结果变化等。

（二）同源配对

同源配对是指将来源相同、性质相同的两个个体配成一对，如将畜别、品种、窝别、性别、年龄、体重相同的两个试验动物配成一对，然后对配对的两个个体随机地实施不同处理。配对设计试验资料的一般形式见表 2-4。

表 2-4　配对设计试验资料的一般形式

处理	观测值 x_{ij}				样本含量	样本平均数	总体平均数
1	x_{11}	x_{12}	…	x_{1n}	n	$\bar{x}_1=\dfrac{\sum x_{1j}}{n}$	μ_1
2	x_{21}	x_{22}	…	x_{2n}	n	$\bar{x}_2=\dfrac{\sum x_{2j}}{n}$	μ_2
$d_j=x_{1j}-x_{2j}$	d_1	d_2	…	d_n	n	$\bar{d}=\dfrac{\sum d_j}{n}$	$\mu_d=\mu_1-\mu_2$

配对设计两样本平均数差异显著性检验的基本步骤如下：

1. 提出无效假设与备择假设

H_0：$\mu_d=\mu_1-\mu_2=0$，H_A：$\mu_d=\mu_1-\mu_2\neq 0$。

式中，μ_d为两样本配对数据差值 d 总体平均数，它等于两样本所属总体平均数μ_1与μ_2之差，即 $\mu_d=\mu_1-\mu_2$。

2. 计算 ***t*** 值

已知$t=\dfrac{\bar{d}}{s_{\bar{d}}}$，$s_{\bar{d}}=\dfrac{s_d}{\sqrt{n}}$，$df=n-1$，则

$$\bar{d}=\frac{\sum d}{n}=\frac{\sum(x_1-x_2)}{n}=\frac{\sum x_1}{n}-\frac{\sum x_2}{n}=\bar{x}_1-\bar{x}_2,\quad s_d=\sqrt{\frac{\sum(d-\bar{d})^2}{n-1}}=\sqrt{\frac{\sum d^2-\frac{\left(\sum d\right)^2}{n}}{n-1}}$$

3. 确定临界值

$df=n-1$，查表可得$t_{0.01}(n-1)$，$t_{0.05}(n-1)$。

4. 统计推断

若 $|t|<t_{0.05}$，则 $p>0.05$，不能否定 H_0：$\mu_d=\mu_1-\mu_2=0$，表明样本平均数 $\bar{x}_1$ 与 $\bar{x}_2$ 差异不显著，可以认为两样本所对应的总体为同一总体；若 $t_{0.05}\leqslant|t|<t_{0.01}$，则 $0.01<p\leqslant0.05$，否定 H_0：$\mu_d=\mu_1-\mu_2=0$，接受 H_A：$\mu_d=\mu_1-\mu_2\neq0$，表明样本平均数 $\bar{x}_1$ 与 $\bar{x}_2$ 差异显著，有 95% 的把握可以认为两样本所对应的总体为不同总体；$|t|\geqslant t_{0.01}$，则 $p\leqslant0.01$，表明样本平均数 $\bar{x}_1$ 与 $\bar{x}_2$ 差异极显著，有 99% 的把握认为两样本来自不同总体。

例 2-4　用家兔 10 只试验某批注射液对体温的影响，测定每只家兔注射前后的体温，见表 2-5。设体温服从正态分布，问注射前后家兔体温有无显著差异？

表 2-5　10 只家兔注射前后的体温　　（单位：℃）

兔号	1	2	3	4	5	6	7	8	9	10
注射前体温	37.8	38.2	38.0	37.6	37.9	38.1	38.2	37.5	38.5	37.9
注射后体温	37.9	39.0	38.9	38.4	37.9	39.0	39.5	38.6	38.8	39.0
$d=x_1-x_2$	−0.1	−0.8	−0.9	−0.8	0	−0.9	−1.3	−1.1	−0.3	−1.1

解：

（1）提出假设。H_0：$\mu_d=\mu_1-\mu_2=0$；H_A：$\mu_d=\mu_1-\mu_2\neq0$。

（2）计算 t 值。

$$\bar{d}=\frac{\sum d}{n}=\frac{-7.3}{10}=-0.73$$

$$s_d=\sqrt{\frac{\sum d^2-\frac{\left(\sum d\right)^2}{n}}{n-1}}=\sqrt{\frac{7.11-\frac{(-7.3)^2}{10}}{10-1}}=0.445$$

$$s_{\bar{d}}=\frac{s_d}{\sqrt{n}}=\frac{0.445}{\sqrt{10}}=0.141$$

$$t=\frac{\bar{d}}{s_{\bar{d}}}=\frac{-0.73}{0.141}=-5.177$$

（3）确定临界值。$df=n-1=10-1=9$，查表可得 $t_{0.05}(9)=2.262$，$t_{0.01}(9)=3.250$。

（4）统计推断。因为 $|t|>t_{0.01}$，所以 $p<0.01$，应否定 H_0，接受 H_A，表明家兔注射该批注射液前后体温差异极显著，注射该批注射液可使家兔体温极显著升高。

（5）配对设计两样本平均数差异显著性检验（SPSS 检验）基本步骤如下：

第一步：在 SPSS 中录入数据，如图 2-6 所示。

第二步：单击“分析”（Analyze）—“比较均值”（Compare Means）—“配对样本 t 检验”（Paired-samples T Test），弹出“配对样本 t 检验”（Paired-samples T Test）对话框，在对话框左侧的变量列表中选择变量“注射前体温 1”进入“成对变量”框中“组别 1”，“注射后体温 2”进入“组别 2”，如图 2-7、图 2-8 所示。

第三步：单击“确定”（OK）按钮，得到输出结果，如图 2-9 所示。

9 :	注射前体温	注射后体温	变量	变量
1	37.80	37.90		
2	38.20	39.00		
3	38.00	38.90		
4	37.60	38.40		
5	37.90	37.90		
6	38.10	39.00		
7	38.20	39.50		
8	37.50	38.60		
9	38.50	38.80		
10	37.90	39.00		

图 2-6 录入数据

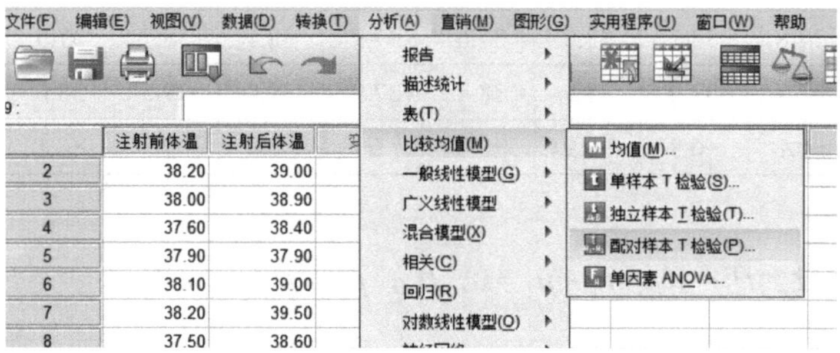

图 2-7 配对样本 *t* 检验—1

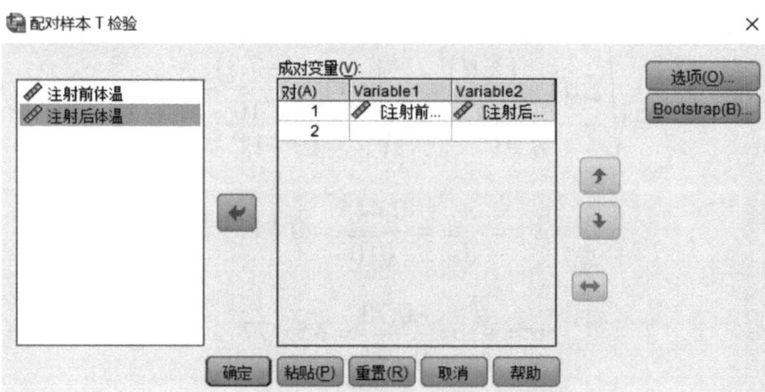

图 2-8 配对样本 *t* 检验—2

成对样本检验

		成对差分					t	df	Sig.(双侧)
					差分的 95% 置信区间				
		均值	标准差	均值的标准误	下限	上限			
对 1	注射前体温1 - 注射后体温2	-.7300	.4448	.1407	-1.0482	-.4118	-5.189	9	.001

图 2-9 配对样本 *t* 检验输出结果

由图 2-9 可知，p 值为 0.001。经比较 $p<0.01$，表明家兔注射该批注射液前后体温差异极显著，注射该批注射液可使家兔体温极显著升高。

二、非配对资料

非配对设计或成组设计是指当进行只有两个处理的试验时，将试验单位完全随机地分成两组，然后对两组随机施加一个处理。在这种设计中两组的试验单位相互独立，所得的两个样本相互独立，其含量不一定相等。非配对资料的一般形式见表 2-6。

表 2-6　非配对资料的一般形式

处理	观测值 x_{ij}	样本含量 n_i	平均数$\bar{x}$	总体平均数
1	x_{11}，x_{12}，…，x_{1n_1}	n_1	$\bar{x}_1=\dfrac{\sum x_{1j}}{n_1}$	μ_1
2	x_{21}，x_{22}，…，x_{2n_2}	n_2	$\bar{x}_2=\dfrac{\sum x_{2j}}{n_2}$	μ_2

非配对资料以组平均数作为相互比较的标准，来检验其差异的显著性，其步骤如下：

1. 提出假设

H_0：$\mu_1=\mu_2$，H_A：$\mu_1\neq\mu_2$。

2. 计算 t 值

统计学证明，两个样本平均数的差与其均数差异标准误之比服从于自由度为 n_1+n_2-2的 t 分布，于是得到计算 t 值的公式

$$t=\frac{\bar{x}_1-\bar{x}_2}{s_{\bar{x}_1-\bar{x}_2}},\quad df=n_1+n_2-2$$

式中，$s_{\bar{x}_1-\bar{x}_2}$为均数差异标准误，计算方式如下：

$$s_{\bar{x}_1-\bar{x}_2}=\sqrt{\frac{s_1^2\cdot df_1+s_2^2\cdot df_2}{df_1+df_2}\left(\frac{1}{n_1}+\frac{1}{n_2}\right)}$$

当$n_1=n_2$时，则$s_{\bar{x}_1-\bar{x}_2}=\sqrt{\dfrac{s_1^2+s_2^2}{n}}$。

3. 确定临界值

由$df=n_1+n_2-2$，查表可得$t_{0.05}(n_1+n_2-2)$，$t_{0.01}(n_1+n_2-2)$。

4. 统计推断

将计算所得的 t 值与临界 t 值比较，做出统计推断。

例 2-5　某种猪场分别测定长白后备种猪和蓝塘后备种猪 90 kg 时的背膘厚度，测定结果如表 2-7 所示。设两品种后备种猪 90 kg 时的背膘厚度值服从正态分布，且方差相等，问该两品种后备种猪 90 kg 时的背膘厚度有无显著差异？

表 2-7　长白与蓝塘后备种猪背膘厚度　（单位：cm）

品种	背膘厚度											
长白	1.20	1.32	1.10	1.28	1.35	1.08	1.18	1.25	1.30	1.12	1.19	1.05
蓝塘	2.00	1.85	1.60	1.78	1.96	1.88	1.82	1.70	1.68	1.92	1.80	

解：

（1）提出假设。H_0：$\mu_1=\mu_2$，H_A：$\mu_1\neq\mu_2$。

（2）计算 t 值。

$n_1=12$，$n_2=11$，经计算可得：$\bar{x}_1=1.202$，$s_1=0.099\,8$；$\bar{x}_2=1.817$，$s_2=0.122\,8$；代入公式得

$$s_{\bar{x}_1-\bar{x}_2}=\sqrt{\frac{s_1^2\cdot df_1+s_2^2\cdot df_2}{df_1+df_2}\left(\frac{1}{n_1}+\frac{1}{n_2}\right)}$$

$$=\sqrt{\frac{0.099\,8^2\times11+0.123^2\times10}{11+10}\times\left(\frac{1}{12}+\frac{1}{11}\right)}$$

$$=\sqrt{0.002\,16}=0.046\,5$$

$$t=\frac{\bar{x}_1-\bar{x}_2}{s_{\bar{x}_1-\bar{x}_2}}=\frac{1.202-1.817}{0.046\,5}=-13.226$$

（3）确定临界值。由 $df=n_1+n_2-2=12+11-2=21$，查表可得 $t_{0.05}(21)=2.08$，$t_{0.01}(21)=2.831$。

（4）统计推断。因为 $|t|>t_{0.01}$，所以 $p<0.01$，否定 H_0：$\mu_1=\mu_2$，接受 H_A：$\mu_1\neq\mu_2$，差异极显著，表明长白后备种猪与蓝塘后备种猪 90 kg 时的背膘厚度差异极显著，这里表现为长白后备种猪的背膘厚度极显著地低于蓝塘后备种猪的背膘厚度。

（5）非配对设计两样本平均数差异显著性检验（SPSS 检验）基本步骤如下：

第一步：在 SPSS 中录入数据，如图 2-10 所示。

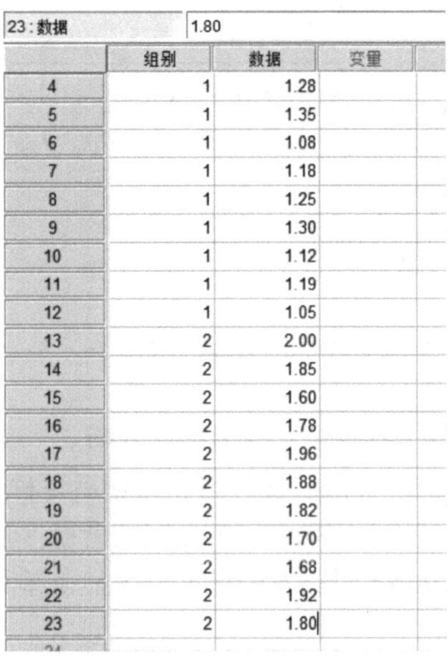
23：数据 1.80

	组别	数据	变量
4	1	1.28	
5	1	1.35	
6	1	1.08	
7	1	1.18	
8	1	1.25	
9	1	1.30	
10	1	1.12	
11	1	1.19	
12	1	1.05	
13	2	2.00	
14	2	1.85	
15	2	1.60	
16	2	1.78	
17	2	1.96	
18	2	1.88	
19	2	1.82	
20	2	1.70	
21	2	1.68	
22	2	1.92	
23	2	1.80	

图 2-10　数据录入

第二步：单击“分析”（Analyze）—“比较均值”（Compare Means）—“独立样本 t 检验”（Independent-samples T Test），弹出“独立样本 t 检验”（Independent-samples T Test）对话框，在对话框左侧的变量列表中选择变量“数据”进入“检验变量”［Test Variable（s）］框，“组别”进入“分组变量”；在“定义组”编辑框中输入1，2，点击继续，如图 2-11、图 2-12 所示。

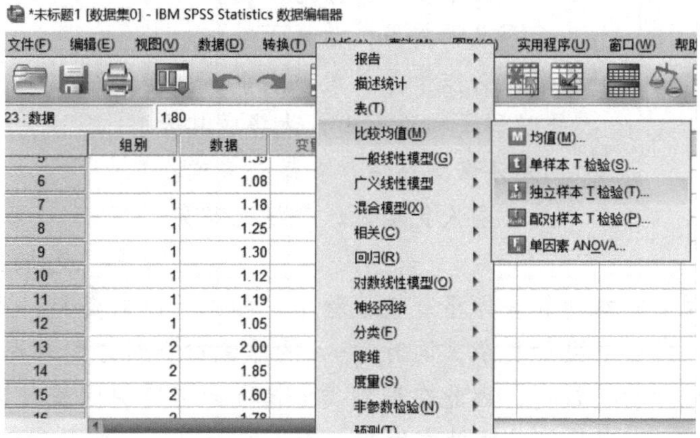

图 2-11　独立样本 t 检验—1

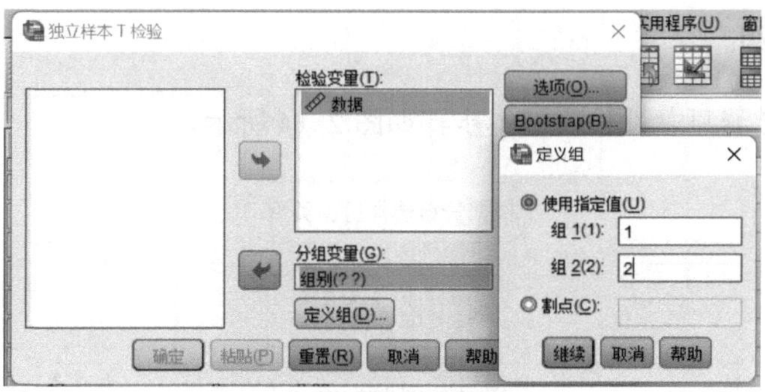

图 2-12　独立样本 t 检验—2

第三步：单击“确定”（OK）按钮，得到输出结果，如图 2-13 所示。

➜ T检验

[□□□0]

组统计量

	组别	N	均值	标准差	均值的标准误
数据	1	12	1.2017	.09980	.02881
	2	11	1.8173	.12281	.03703

独立样本检验

		方差方程的 Levene 检验		均值方程的 t 检验						
									差分的 95% 置信区间	
		F	Sig.	t	df	Sig.(双侧)	均值差值	标准误差值	下限	上限
数据	假设方差相等	.289	.597	-13.244	21	.000	-.61561	.04648	-.71227	-.51894
	假设方差不相等			-13.121	19.332	.000	-.61561	.04692	-.71369	-.51752

图 2-13　独立样本 t 检验输出结果

由图 2-13 可以看出，p 值为 0.000。经比较，$p \leqslant 0.01$，差异极显著，长白后备种猪与蓝塘后备种猪 90 kg 时的背膘厚度差异极显著。

思政导学

为无为，事无事，味无味。

大小多少，报怨以德。

图难于其易，为大于其细。

天下难事，必作于易；天下大事，必作于细。

是以圣人终不为大，故能成其大。

夫轻诺必寡信，多易必多难。

是以圣人犹难之，故终无难矣。

（资料来源：道德经·第六十三章）

思考分析：两个样本均数差异显著性检验中，相比于配对资料，成组资料在构造 t 值时更加烦琐，公式运用更加复杂，同时 $n_1=n_2$ 的非配对资料与配对资料在表现形式上非常相似，需要更加细心甄别，因此在遇到类似情况时要避免因畏难情绪而直接放弃，要明白天下的难事，一定从简易的地方做起；天下的大事，一定从微细的部分开端。

任务筹划

两样本均数差异显著性检验基本步骤如图 2-14 所示。

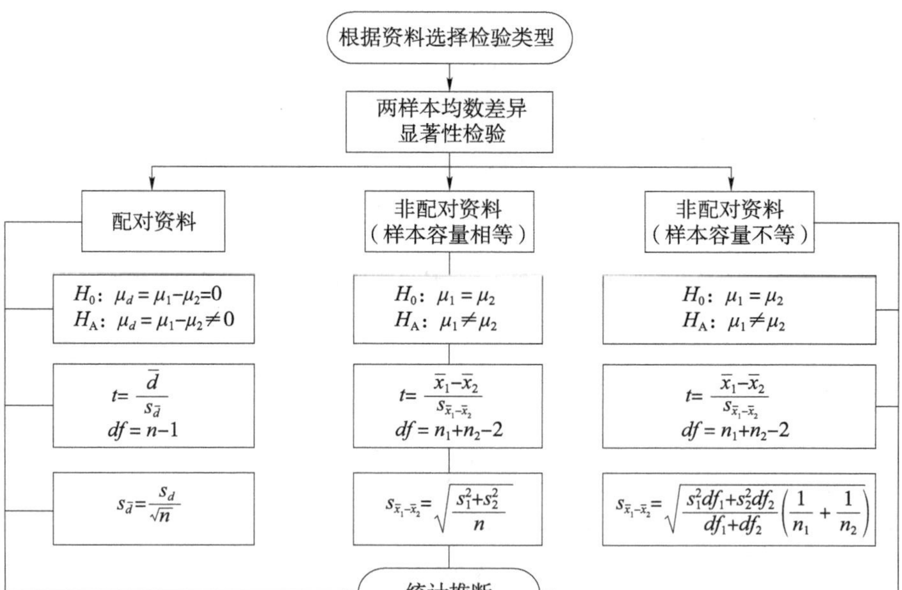

图 2-14　两样本均数差异显著性检验基本步骤

任务实施

步骤一：

步骤二：

步骤三：

步骤四：

步骤五：

二维码 2-3

任务检测

使用微信小程序扫码进入在线测试，可多次答题，直到获得满意的结果。

任务评价

根据任务完成情况，进行任务评价，详见表 2-8。

表 2-8　工作任务完成过程评价

班级：__________　姓名：__________　学号：__________

项目	评分标准	分值	自我评价	小组评价	教师评价
知识技能	掌握配对资料的特点	10			
	掌握非配对资料的特点	10			
	掌握配对资料与非配对资料均数差异显著性检验的步骤	10			
实操技能	正确分辨配对资料与非配对资料	10			
	独立完成两样本均数差异显著性检验	20			
	在 SPSS 中正确录入数据，并得出配对样本 t 检验输出结果，并分析	20			
	根据比较结果，做出统计推断	20			
合计		100			
自我评价与总结					
教师点评					

任务四　两个百分数资料差异显著性检验

任务导入

由具有两个属性类别的质量性状利用统计次数法得来的次数资料进而计算出的百分数资料，如成活率、死亡率、孵化率、感染率、阳性率等是服从二项分布的。这类百分数的假设检验应按二项分布进行。检验服从二项分布的两个样本百分数差异是否显著，其目的在于检验两个样本百分数$\hat{p}_1$、$\hat{p}_2$所在的两个二项总体百分数p_1、p_2是否相同。

任务：为比较甲、乙两种药品对仔猪黄痢的治疗效果，甲药治疗病猪70例，死亡53例；乙药治疗病猪75例，死亡62例。问两种药品的治愈率是否有显著差异？并分组进行SPSS验证。

任务工单

班级：＿＿＿＿＿＿＿＿　姓名：＿＿＿＿＿＿＿＿　学号：＿＿＿＿＿＿＿＿

任务名称	两个百分数资料差异显著性检验
任务描述	任务内容：检验两个百分数资料是否存在差异显著性。 任务目的：通过本任务的实施掌握两个百分数资料差异显著性检验的方法，能够通过原理进行计算检验，并用SPSS软件进行验证。 任务流程：①梳理百分数资料差异显著性检验步骤。②进行数据计算，完成检验。③使用软件分析数据并核对结果。 任务方法：根据百分数资料差异显著性检验的意义提出假设，完成统计量构造及计算，并根据计算结果做出正确的统计推断。
获取信息	要完成任务，需要掌握相关的知识。请收集资料，回答以下问题： 1. 常见的死亡率、受胎率等百分数资料一般服从什么分布？ 2. 如何判断百分数资料差异显著性检验——t检验是否需要矫正？ 3. 两个百分数资料差异显著性检验的步骤是什么？
制订计划	

（续表）

<table>
<tr><td rowspan="6">任务实施</td><td colspan="4">按照预先制订的工作计划，完成本任务，并记录任务实施过程。</td></tr>
<tr><td>序号</td><td>完成的任务</td><td>遇到的问题</td><td>解决的办法</td></tr>
<tr><td></td><td></td><td></td><td></td></tr>
<tr><td></td><td></td><td></td><td></td></tr>
<tr><td></td><td></td><td></td><td></td></tr>
<tr><td></td><td></td><td></td><td></td></tr>
</table>

任务准备

一、百分数资料的差异显著性检验

百分数是计数资料常用的统计指标。常见的百分数资料有死亡率、受胎率、孵化率、治愈率、阳性率等，这类资料一般服从二项分布的规律。

在二项分布中，事件 A 发生的概率为$p=\dfrac{x}{n}\times 100\%$，不发生的概率为$q=1-p$，其平均数和标准差分别为

$$\mu_p = p,\ \sigma_p=\sqrt{\frac{pq}{n}}$$

式中，σ_p也称为二项总体百分数的标准差，当p未知时，常以样本百分数$\hat{p}$来估计，此时上式改写为$s_{\hat{p}}=\sqrt{\dfrac{\hat{p}\hat{q}}{n}}$，$\hat{q}=1-\hat{p}$，$s_{\hat{p}}$称为样本百分数标准差。

当样本容量 n 较大（n>50），p 不过小，且 np 和 nq 均大于 5 时，二项分布接近于正态分布。所以，对于服从二项分布的资料，当 n 足够大时，可近似地用$df=\infty$时的 t 检验法进行假设检验。具体情况如下：

（1）当 np 和 nq 均大于 30 时，可以近似地用 t 检验。

（2）当 np 和 nq 均大于 5 且至少其一小于 30 时，用校正的 t 检验。

（3）当 np 和 nq 有一个小于 5 时，不能用 t 检验，应用 χ^2 检验。

二、两个样本百分数差异显著性检验

检验两个样本百分数$\hat{p}_1$、$\hat{p}_2$差异的显著性，目的在于检验两个样本所在的总体百分数p_1、p_2是否相同。因两个总体百分率未知，故用 t 检验。步骤如下：

1. 提出假设

$H_0: p_1=p_2$，$H_A: p_1\neq p_2$。

2. 计算 t 值或矫正 t_c 值

计算公式

$$t=\frac{\hat{p}_1-\hat{p}_2}{s_{\hat{p}_1-\hat{p}_2}} \tag{2-5}$$

$$t_c=\frac{|\hat{p}_1-\hat{p}_2|-\dfrac{0.5}{n_1}-\dfrac{0.5}{n_2}}{s_{\hat{p}_1-\hat{p}_2}} \tag{2-6}$$

式中，$\hat{p}_1=\frac{x_1}{n_1}$，$\hat{p}_2=\frac{x_2}{n_2}$为两个样本百分数；$s_{\hat{p}_1-\hat{p}_2}$为样本百分数的差异标准差，可由式（2-7）计算得到。

$$s_{\hat{p}_1-\hat{p}_2}=\sqrt{\bar{p}(1-\bar{p})\left(\frac{1}{n_1}+\frac{1}{n_2}\right)} \tag{2-7}$$

这里，$\bar{p}$为合并样本百分数

$$\bar{p}=\frac{n_1\hat{p}_1+n_2\hat{p}_2}{n_1+n_2}=\frac{x_1+x_2}{n_1+n_2} \tag{2-8}$$

3. 确定临界值

根据$df=\infty$，确定临界值$t_{0.05}$和$t_{0.01}$。

4. 统计推断

将计算所得的 t 值或 t_c 值与临界 t 值比较，做出统计推断。

例 2–6 某养猪场第 1 年饲养杜长大商品仔猪 9 800 头，死亡 980 头；第 2 年饲养杜长大商品仔猪 10 000 头，死亡 950 头，试检验第 1 年仔猪死亡率与第 2 年仔猪死亡率是否有显著差异?

解：此例中两样本死亡率分别为

$$\hat{p}_1=\frac{x_1}{n_1}=\frac{980}{9\,800}=10\%，\hat{p}_2=\frac{x_2}{n_2}=\frac{950}{10\,000}=9.5\%$$

合并的样本死亡率为 $\bar{p}=\frac{x_1+x_2}{n_1+n_2}=\frac{980+950}{9\,800+10\,000}=9.747\%$

因 $n_1\bar{p}=9\,800\times9.747\%=955.206$

$n_1\bar{q}=n_1(1-\bar{p})=9\,800\times(1-9.747\%)=8\,844.794$

$n_2\bar{p}=10\,000\times9.747\%=974$

$n_2\bar{q}=n_2(1-\bar{p})=10\,000\times(1-9.747\%)=9\,026$

即$n_1\bar{p}$、$n_1\bar{q}$、$n_2\bar{p}$、$n_2\bar{q}$均大于 30，可利用二项分布的显著性检验——t 检验法，不需连续矫正。检验基本步骤：

（1）提出假设。H_0：$p_1=p_2$，H_A：$p_1\neq p_2$。

（2）计算 t 值。

$$s_{\hat{p}_1-\hat{p}_2}=\sqrt{\bar{p}(1-\bar{p})\left(\frac{1}{n_1}+\frac{1}{n_2}\right)}$$

$$= \sqrt{9.747\%(1-9.747\%) \times \left(\frac{1}{9\,800} + \frac{1}{10\,000}\right)}$$

$$= 0.004\,22$$

$$t = \frac{\hat{p}_1 - \hat{p}_2}{s_{\hat{p}_1 - \hat{p}_2}} = \frac{10\% - 9.5\%}{0.004\,22} = 1.185$$

（3）根据$df = \infty$，确定临界值$t_{0.05} = 1.960$，$t_{0.01} = 2.576$。

（4）统计推断。由于$|t| < t_{0.05}$，$p > 0.05$，因此接受$H_0: p_1 = p_2$，表明第 1 年仔猪死亡率与第 2 年仔猪死亡率差异不显著。

（5）两个百分数资料差异显著性检验（SPSS 检验）基本步骤如下：

第一步：录入数据，建立数据文件，定义变量名：生、死分别为 1，2，如图 2-15 所示。

图 2-15　数据录入

第二步：从"数据"（Data）菜单中选"加权个案"（Weight Cases），进入"加权个案"（Weight Cases）对话框，把"存活和死亡数值"放入"频率变量"（Frequency Variable）框，定义存活和死亡值为权数，再点击"确定"（OK）按钮即可，如图 2-16、图 2-17 所示。

图 2-16　加权个案—1

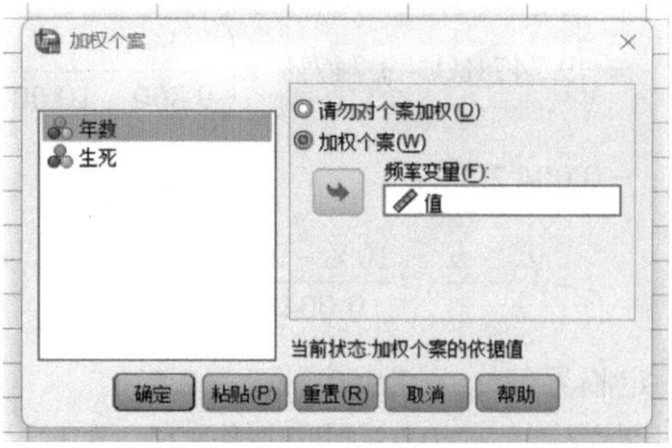

图 2-17　加权个案—2

第三步：从“分析”（Analyze）—“比较均值”（Compare Means）进入“独立样本 t 检验”（Independent Samples T-test）对话框，在对话框左侧的变量列表中选择变量“生死”进入“检验变量”［Test Variable（s）］框，“年数”进入“分组变量”；在“定义组”编辑框中输入 1，2，点击继续，如图 2-18、图 2-19 所示。

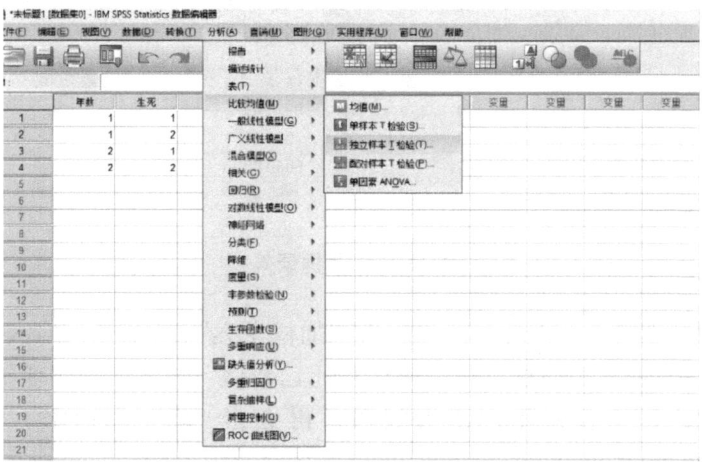

图 2-18　独立样本 t 检验—1

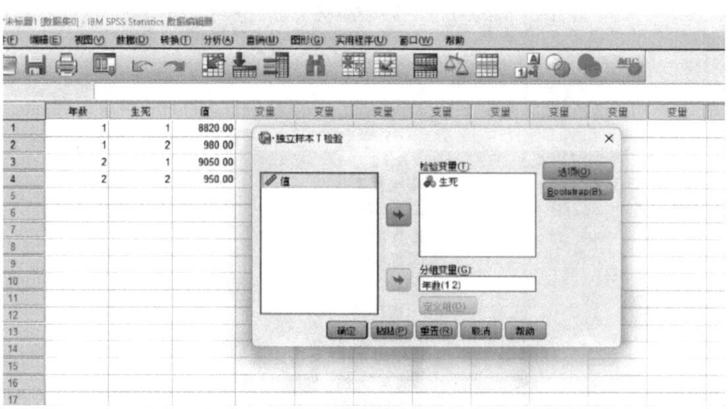

图 2-19　独立样本 t 检验—2

第四步：单击“确定”（OK）按钮，得到输出结果，如图 2-20 所示。

独立样本检验

		方差方程的 Levene 检验		均值方程的 t 检验						
									差分的 95% 置信区间	
		F	Sig.	t	df	Sig.(双侧)	均值差值	标准误差值	下限	上限
生死	假设方差相等	5.627	.018	1.186	19798	.236	.005	.004	-.003	.013
	假设方差不相等			1.186	19761.340	.236	.005	.004	-.003	.013

图 2-20　独立样本 t 检验输出结果

由图 2-20 可以看出，p 值为 0.236。经比较，$p>0.05$，差异不显著，表明第 1 年仔猪死亡率与第 2 年仔猪死亡率差异不显著。

任务筹划

两个百分数资料差异显著性检验步骤如图 2-21 所示。

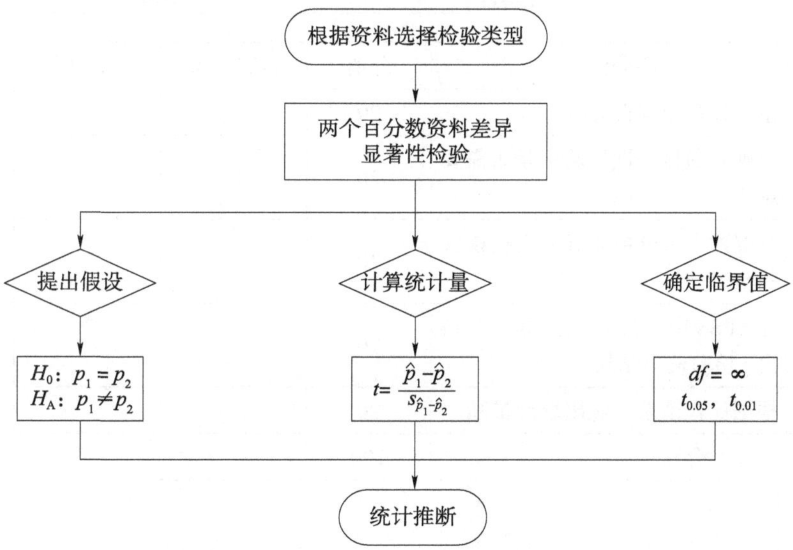

图 2-21　两个百分数资料差异显著性检验步骤

任务实施

步骤一：

步骤二：

步骤三：

步骤四：

步骤五：

二维码 2-4

任务检测

使用微信小程序扫码进入在线测试，可多次答题，直到获得满意的结果。

任务评价

根据任务完成情况，进行任务评价，详见表 2-9。

表 2-9 工作任务完成过程评价

班级：__________ 姓名：__________ 学号：__________

项目	评分标准	分值	自我评价	小组评价	教师评价
知识技能	正确计算样本百分数	20			
	正确判断显著性检验中是否需要矫正	20			
	掌握两个百分数差异显著性检验的步骤	20			
实操技能	在 SPSS 中正确录入数据，并得出 t 检验输出结果	20			
	根据比较结果，做出统计推断	20			
合计		100			
自我评价与总结					
教师点评					

项目三 方差分析

项目导读

方差分析（Analysis of Variance）是英国统计学家罗纳德·艾尔默·费歇尔（R. A. Fisher），于 1923 年提出的，半个多世纪以来得到了广泛的应用和发展，现已成为科学研究中最为常用的统计分析方法之一。

标准差的平方称为方差，从方差公式来看，样本方差值实际是由离均差平方和被自由度平均所得，所以样本方差亦称均方。方差和标准差一样，可以有效反映数据资料的变异程度，通过处理，可以将总变异分解为不同来源的变异，进而获得不同变异来源总体方差的估计值，通过计算就能检验各样本所属总体平均数是否相同，可有效分析试验处理和误差对试验指标的影响程度。

知识目标

能够理解方差分析的意义及原理；

能够理解 F 检验的意义；

能够掌握多重比较（LSD）的方法步骤及意义；

能够掌握单因子方差分析和双因子方差分析的方法步骤。

技能目标

能够正确复述并区分生物统计中最常用的几个术语，正确率达到 90% 以上。

能够正确进行平方和和自由度的剖分；

能够正确进行 F 检验及其判定；

能够正确掌握 LSD 法步骤；

能够完成百分率检验，并能做出正确推断；

能够运用 SPSS 进行多重比较、单因子处理内观察次数相等及不等的方差分析、二因子试验无重复观察值及有重复观察值的方差分析，正确率达到 90% 以上；

能够进行二因子系统分组试验的方差分析。

素质目标

通过方差分析的统计分析，确定不同因素对变量的影响是否显著，帮助学生发现数据资料的内在规律，从而探索数据之间的关系，培养学生“透过现象看本质”的探索精神；

通过对农业试验数据实例的分析方法的学习，让学生了解农业试验设计“择优而取之”的思想，培养学生“一懂两爱”情怀；

通过统计推断、解读统计结果，对试验因子的影响差异进行序化处理，培养学生遇事分主次、讲逻辑的科学意识和决策意识。

任务一　方差分析的意义和原理

任务导入

前面所介绍的 t 检验法无论是样本与总体还是两样本间，均为两个平均数间的差异显著性检验，但在畜牧、兽医、水产生产实践和科学研究中，经常是多个处理结果或试验指标的优劣比对，即需进行多个平均数间的差异显著性检验；例如，有 4 个平均数相互比较，用 t 检验进行比较检验时，比较次数就会存在$C_4^2=6$次，检验过程较为麻烦，并且没有考虑秩次的问题，容易增大犯 I 型错误的概率，而且整个比较过程没有统一的试验误差，会导致试验的精确性降低；显然，t 检验已无法满足统计分析的实际需求，应使用方差分析的方法对多个样本进行均数差异显著性检验，提高分析的准确性。

任务：在同样饲养管理条件下，3 个品种猪的增重如表 3-1 所示，请分别计算出 SS_T、SS_A、SS_e、MS_A、MS_e、F值，并分组讨论数据变异情况。

表 3-1　3 个品种猪的增重　（单位：kg）

品种	增重									
A_1	16	12	18	18	13	11	15	10	17	18
A_2	10	13	11	9	16	14	8	15	13	8
A_3	11	8	13	6	7	15	9	12	10	11

任务工单

班级：________　姓名：________　学号：________

任务名称	方差分析的意义和原理
任务描述	任务内容：方差分析的意义和原理。 任务目的：通过方差分析的方法，统计推断各样本所在总体均数是否相同。 任务流程：①剖分平方和与自由度；②计算均方；③进行 F 检验。 任务方法：讲授法、演示法。

（续表）

<table>
<tr><td>获取信息</td><td colspan="4">要完成任务，需要掌握相关的知识。请收集资料，回答以下问题：
1. 方差分析的意义是什么？

2. 总平方和剖分的理论依据是什么？

3. 总自由度剖分的理论依据是什么？

4. F 检验的意义是什么？</td></tr>
<tr><td>制订计划</td><td colspan="4"></td></tr>
<tr><td rowspan="6">任务实施</td><td colspan="4">按照预先制订的工作计划，完成本任务，并记录任务实施过程。</td></tr>
<tr><td>序号</td><td>完成的任务</td><td>遇到的问题</td><td>解决的办法</td></tr>
<tr><td></td><td></td><td></td><td></td></tr>
<tr><td></td><td></td><td></td><td></td></tr>
<tr><td></td><td></td><td></td><td></td></tr>
<tr><td></td><td></td><td></td><td></td></tr>
</table>

任务准备

一、方差分析概述

方差分析实质上是关于观测值变异原因的数量分析，通过将总变异来源分解为处理间的变异和处理内的变异，即进行平方和与自由度的剖分，也就是通过分析研究不同来源的变异对总变异的贡献大小，从而确定可控因素对研究结果影响力的大小；通过构造反映处理间和处理内变异程度的统计量，进而得到假设检验统计量 F 值，实现对各样本所在总体均数是否相同的推断。

总体标准差 σ 的平方，即总体方差，用 σ^2 表示；样本标准差 s 的平方即样本方差，用 S^2 来表示；样本方差是离均差平方和被自由度平均，所以有时也称为均方，用“MS”表示，处理间的均方为 MS_A，处理内的均方为 MS_e。

二、线性模型

以下有 k 个处理，每个处理有 n 个观测值（即 n 个重复）的试验数据模型，该试验共有 nk 个观测值，数据模式见表 3-2。

表 3-2 k 个处理每个处理有 n 个观测值的数据模式

处理	观测值 x_{ij}					合计 T_i	平均数 $\bar{x}_i$
A_1	x_{11}	x_{12}	x_{13}	…	x_{1n}	T_1	$\bar{x}_1$
A_2	x_{21}	x_{22}	x_{23}	…	x_{2n}	T_2	$\bar{x}_2$
⋮	⋮	⋮	⋮	⋮	⋮	⋮	⋮
A_k	x_{k1}	x_{k2}	x_{k3}	…	x_{kn}	T_k	$\bar{x}_k$
合计						T	$\bar{x}$

注：k为处理数；n为每个处理的重复数；x_{ij}表示每一个观测值，即第i个处理的第j个重复的观测值（i=1，2，…，k；j=1，2，…，n）；T_i表示第i个处理内n个观测值的和；T表示全部（nk个）观测值的总和；$\bar{x}_i$表示第i个处理内n个观测值的平均数；$\bar{x}$表示全部（nk个）观测值的平均数。

三、平方和与自由度的剖分

数据模型中所有观测值的总变异可以用总均方来度量。将总变异分解为处理间变异和处理内变异，就是要将总均方分解为处理间均方和处理内均方。分解是通过将总均方的分子即总平方和，剖分成处理间平方和与处理内平方和两部分；将总均方的分母即总自由度，剖分成处理间自由度与处理内自由度两部分来实现的。

（一）总平方和的剖分

反映全部观测值总变异的总平方和是各观测值x_{ij}与总平均数$\bar{x}$的离均差平方和，记为 SS_T，即

$$SS_T=\sum_{i=1}^{k}\sum_{j=1}^{n}(x_{ij}-\bar{x})^2 \tag{3-1}$$

转换为$\sum_{i=1}^{k}\sum_{j=1}^{n}(x_{ij}-\bar{x})^2=\sum_{i=1}^{k}\sum_{j=1}^{n}\left[(\bar{x}_i-\bar{x})+(x_{ij}-\bar{x}_i)\right]^2$

$$=\sum_{i=1}^{k}\sum_{j=1}^{n}\left[(\bar{x}_i-\bar{x})^2+2(\bar{x}_i-\bar{x})(x_{ij}-\bar{x}_i)+(x_{ij}-\bar{x}_i)^2\right]$$

$$=n\sum_{i=1}^{k}(\bar{x}_i-\bar{x})^2+2\sum_{i=1}^{k}\left[(\bar{x}_i-\bar{x})\sum_{j=i}^{n}(x_{ij}-\bar{x}_i)\right]+\sum_{i=1}^{k}\sum_{j=1}^{n}(x_{ij}-\bar{x}_i)^2$$

因为 $\sum_{j=1}^{n}(x_{ij}-\bar{x})=0$（离均差之和为 0），

所以 $\sum_{i=1}^{k}\sum_{j=1}^{n}(x_{ij}-\bar{x})^2=n\sum_{i=1}^{k}(\bar{x}_i-\bar{x})^2+\sum_{i=1}^{k}\sum_{j=1}^{n}(x_{ij}-\bar{x}_i)^2$

式中，$n\sum_{i=1}^{k}(\bar{x}_i-\bar{x})^2$为各处理平均数$\bar{x}_i$与总平均数$\bar{x}$的离均差平方和与重复数$n$的乘积，反

映了重复n次的处理间变异，称为处理间平方和，记为SS_A，即

$$SS_A = n\sum_{i=1}^{k}(\bar{x}_i - \bar{x})^2 \tag{3-2}$$

$\sum\limits_{i=1}^{k}\sum\limits_{j=1}^{n}(x_{ij} - \bar{x}_i)^2$ 为各处理内离均差平方和之和，反映了各处理内的变异即误差，为处理内平方和或误差平方和，记为 SS_e，即

$$SS_e = \sum_{i=1}^{k}\sum_{j=1}^{n}(x_{ij} - \bar{x}_i)^2 \tag{3-3}$$

于是有 $SS_T = SS_A + SS_e$。这个关系式中两种平方和的简便计算公式为

$$SS_T = \sum_{i=1}^{k}\sum_{j=1}^{n}x_{ij}^2 - C \tag{3-4}$$

$$SS_A = \frac{1}{n}\sum_{i=1}^{k}T_i^2 - C \tag{3-5}$$

式中，$C = \dfrac{T^2}{nk}$，称为矫正。

（二）总自由度的剖分

根据算术平均数的性质离均差之和为 0，在计算总平方和、处理间的平方和、处理内的平方和时，各观测值均受这一条件的约束；故总自由度为$df_T = kn - 1$，处理间自由度为$df_A = k - 1$，计算处理内平方和时，要受k个条件的约束，即处理内自由度为$df_e = kn - k = k(n-1)$，或者可以理解为每一个处理的自由度为$n-1$，有k组，即$k(n-1)$。

因为$nk - 1 = (k-1) + (nk - k) = (k-1) + k(n-1)$，所以

$$df_T = df_A + df_e \tag{3-6}$$

各部分平方和除以各自的自由度便得到处理间均方和处理内均方，分别记为MS_A和MS_e，即

$$MS_A = \frac{SS_A}{df_A} \tag{3-7}$$

$$MS_e = \frac{SS_e}{df_e} \tag{3-8}$$

四、*F* 检验

F检验是判定MS_A代表的处理间变异程度是否比MS_e代表处理内变异程度大而设计的，是利用F值出现概率推断两个总体方差是否相等的统计方法。若实际计算的F值大于$F_{0.05}(df_1, df_2)$，则F值在 α=0.05 的水平上显著，以 95% 的置信区间（即最大风险 5%）推断MS_A代表的处理间总体方差大于MS_e代表处理内总体方差，即对试验指标的影

响效果处理效应大于误差效应。

F值是以MS_e为分母，MS_A为分子，求其比值得到的，即$F=\dfrac{MS_A}{MS_e}$。F值有两个自由度：$df_1=df_A=k-1$，$df_2=df_e=k(n-1)$。

（1）若$F<F_{0.05}(df_1, df_2)$，则$p>0.05$，接受H_0，否定H_A；判定为各处理间差异不显著或各处理组所在总体平均数相等，在F值的右上方标记“ns”或不标记任何符号。

（2）若$F_{0.05}(df_1, df_2)\leqslant F<F_{0.01}(df_1, df_2)$，则$0.01<p\leqslant 0.05$，否定$H_0$，接受$H_A$；判定为各处理间差异显著或各处理组所在总体平均数不相等，在F值的右上方标记“*”，可继续进行多重比较。

（3）若 $F\geqslant F_{0.01}(df_1, df_2)$，则$p\leqslant 0.01$，否定$H_0$，接受$H_A$；判定为各处理间差异极显著（高度显著）或各处理组所在总体平均数不相等，在F值的右上方标记“**”，可继续进行多重比较。

例 3–1 研究 3 种不同饲料（A_1，A_2，A_3）对仔猪增重效果的影响。选择品种一致、体重相近、年龄相仿、性别相同的断乳仔猪 18 头，随机将其等分为 3 组，并随机确定每组猪所喂饲料种类。6 月龄时各组增重数据见表 3-3。请进行平方和、自由度的剖分，并进行 F 检验后利用 SPSS 验证。

表 3-3 各组增重数据

饲料	观察值 x_{ij}						T_i	$\bar{x}_i$
A_1	91	91	96	84	89	86	537	89.5
A_2	66	69	73	71	74	75	428	71.3
A_3	80	86	82	77	83	79	487	81.2
合计							1 452	80.7

解：这是一个单因子试验，处理数 k=3，重复数 n=6。各项平方和及自由度计算如下：

$$矫正数\ C=\frac{T^2}{nk}=\frac{1452^2}{(3\times 6)}=117\ 128$$

1. 平方和、自由度的剖分

$$SS_T=\sum_{i=1}^{k}\sum_{j=1}^{n}x_{ij}^2-C=(91^2+91^2+\cdots+89^2+\cdots+79^2)-117\ 128$$

$$=118\ 318-117\ 128=1\ 190$$

$$SS_A=\frac{1}{n}\sum_{i=1}^{k}T_i^2-C=\frac{1}{6}(537^2+428^2+478^2)-117\ 128$$

$$=118\ 120.33-117\ 128=992.33$$

$$SS_e=SS_T-SS_A=1\ 190-992.33=197.67$$

$$df_T=kn-1=6\times 3-1=17$$

$$df_1 = df_A = k - 1 = 3 - 1 = 2$$

$$df_2 = df_e = df_T - df_A = 17 - 2 = 15$$

$$MS_A = \frac{SS_A}{df_A} = \frac{992.33}{2} = 496.17$$

$$MS_e = \frac{SS_e}{df_e} = \frac{197.67}{15} = 13.18$$

$$F = \frac{MS_A}{MS_e} = \frac{496.17}{13.18} = 37.65$$

2. 列出方差分析表（表 3-4），进行 ***F*** 检验

表 3-4　表 3-3 资料方差分析

变异来源	平方和	自由度	均方	*F* 值
处理间	992.33	2	496.17	37.65^{**}
处理内	197.67	15	13.18	
总变异	1 190	17		

根据df_1、df_2，查询F分布表可得，$F_{0.01}(2,15) = 6.36$；$F > F_{0.01}(2,15)$，$p < 0.01$；表明各处理间差异极显著。

3. SPSS 软件验证

第一步：在 SPSS 中录入数据，如图 3-1 所示。

（1）数据视图　　（2）变量视图

图 3-1　录入数据

第二步：单击“分析”（Analyze）→“比较均值”（Compare Means）→“单因素 ANOVA”，弹出“单因素方差分析”对话框，选择对话框中左侧的“组别”进入右侧“因子”列表框，左侧“增重”进入右侧“因变量列表”，如图 3-2、图 3-3 所示。

图 3-2　单因素方差分析—1

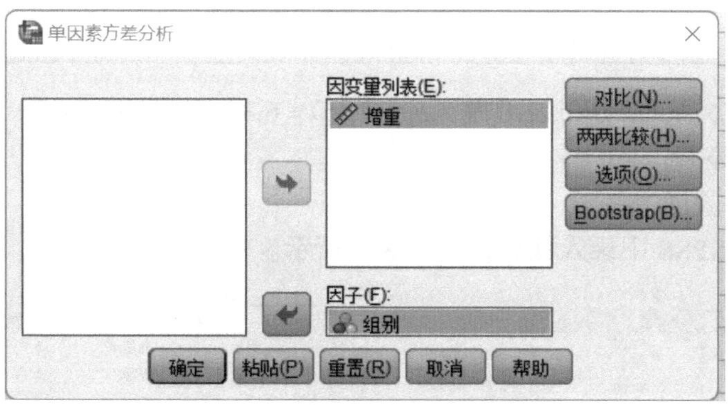

图 3-3　单因素方差分析—2

第三步：单击“确定”（OK）按钮，得到输出结果，如图 3-4 所示。

➜ **单向**

[□□□0]

单因素方差分析

增重

	平方和	df	均方	F	显著性
组间	992.333	2	496.167	37.652	.000
组内	197.667	15	13.178		
总数	1190.000	17			

图 3-4　单因素方差分析结果

由图 3-4 可以看出，$p<0.01$，表明各处理间差异极显著。

思政导学

在庆祝中国共产党成立100周年大会上，中国人民解放军仪仗大队由222人组成的国旗护卫队惊艳亮相，让网友们纷纷赞叹：“这就是中国排面！”队员们都是90后和00后，年龄最小的还不到19岁，他们如何在两个多月的时间里成为“行走的长城”？上场倒计时4 h中，他们如何准备？7月1日凌晨4点，在庆祝大会上执行升国旗任务的国旗护卫队，就抵达广场开始了他们的热身训练，方队训练、休整补水、整理着装、会前动员……在上场倒计时4 h中，他们都做了哪些准备？迎风40 s不眨眼如何练就？此前，在北京市丰台区某训练基地，中国人民解放军三军仪仗大队的官兵，经受了日复一日的高强度训练。烈日下，地表温度超过了40 ℃，队员们即便衣服被汗水浸透，汗水一颗颗滴下，也没有半点懈怠，仪仗大队的每一个细节，都体现着大国的威仪，特别是他们的眼神，是训练中强调最多的，仪仗官兵要做到风吹日晒不眨眼，普通人5～10 s就会下意识眨眼，但他们要在迎风迎光条件下，坚持至少40 s不眨眼、不流泪。仪仗大队队员赵鑫华介绍：“为了达到执行任务的标准，我们在平时训练中，必须加强度、加难度，迎着风练，对着强光练，增加时间。”整齐的中国排面如何练就？仪仗队员们还要进行负重训练，为了训练举刀高度和角度的一致性，仪仗队中3个军种的分队长，要把重15 kg的旗杆放在胳膊上，保持10 min动作不变形，为了训练使刀鞘角度保持一致，他们的刀鞘上悬挂了水壶，仪仗大队队员董世伟介绍，“这是为了形成肌肉记忆，负重训练中能保持一致的话，等把水壶拿掉，就会更加整齐，也更轻松一些。”正是这样长期的严苛训练才有了庆祝大会当天完美的呈现，222名仪仗队队员走出的不仅是仪仗队的威武，更是大国的雄风！

（资料来源：央视新闻）

思考分析：从方差的角度来分析，222人组成的国旗护卫队如若实现步伐一致，除身高统一外，步伐均值上一致性要高、方差要小是绝对要求，就个人而言每个人必须形成自己的步伐肌肉记忆，训练刻苦程度可想而知，但是只要心中有信仰，脚下便有力量，正是这样长期严苛训练，才有了当天完美的呈现，222名仪仗队队员走出的不仅是仪仗队的威武，更是大国强军的雄风。

任务筹划

方差分析基本步骤如图3-5所示。

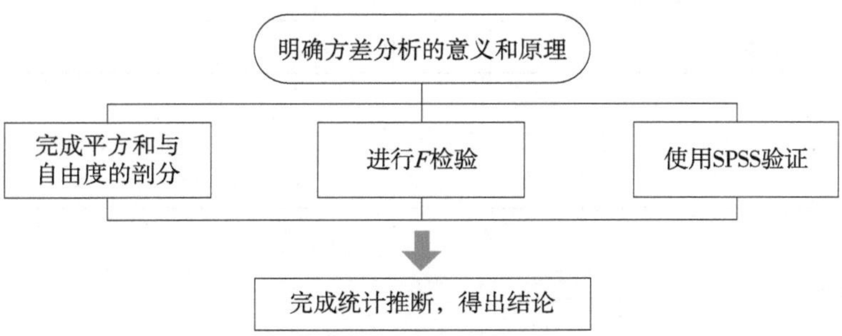

图3-5　方差分析基本步骤

任务实施

步骤一：

步骤二：

步骤三：

步骤四：

步骤五：

任务检测

二维码 3-1

使用微信小程序扫码进入在线测试，可多次答题，直到获得满意的结果。

任务评价

根据任务完成情况，进行任务评价，见表 3-5。

表 3-5 工作任务完成过程评价

班级：__________ 姓名：__________ 学号：__________

项目	评分标准	分值	自我评价	小组评价	教师评价
知识技能	正确表述方差分析的意义	25			
	正确进行总平方和、总自由度、F 检验的计算步骤	25			
实操技能	正确运用 SPSS 软件进行数据分析	25			
	根据 SPSS 软件数据分析结果做出准确的统计推断	25			
合计		100			
自我评价与总结					
教师点评					

任务二　多重比较

任务导入

试验处理经 F 检验之后会出现两种结果，差异不显著和差异显著。如果 F 检验差异不显著，方差分析到此结束，一般不再继续进行各处理平均数之间的多重比较。如果 F 检验差异显著，则需进行多重比较。因为差异显著只表明总的来说各处理平均数之间存在着真实的差异，但并未指出具体哪些处理之间存在差异，故在 F 检验差异显著或差异极显著的基础上还需进一步进行各个处理之间的差异显著性检验，这种检验称为各处理平均数间的多重比较。

任务：为调查研究某牛场 4 头种公牛（A、B、C、D）子一代母牛第 1 胎产奶量，从子一代生产母牛中各随机抽取 10 头，数据资料见表 3-6。试问哪头种公牛子一代母牛第 1 胎产奶量最优？分组完成 SPSS 验证。

表 3-6　4 头种公牛子一代母牛第 1 胎产奶量　（单位：t）

子一代母牛	公牛			
	A	*B*	*C*	*D*
1	4.6	4.3	6.4	6.0
2	5.2	4.6	5.5	5.7
3	5.1	5.2	5.6	5.8
4	4.4	5.3	5.1	6.2
5	5.0	4.1	5.5	5.3
6	4.6	4.4	5.0	6.5
7	5.2	4.2	4.9	5.9
8	4.9	3.8	4.7	5.2
9	5.4	4.0	6.1	5.0
10	5.6	5.5	5.8	5.2

任务工单

班级：__________　姓名：__________　学号：__________

任务名称	多重比较
任务描述	任务内容：多重比较。 任务目的：通过多重比较能够统计推断各处理均数的差异。

（续表）

<table>
<tr><td>任务描述</td><td colspan="4">任务流程：①对给定资料进行正态性检验；②对给定资料进行方差齐性检验；③完成 F 检验，判断是否需要进一步进行多重比较；④选择合适方法进行多重比较，完成统计推断，得出结果。
任务方法：讲授法、演示法。</td></tr>
<tr><td>获取信息</td><td colspan="4">要完成任务，需要掌握相关的知识。请收集资料，回答以下问题：
1. 多重比较的前提是什么？

2. LSD 法的理论依据是什么？

3. 方差同质性检验的理论意义有哪些？

4. 数据资料正态性检验的理论意义有哪些？</td></tr>
<tr><td>制订计划</td><td colspan="4"></td></tr>
<tr><td rowspan="6">任务实施</td><td colspan="4">按照预先制订的工作计划，完成本任务，并记录任务实施过程。</td></tr>
<tr><td>序号</td><td>完成的任务</td><td>遇到的问题</td><td>解决的办法</td></tr>
<tr><td></td><td></td><td></td><td></td></tr>
<tr><td></td><td></td><td></td><td></td></tr>
<tr><td></td><td></td><td></td><td></td></tr>
<tr><td></td><td></td><td></td><td></td></tr>
</table>

任务准备

一、多重比较的意义

无论是使用 t 检验还是方差分析进行统计分析，数据资料必须满足计量资料、独立性、正态性、方差齐性；当 F 检验差异显著时，MS_A代表的处理间变异程度比MS_e代表的处理内变异程度大，但并不意味着每两个处理平均数间的差异都显著，因而需要进行多重比较，进一步分析哪种处理符合研究期望。

二、多重比较的方法

多重比较的方法很多，本任务讲解最小显著差数法（Least Significant Difference，LSD）的计算和 SPSS 分析过程。

（一）最小显著差数法（LSD 法）

将要比较的两个处理均数的差数的绝对值与达到差异显著时的最小均数差值比较，这个方法就称为最小显著差数法，最小均数差值即 *LSD* 值。具体方法如下：

（1）计算均数差异标准误 $s_{\bar{x}_i-\bar{x}_j}$。

当各处理的重复数n相等时，$s_{\bar{x}_i-\bar{x}_j}=\sqrt{\dfrac{2MS_e}{n}}$。

当各处理的重复数n不相等时，用n_0代替n，$n_0=\dfrac{1}{k-1}\left(\sum n_i-\dfrac{\sum n_i^2}{\sum n_i}\right)$。

（2）根据df_e查t值表，得到$t_{0.05}(df_e)$ 和 $t_{0.01}(df_e)$ 。

（3）计算得到 *LSD* 值。

$LSD_{0.05}=t_{0.05}(df_e)\ s_{\bar{x}_i-\bar{x}_j}$

$LSD_{0.01}=t_{0.01}(df_e)\ s_{\bar{x}_i-\bar{x}_j}$

（4）列均数比较表。将各处理组均数由大到小，自上而下排列成表，并求得各处理组均数实际差值。

（5）做出统计推断，得出结论。

若各均数之间的差值$d<LSD_{0.05}$，则$p>0.05$，表明两处理均数差异不显著，在差数的右上方标记“ns”或不作标记。

若$LSD_{0.05}\leqslant d<LSD_{0.01}$，则$0.01<p\leqslant 0.05$，表明两处理均数差异显著，在差数的右上方标记“*”，可通过处理均数大小判断优劣。

若$d\geqslant LSD_{0.01}$，则$p\leqslant 0.01$，表明两处理均数差异极显著，在差数的右上方标记“**”，可通过处理均数大小判断优劣。

例 3-2　以例 3-1 资料用 LSD 法检验均数间差异显著性。

解：

（1）计算标准误。已知$MS_e=13.8$，$n=6$；

$$s_{\bar{x}_i-\bar{x}_j}=\sqrt{\frac{2MS_e}{n}}=\sqrt{\frac{2\times 13.8}{6}}=2.145$$

（2）根据$df_e=15$查表得$t_{0.05}(15)=2.131$，$t_{0.01}(15)=2.947$。

（3）计算$LSD_{0.05}$和$LSD_{0.01}$的值。

$LSD_{0.05}=t_{0.05}(df_e)\ s_{\bar{x}_i-\bar{x}_j}$

$LSD_{0.01}=t_{0.01}(df_e)\ s_{\bar{x}_i-\bar{x}_j}$

（4）列多重比较表，见表 3-7。

表 3-7　3 种饲料对仔猪增重效果影响的多重比较（LSD 法）

处理	平均数$\bar{x}_i$	$\bar{x}_i-71.3$	$\bar{x}_i-81.2$
A_1	89.5	18.2**	8.3**
A_3	81.2	9.9**	
A_2	71.3		

（5）得出结论。

检验结果差数 d 18.2，9.9，8.3 均大于 $LSD_{0.01}$，$p<0.01$，差异极显著；表明 A_1 饲料对仔猪的增重效果极显著高于 A_2、A_3，A_3 饲料对仔猪的增重效果极显著高于 A_2，A_1 饲料效果最佳。

LSD 法的优点在于方法比较简便，但是由于没有考虑相互比较的处理均数依数值大小排列上的秩次，故仍有推断可靠性低、犯 I 型错误概率增大的问题。所以，该法适合于一个均数分别和多个均数间的比较，或特定的两个均数间的比较。

（二）SPSS 软件验证

第一步：在 SPSS 中录入数据，如图 3-6 所示。

（1）数据视图　　　　（2）变量视图

图 3-6　录入数据

第二步：单击“分析”（Analyze）→“描述统计”（Compare Means）→“探索”，弹出“探索”对话框，选择对话框中左侧的“组别”进入右侧“因子列表”列表框，左侧“增重”进入右侧“因变量列表”；单击“统计量”，弹出对话框中勾选“描述性”，单击“继续”；单击“绘制”，弹出对话框中勾选“带检验的正态图”，单击“继续”后单击“确定”。如图 3-7 至图 3-11 所示。

图 3-7　正态性检验—1

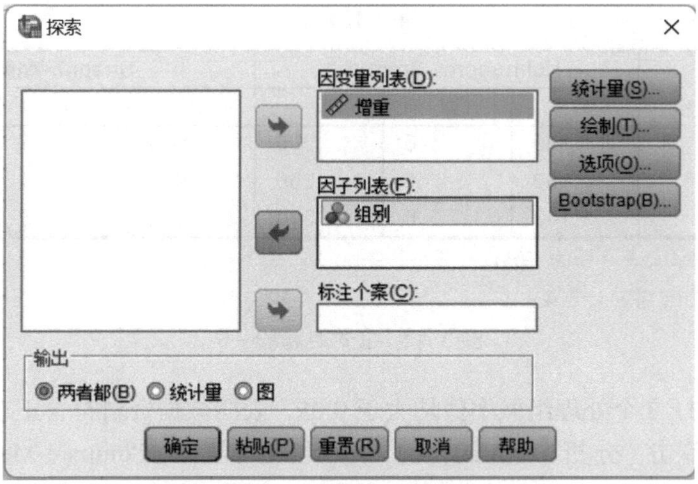

图 3-8　正态性检验—2

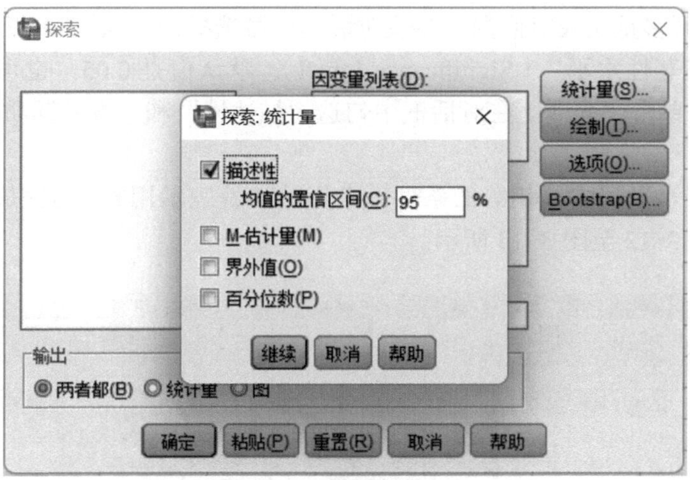

图 3-9　正态性检验—3

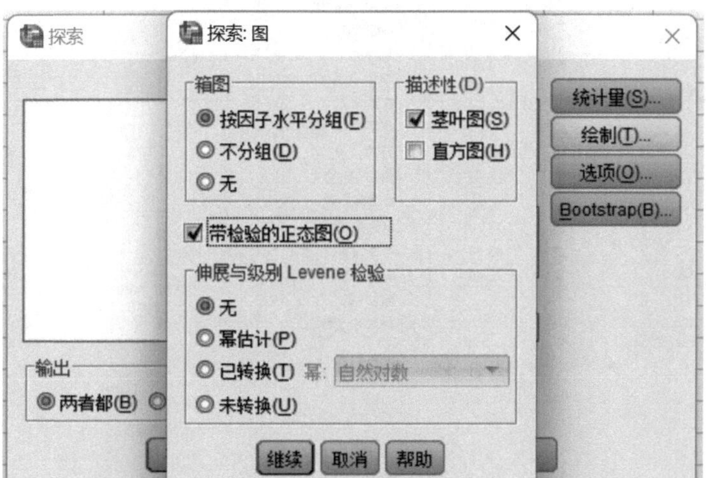

图 3-10　正态性检验—4

正态性检验

	组别	Kolmogorov-Smirnov[a]			Shapiro-Wilk		
		统计量	df	Sig.	统计量	df	Sig.
增重	1	.195	6	.200*	.965	6	.861
	2	.189	6	.200*	.947	6	.712
	3	.143	6	.200*	.988	6	.983

注：*. 这是真实显著水平的下限。

a. Lilliefors 显著水平修正。

图 3-11　正态性检验—5

从结果可知，3 个处理组概率值均大于 0.05，表明数据资料符合正态性。

第三步：单击“分析”（Analyze）→“比较均值”（Compare Means）→“单因素 ANOVA”，弹出“单因素方差分析”对话框，选择对话框中左侧的“组别”进入右侧“因子”列表框，左侧“增重”进入右侧“因变量列表”；单击“两两比较”（Post Hoc）按钮，打开多重比较对话框。在该对话框中可选择进行均值多重比较的方法。对话框下部的“显著性水平”（Significance Level），默认值是 0.05，也可以根据需要重新输入其他值；单击“选项”在对话框中勾选“描述性”和“方差同质性检验”，单击“继续”。

如果满足在水平间方差相等的条件，常用 LSD，表示用 t 检验完成各组均值间的配对比较，如图 3-12 至图 3-15 所示。

图 3-12　单因素方差分析—1

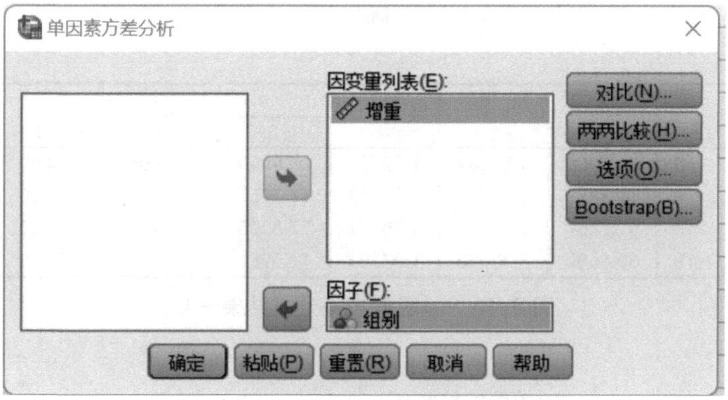

图 3-13　单因素方差分析—2

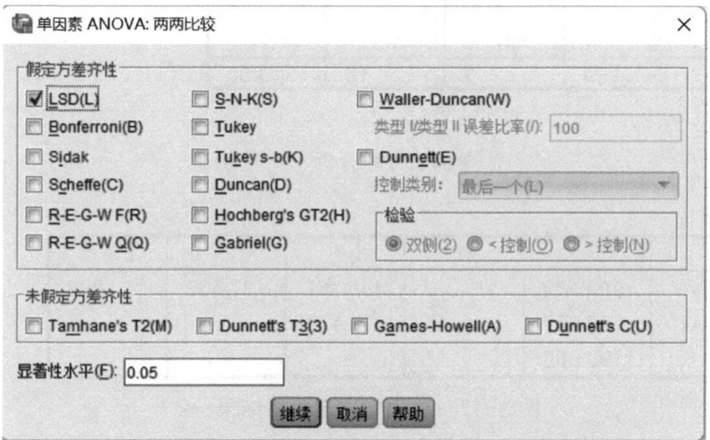

图 3-14　单因素方差分析—3

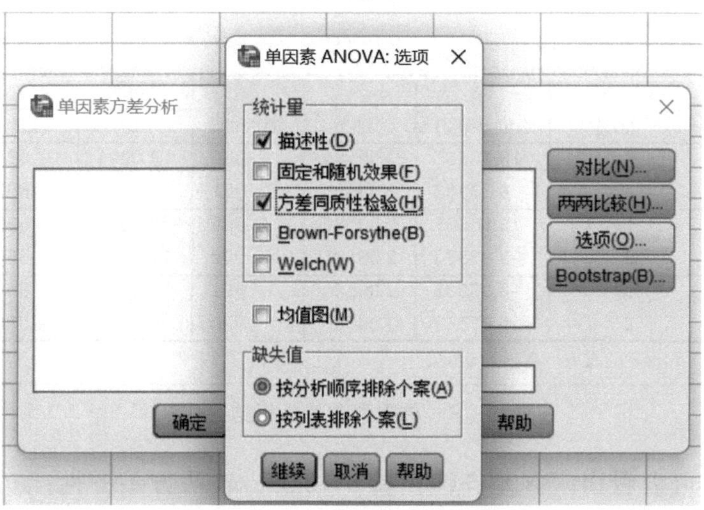

图 3-15　单因素方差分析—4

第四步：单击“确定”（OK）按钮，得到输出结果，如图 3-16、图 3-17、图 3-18 所示。

描述

增重

	N	均值	标准差	标准误	均值的 95% 置信区间		极小值	极大值
					下限	上限		
1	6	89.5000	4.23084	1.72723	85.0600	93.9400	84.00	96.00
2	6	71.3333	3.38625	1.38243	67.7797	74.8870	66.00	75.00
3	6	81.1667	3.18852	1.30171	77.8205	84.5128	77.00	86.00
总数	18	80.6667	8.36660	1.97203	76.5061	84.8273	66.00	96.00

图 3-16　单因素方差分析结果—1

方差齐性检验

增重

Levene 统计量	df1	df2	显著性
.189	2	15	.830

单因素方差分析

增重

	平方和	df	均方	F	显著性
组间	992.333	2	496.167	37.652	.000
组内	197.667	15	13.178		
总数	1190.000	17			

图 3-17　单因素方差分析结果—2

多重比较

因变量: 增重
LSD

(I) 组别	(J) 组别	均值差 (I-J)	标准误	显著性	95% 置信区间	
					下限	上限
1	2	18.16667*	2.09585	.000	13.6995	22.6339
	3	8.33333*	2.09585	.001	3.8661	12.8005
2	1	-18.16667*	2.09585	.000	-22.6339	-13.6995
	3	-9.83333*	2.09585	.000	-14.3005	-5.3661
3	1	-8.33333*	2.09585	.001	-12.8005	-3.8661
	2	9.83333*	2.09585	.000	5.3661	14.3005

*. 均值差的显著性水平为 0.05。

图 3-18　单因素方差分析结果—3

由图 3-18 可以看出，方差齐性检验 $p>0.05$，表明方差齐性；F 显著小于 0.01，表明 MS_A 代表的处理间变异程度比 MS_e 代表处理内变异程度大，需进一步对各处理组间差异进行分析；均值差 18.166 67，9.833 33，8.333 33 对应概率值 p 均小于 0.01，差异极显著，表明 A_1 饲料对仔猪的增重效果极显著高于 A_2、A_3，A_3 饲料对仔猪的增重效果极显著高于 A_2，A_1 饲料效果最佳。

思政导学

2024年，教育部从7个方面部署全年教育工作重点任务：着力构建落实立德树人根本任务新生态新格局，强化高等教育龙头作用，进一步夯实基础教育基点，增强职业教育适应性和吸引力，不断开辟教育数字化新赛道，坚定推进高水平教育对外开放，以教育家精神为引领强化高素质教师队伍建设。

针对着力构建落实立德树人根本任务新生态新格局，会议提出启动实施立德树人工程，全面加强教材建设和管理，以身心健康为突破点强化五育并举，促进高校毕业生高质量充分就业。

高等教育方面，会议要求深化科教融汇，充分发挥高校基础研究主力军作用；深化产教融合，以技术转移为纽带推动“四链”融合；服务治国理政，推进高校哲学、社会、科学高质量发展。

基础教育方面，会议部署要着眼人口变化趋势加强前瞻性布局，深化基础教育提质扩优工程，巩固深化“双减”成果。

职业教育方面，会议提出坚持与产业结合、与地方和政府政策结合、与社会区域结构结合、与个人终身学习结合，稳步推进省域现代职业教育体系建设改革，推动市域产教联合体、行业产教融合共同体建设尽快取得突破，以人的成长为中心，以助力经济社会发展为基本要义，实现办学质量高水平、产学合作高质量。

（资料来源：新华网；记者施雨岑、徐壮）

思考分析：中华人民共和国成立以来，我国教育事业走过了由旧到新、由小到大的非凡历程，实现了从文盲大国向教育大国、从人口大国向人力资源大国的转变。党的十八大以来，党中央坚持把教育作为国之大计、党之大计，做出加快教育现代化、建设教育强国的重大决策，推动新时代教育事业取得历史性成就、发生格局性变化。

利用方差分析对教育政策的影响进行客观、科学的评估，通过对不同政策实施前后成绩进行多重比较，可以得出政策实施前后的差异，从而判断政策的实际效果，帮助决策者了解该政策对教育发展的实际作用，为进一步优化政策提供依据。

任务筹划

多重比较基本步骤如图3-19所示。

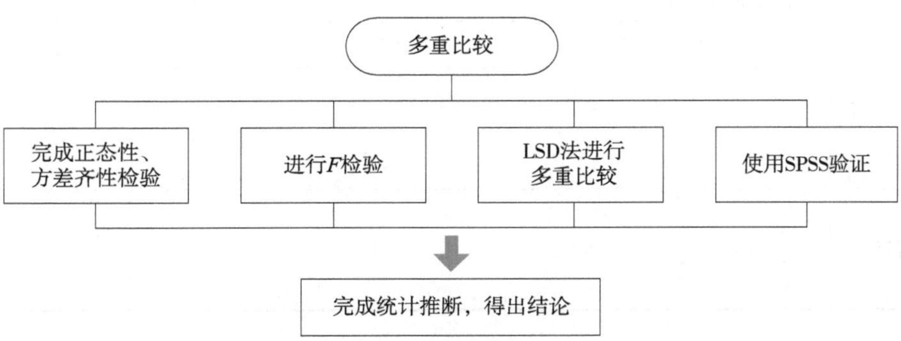

图3-19　多重比较基本步骤

任务实施

步骤一：

步骤二：

步骤三：

步骤四：

步骤五：

二维码 3-2

任务检测

使用微信小程序扫码进入在线测试，可多次答题，直到获得满意的结果。

任务评价

根据任务完成情况，进行任务评价，详见表 3-8。

表 3-8　工作任务完成过程评价

班级：＿＿＿＿＿＿＿＿　姓名：＿＿＿＿＿＿＿＿　学号：＿＿＿＿＿＿＿＿

<table>
<tr><th>项目</th><th>评分标准</th><th>分值</th><th>自我评价</th><th>小组评价</th><th>教师评价</th></tr>
<tr><td rowspan="2">知识技能</td><td>正确表述 F 检验的意义</td><td>25</td><td></td><td></td><td></td></tr>
<tr><td>正确表述正态性检验和方差齐性检验的意义</td><td>25</td><td></td><td></td><td></td></tr>
<tr><td rowspan="2">实操技能</td><td>正确进行 LSD 法的计算步骤</td><td>25</td><td></td><td></td><td></td></tr>
<tr><td>根据 SPSS 软件进行 LSD 检验并能进行准确的统计推断</td><td>25</td><td></td><td></td><td></td></tr>
<tr><td colspan="2">合计</td><td>100</td><td></td><td></td><td></td></tr>
<tr><td>自我评价与总结</td><td colspan="5"></td></tr>
<tr><td>教师点评</td><td colspan="5"></td></tr>
</table>

任务三　单因子方差分析

任务导入

根据所研究因素的多少，方差分析分为单因子方差分析、两因子方差分析和多因子方差分析 3 种。单因子方差分析是其中最简单的一种，是只研究一个试验因素的数据资料，目的在于正确判断试验因素各处理之间的差异是否真实存在。在单因子方差分析中，根据各处理内重复数是否相等又分为处理内观察次数相等和处理内观察次数不等的方差分析。

任务 1：在同样饲养管理条件下，3 个品种猪的增重见表 3-9，试对 3 个品种猪增重差异是否显著进行检验。

表 3-9　3 个品种猪的增重　（单位：kg）

品种	增重									
A_1	16	12	18	18	13	11	15	10	17	18
A_2	10	13	11	9	16	14	8	15	13	8
A_3	11	8	13	6	7	15	9	12	10	11

任务 2：为了研究种公牛人工授精成功怀胎率，随机选定 6 头种公牛，每头采集一系列精样人工授精（由同一技术人员操作），表 3-10 是每头种公牛连续的各个精样人工授精的成功怀胎率（百分数），试对 6 个品种人工授精的成功怀胎率（百分数）差异是否显著进行检验。

表 3-10　6 个品种人工授精的成功怀胎率　（单位：%）

公牛品种	怀胎率								
1	46	31	37	62	30				
2	70	59							
3	52	44	57	40	67	64	70		
4	47	21	70	46	14				
5	42	64	50	69	77	81	87		
6	35	68	59	38	57	76	57	29	60

任务工单

班级：____________ 姓名：____________ 学号：____________

<table>
<tr><td>任务名称</td><td colspan="4">单因子方差分析</td></tr>
<tr><td>任务描述</td><td colspan="4">任务内容：进行不同处理重复数情况下的单因子方差分析。
任务目的：通过单因子方差分析能够正确判断该试验因子各水平的优劣。
任务流程：①对给定资料进行正态性检验；②对给定资料进行方差齐性检验；③完成 F 检验；④根据 F 检验结果进行多重比较，推断得出各水平优劣。
任务方法：讲授法、实操法。</td></tr>
<tr><td>获取信息</td><td colspan="4">要完成任务，需要掌握相关的知识。请收集资料，回答以下问题：
1. 单因子方差分析的步骤有哪些？

2. 处理重复数不相等时如何用 n_0 代替 n？

3. 正态性和方差齐性如何判定？</td></tr>
<tr><td>制订计划</td><td colspan="4"></td></tr>
<tr><td rowspan="6">任务实施</td><td colspan="4">按照预先制订的工作计划，完成本任务，并记录任务实施过程。</td></tr>
<tr><td>序号</td><td>完成的任务</td><td>遇到的问题</td><td>解决的办法</td></tr>
<tr><td></td><td></td><td></td><td></td></tr>
<tr><td></td><td></td><td></td><td></td></tr>
<tr><td></td><td></td><td></td><td></td></tr>
<tr><td></td><td></td><td></td><td></td></tr>
</table>

任务准备

单因子方差分析也称作一维方差分析。它检验由单一因素影响的一个（或几个相互独立的）因变量的各因素水平分组的均值之间的差异是否具有统计意义，以及单一因素影响的几个（两个以上）彼此独立的组是否来自均值相同的总体，还可以对该因素的若干水平分组中哪一组与其他各组均值间具有显著差异进行分析，即进行均值的多重比较。主要解决多于两个总体样本或变量间均值的比较问题，是一种对多个（大于两个）总体样本的均值是否存在显著差异的检验方法。其目的也是对不同总体的数据的均值之间的差异是否显著进行检验。

一、处理内观察次数相等的方差分析

单因子的方差分析的步骤如下：

（1）提出无效假设 H_0。

（2）计算各项平方和与自由度。

（3）列出方差分析表，进行 F 检验。

（4）多重比较。

（5）得出结论。

前面在任务一方差分析的原理和意义中例 3-1 已经将步骤（2），步骤（3）全部完成，任务二多重比较中将例 3-2 步骤（4），步骤（5）完成，故单因子的方差分析不再做讲解演示，SPSS 操作步骤请参考例 3-2 多重比较的操作步骤。

二、处理内观察次数不等的方差分析

各处理内重复数不相等的资料，方差分析与重复数相等的情况基本一致，仅在计算方法上有两点不同，一个是计算处理间平方和，另一个是计算均数标准误。

若用n_1，n_2，…，n_k代表各处理的重复数，N为全部观测值的总个数，则$N=\sum n_i$。

$$SS_T=\sum\sum x^2-C，SS_A=\sum\frac{T_i^2}{n_i}-C，C=\frac{T^2}{\sum n_i}，SS_e=TT_T-SS_A，$$

$$df_T=N-1=\sum n_i-1，df_A=k-1，df_e=df_T-df_A，n_0=\frac{1}{k-1}\left(\sum n_i-\frac{\sum n_i^2}{\sum n_i}\right)。$$

例 3-3　随机抽测 4 个品种仔猪初生窝重，资料见表 3-11，试检验不同品种之间仔猪初生窝重是否存在显著差异。

表 3-11　不同品种仔猪初生窝重资料　（单位：kg）

品种	仔猪初生窝重						T_i	n_i	$\bar{x}_i$
A	11.2	10.9	12.3	11.6			46.0	4	11.5
B	13.2	12.6	12.3				38.1	3	12.7
C	14.6	15.5	13.9	15.2			59.2	4	14.8
D	13.5	12.8	11.4	14.2	15.1	12.2	79.2	6	13.2
合计							T=222.5	17	$\bar{x}$=13.05

这是一个单因子处理重复数不相等的试验。

解：

（1）提出无效假设。

H_0：$\mu_1=\mu_2=\mu_3=\mu_4$。

（2）计算平方和和自由度。

$$C=\frac{T^2}{\sum n_i}=\frac{222.5^2}{17}=\frac{49\,506.25}{17}=2\,912.13$$

$$SS_T = \sum\sum x^2 - C = (11.2^2 + 10.9^2 + \cdots + 12.2^2) - 2\,912.13$$

$$= 2\,946.59 - 2\,912.13 = 34.46$$

$$SS_A = \sum \frac{T_i^2}{n_i} - C = \left(\frac{46.6^2}{4} + \frac{38.1^2}{3} + \frac{59.2^2}{4} + \frac{79.2^2}{6}\right) - 2\,912.13$$

$$= 2\,934.47 - 2\,912.13 = 22.34$$

$$SS_e = SS_T - SS_A = 34.46 - 22.34 = 12.12$$

$$df_T = \sum n_i - 1 = 17 - 1 = 16$$

$$df_A = k - 1 = 4 - 1 = 3$$

$$df_e = df_T - df_A = 16 - 3 = 13$$

$$MS_A = \frac{SS_A}{df_A} = \frac{22.34}{3} = 7.45;\quad MS_e = \frac{SS_e}{df_e} = \frac{12.12}{13} = 0.93$$

$$F = \frac{MS_A}{MS_e} = \frac{7.45}{0.93} = 8.01$$

（3）列出方差分析表，进行 F 检验，详见表 3-12。

表 3-12　方差分析表

变异来源	平方和	自由度	均方	F 值
处理间	22.34	3	7.45	8.01^{**}
处理内	12.12	13	0.93	
总变异	34.46	16		

根据df_1、df_2查询F分布表可得，$F_{0.01}(3,13) = 5.74$；$F > F_{0.01}(3,13)$ $p < 0.01$；表明各处理间差异极显著。

（4）多重比较（LSD 法）。

①计算标准误。

$$n_0 = \frac{1}{k-1}\left(\sum n_i - \frac{\sum n_i^2}{\sum n_i}\right)$$

$$= \frac{1}{3}\left(17 - \frac{4^2 + 3^2 + 4^2 + 6^2}{17}\right) = \frac{1}{3}\left(17 - \frac{77}{17}\right) = 4.16$$

已知 $MS_e = 0.93$，$n_0 = 4.16$，则

$$s_{\bar{x}_i - \bar{x}_j} = \sqrt{\frac{2MS_e}{n_0}} = \sqrt{\frac{2 \times 0.93}{4.16}} = 0.669$$

②根据 $df_e = 13$，查 t 值表得$t_{0.05}(13) = 2.160$，$t_{0.01}(13) = 3.012$。

③计算 $LSD_{0.05}$ 和 $LSD_{0.01}$ 的值。

$LSD_{0.05} = 2.160 \times 0.669 = 1.45$

$LSD_{0.01} = 3.012 \times 0.669 = 2.02$

④列多重比较表（表 3-13）。

表 3-13　4 个品种仔猪初生窝重数据多重比较（LSD 法）　　（单位：kg）

处理	平均数 $\bar{x}_i$	$\bar{x}_i - 11.5$	$\bar{x}_i - 12.7$	$\bar{x}_i - 13.2$
C	14.8	3.3^{**}	2.1^{**}	1.6^{*}
D	13.2	1.7^{*}	0.5	
B	12.7	1.2		
A	11.5			

⑤得出结论。

多重比较结果表明：C 组窝重极显著高于 A 组和 B 组，显著高于 D 组；D 组窝重显著高 A 组，B 组和 D 组、B 组和 A 组窝重差异不显著，说明 C 品种仔猪初生窝重最大。(因计算过程需四舍五入，结果可能与 SPSS 验证分析结果有出入，但不影响结论。)

（5）SPSS 软件验证。

根据表中数据，建立数据文件，并进行单因子方差（One-Way ANOVA）分析，具体操作步骤：

第一步：在 SPSS 中录入数据，如图 3-20 所示。

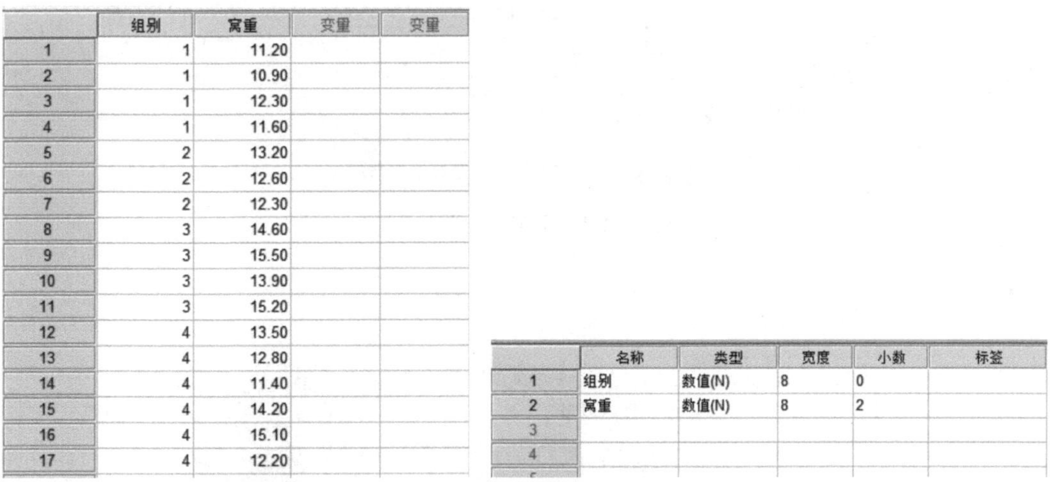

（1）数据视图　　（2）变量视图

图 3-20　录入数据

第二步：单击“分析”→“描述统计”→“探索”，弹出“探索”对话框，选择对话框中左侧的“组别”进入右侧“因子列表”列表框，左侧“增重”进入右侧“因变量列表”；单击“统计量”，弹出对话框中勾选“描述性”，单击“继续”；单击“绘制”，弹出对话框中勾选“带检验的正态图”，单击“继续”后单击“确定”，如图 3-21 至图 3-25 所示。

图 3-21 正态性检验—1

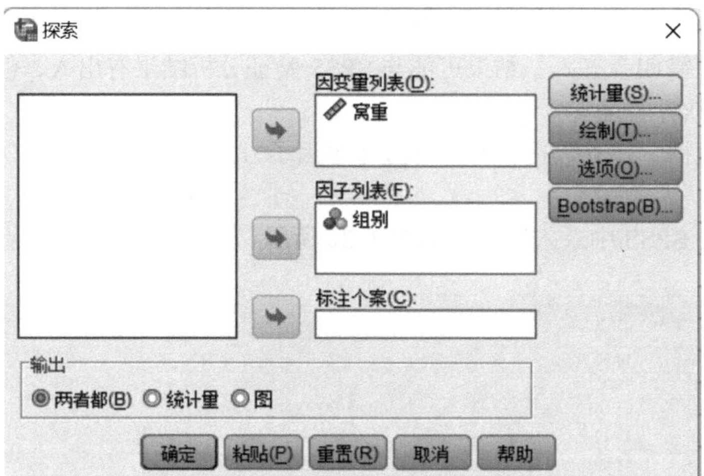

图 3-22 正态性检验—2

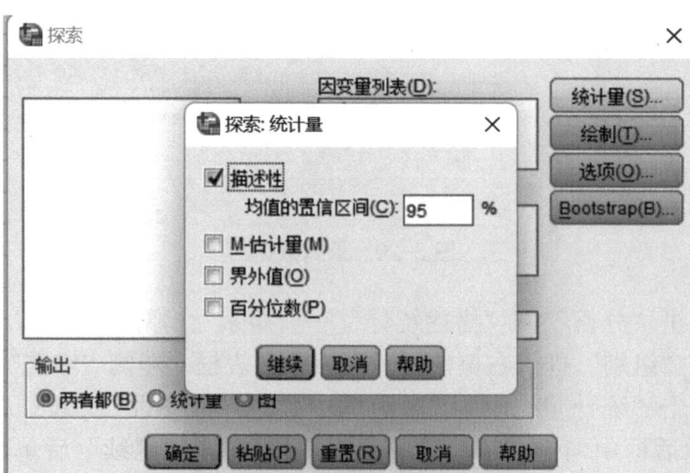

图 3-23 正态性检验—3

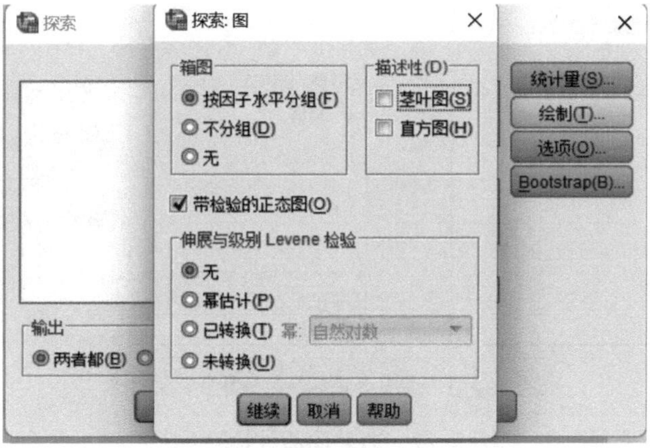

图 3-24　正态性检验—4

正态性检验

	组别	Kolmogorov-Smirnov[a]			Shapiro-Wilk		
		统计量	df	Sig.	统计量	df	Sig.
窝重	1	.190	4	.	.962	4	.792
	2	.253	3	.	.964	3	.637
	3	.214	4	.	.959	4	.773
	4	.117	6	.200*	.990	6	.990

注：*. 这是真实显著水平的下限。

a. Lilliefors 显著水平修正。

图 3-25　正态性检验—5

从结果可知，4 个处理组概率值均大于 0.05，表明数据资料符合正态性。

第三步：单击“分析”→“比较均值”→“单因素 ANOVA”，弹出“单因素方差分析”对话框，选择对话框中左侧的“组别”进入右侧“因子”列表框，左侧“增重”进入右侧“因变量列表”；单击“两两比较”按钮，打开多重比较对话框。在该对话框中可选择进行均值多重比较的方法。对话框下部的“显著性水平”（Significance level），默认值是 0.05，也可以根据需要重新输入其他值；单击“选项”在对话框中勾选“描述性”和“方差同质性检验”，单击“继续”。如图 3-26 至图 3-29 所示。

图 3-26　方差同质性检验—1

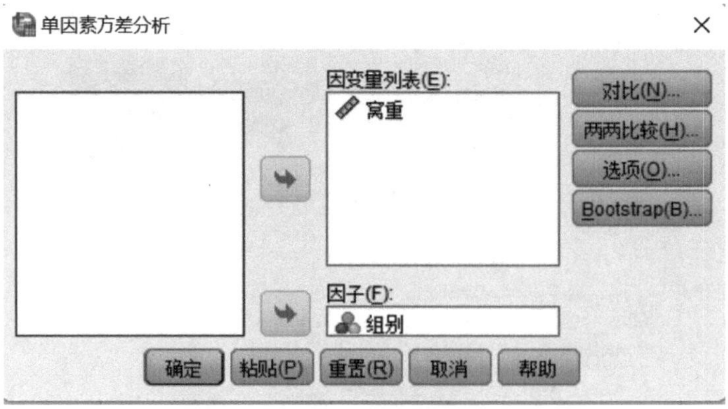

图 3-27　方差同质性检验—2

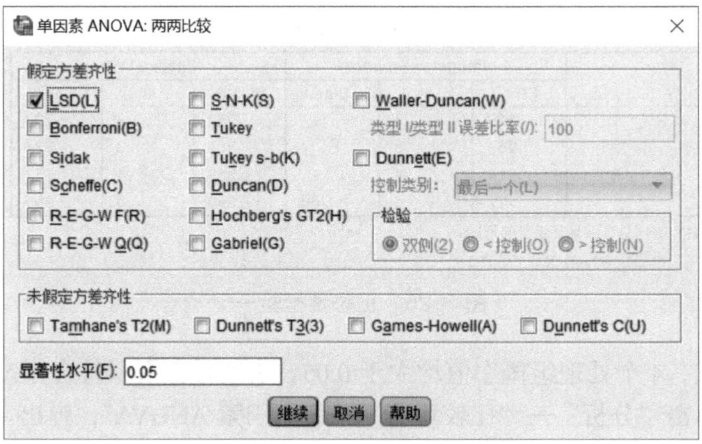

图 3-28　方差同质性检验—3

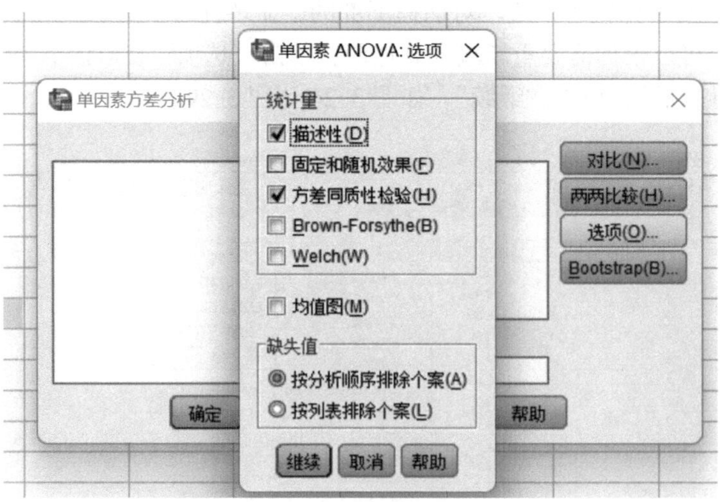

图 3-29　方差同质性检验—4

第四步：单击“确定”按钮，得到输出结果，如图 3-30、图 3-31 所示。

方差齐性检验

窝重

Levene 统计量	df1	df2	显著性
2.263	3	13	.129

单因素方差分析

窝重

	平方和	df	均方	F	显著性
组间	22.338	3	7.446	7.987	.003
组内	12.120	13	.932		
总数	34.458	16			

图 3-30　方差分析结果—1

多重比较

因变量: 窝重

LSD

(I) 组别	(J) 组别	均值差 (I-J)	标准误	显著性	95% 置信区间 下限	95% 置信区间 上限
1	2	-1.20000	.73746	.128	-2.7932	.3932
	3	-3.30000*	.68275	.000	-4.7750	-1.8250
	4	-1.70000*	.62327	.017	-3.0465	-.3535
2	1	1.20000	.73746	.128	-.3932	2.7932
	3	-2.10000*	.73746	.014	-3.6932	-.5068
	4	-.50000	.68275	.477	-1.9750	.9750
3	1	3.30000*	.68275	.000	1.8250	4.7750
	2	2.10000*	.73746	.014	.5068	3.6932
	4	1.60000*	.62327	.023	.2535	2.9465
4	1	1.70000*	.62327	.017	.3535	3.0465
	2	.50000	.68275	.477	-.9750	1.9750
	3	-1.60000*	.62327	.023	-2.9465	-.2535

*. 均值差的显著性水平为 0.05。

图 3-31　方差分析结果—2

由图 3-30 可以看出，方差齐性检验$p=0.129$，$p>0.05$，表明方差齐性；F值概率$p=0.003$，$p<0.01$，表明MS_A代表的处理间变异程度比MS_e代表处理内变异程度大，4 个品种在仔猪初生窝重性状上存在着极显著差异，需进一步对各处理组间差异进行分析。

多重比较结果分析（图 3-31）：1 组与 3 组之间存在极其显著的差异（p值为 0.000，$p<0.01$），2 组与 3 组之间存在显著的差异（p值为 0.014，$0.01<p<0.05$），3 组与 4 组之间存在显著的差异（p值为 0.023，$0.01<p<0.05$），表明 C 组窝重显著高于 B 组和 D 组，极显著高于 A 组；1 组与 4 组之间存在显著的差异（p值为 0.017，$0.01<p<0.05$），表明 D 组窝重显著高 A 组；B 组与 A 组窝重差异不显著，说明各品种仔猪初生窝重 C 品种最大。

任务 筹划

单因子方差分析基本步骤如图 3-32 所示。

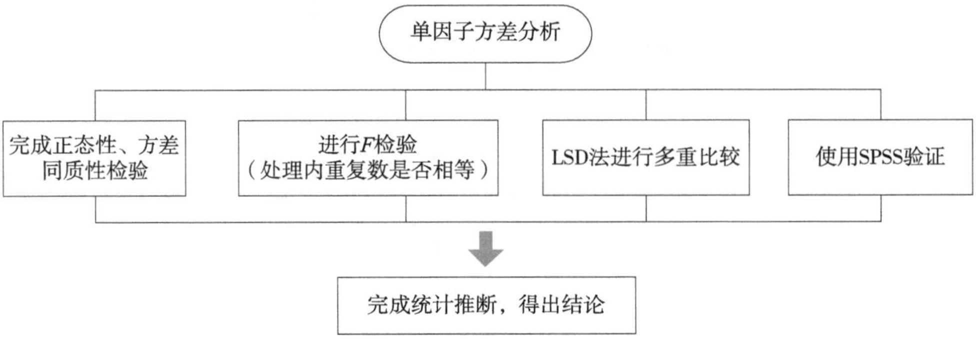

图 3-32　单因子方差分析基本步骤

任务 实施

步骤一：

步骤二：

步骤三：

步骤四：

步骤五：

二维码 3-3

任务 检测

使用微信小程序扫码进入在线测试，可多次答题，直到获得满意的结果。

任务 评价

根据任务完成情况，进行任务评价，详见表 3-14。

表 3-14　工作任务完成过程评价

班级：________________　姓名：________________　学号：________________

项目	评分标准	分值	自我评价	小组评价	教师评价
知识技能	能够正确掌握单因子方差分析的步骤	25			
实操技能	能够正确利用 SPSS 进行正态性检验和方差同质性检验	25			
	能够正确利用 SPSS 进行单因子方差分析	25			
	能够进行准确的统计推断	25			
合计		100			
自我评价与总结					
教师点评					

任务四　二因子方差分析

任务导入

在上一个任务中我们学习了单因子的方差分析，单因子的方差分析是检验由单一因素影响的一个（或多个相互独立的）因变量的各处理组的均值之间的差异。在畜牧、兽医、水产实际生产研究中往往存在两个因素作用试验指标的情况，按试验因子的水平组合的方式不同，二因子方差分析试验分为交叉分组和系统分组两类，在此着重介绍交叉分组内容，系统分组列为选学内容，后面介绍了其 SPSS 软件操作步骤，读者可自行学习。

任务 1：研究酵解作用对血糖浓度的影响，从 8 名健康人体中抽取血液并制备成血滤液。每个受试者的血滤液又可分成 4 份，然后随机地将 4 份血滤液分别放置 0 min，45 min，90 min，135 min，测定其血糖浓度，资料见表 3-15。分组进行检验不同受试者和放置不同时间的血糖浓度有无显著差异。

任务 2：测得某品种猪的乳头数，资料列于表 3-16 中。试分析公猪和母猪对仔猪乳头数的影响，并进行方差组分的估计。

表 3-15 不同受试者、放置不同时间血滤液的血糖浓度 （单位：mg/100 mL）

受试者编号	放置时间 /min			
	0	45	90	135
1	95	95	89	83
2	95	94	88	84
3	106	105	97	90
4	98	97	95	90
5	102	98	97	88
6	112	112	101	94
7	105	103	97	88
8	95	92	90	80

表 3-16 某品种猪的乳头数资料

公猪 A	母猪 B	仔猪数 n_{ij}	仔猪乳头数 C				
A_1	B_{11}	8	14（3）	15（2）	16（3）		
	B_{12}	9	15（2）	16（2）	17（5）		
	B_{13}	11	12（1）	13（2）	14（5）	15（1）	16（2）
	B_{14}	10	14（2）	15（3）	16（4）	18（1）	
A_2	B_{21}	9	14（1）	15（3）	16（3）	17（1）	18（1）
	B_{22}	11	13（1）	14（2）	15（5）	16（1）	17（2）
	B_{23}	12	14（4）	15（5）	16（1）	17（1）	18（1）
	B_{24}	7	13（1）	14（2）	15（1）	16（1）	17（2）
A_3	B_{31}	8	13（2）	14（5）	15（1）		
	B_{32}	10	14（4）	15（6）			
	B_{33}	12	13（2）	14（5）	15（2）	16（3）	

任务工单

班级:________ 姓名:________ 学号:________

任务名称	二因子方差分析
任务描述	任务内容：二因子交叉分组资料的方差分析。 任务目的：能够通过计算进行二因子试验无重复观察值和有重复观察值的方差分析，并能进行 SPSS 软件操作。 任务流程：①计算各统计量完成 F 检验、多重比较；②完成 SPSS 软件操作，包括录入数据、选择因子 / 选择“模型”、两两比较、结果输出；③做出统计推断。 任务方法：讲授法、演示法。

（续表）

<table>
<tr><td>获取信息</td><td colspan="4">要完成任务，需要掌握相关的知识。请收集资料，回答以下问题：
1. 二因子交叉分组资料方差分析的步骤是什么？

2. 如何确定标准误中的 n 值？

3. 正态性和方差齐性如何判定？</td></tr>
<tr><td>制订计划</td><td colspan="4"></td></tr>
<tr><td rowspan="6">任务实施</td><td colspan="4">按照预先制订的工作计划，完成本任务，并记录任务实施过程。</td></tr>
<tr><td>序号</td><td>完成的任务</td><td>遇到的问题</td><td>解决的办法</td></tr>
<tr><td></td><td></td><td></td><td></td></tr>
<tr><td></td><td></td><td></td><td></td></tr>
<tr><td></td><td></td><td></td><td></td></tr>
<tr><td></td><td></td><td></td><td></td></tr>
</table>

任务准备

一、二因子交叉分组资料的方差分析

二因子交叉分组试验是指试验因素 A 的每一个水平与试验因素 B 的每一个水平都产生水平交叉组合。在实际工作中，这种分组方式应用比较普遍。交叉分组的形式见表 3-17。

表 3-17　交叉分组组合试验模式

项目	B_1	B_2	B_3	B_4
A_1	A_1B_1	A_1B_2	A_1B_3	A_1B_4
A_2	A_2B_1	A_2B_2	A_2B_3	A_2B_4
A_3	A_3B_1	A_3B_2	A_3B_3	A_3B_4

根据试验是否有重复观察值，二因子交叉分组试验包括无重复观察值的二因子试验和有重复观察值的二因子试验两种情况。

（一）二因子试验无重复观察值的方差分析

对于 A、B 两个因子试验全部 km 个水平组合，每个水平组合只有一个观测值，全部试验共有 km 个观测值，其数据模式见表 3-18。

表 3-18　交叉分组资料试验数据模式

A 因子	B 因子				合计T_{A_i}	平均$\bar{x}_{A_i}$
	B_1	B_2	B_3	B_m		
A_1	X_{11}	X_{12}	X_{13}	X_{1m}	T_{A_1}	$\bar{x}_{A_1}$
A_2	X_{21}	X_{22}	X_{23}	X_{2m}	T_{A_2}	$\bar{x}_{A_2}$
⋮	⋮	⋮	⋮	⋮	⋮	⋮
A_k	X_{k_1}	X_{k_2}	X_{k_3}	X_{km}	T_{A_k}	$\bar{x}_{A_k}$
合计T_{B_j}	T_{B_1}	T_{B_2}	T_{B_3}	T_{Bm}	T	
平均$\bar{x}_{B_j}$	$\bar{x}_{B_1}$	$\bar{x}_{B_2}$	$\bar{x}_{B_3}$	$\bar{x}_{B_n}$		$\bar{x}$

交叉分组二因子无重复观测值的试验中，就试验因子 A 来看，有k个水平，对于试验对象而言也可以认为有k个处理，每个处理有m次重复；就试验因子 B 来看，有m个水平，对于试验对象而言也可以认为有m个处理，每个处理有k个重复；每个观测值同时受到 A、B 两因子及随机误差的作用，因此所有观测值的总变异可以剖分为 A 因子水平进行处理的变异总和、B 因子水平进行处理的变异总和及试验误差 3 部分，自由度也相应地剖分，即

$$SS_T = SS_A + SS_B + SS_e$$

$$df_T = df_A + df_B + df_e$$

各项平方和与自由度的计算公式如下：

矫正数 $C = \dfrac{T^2}{km}$

总平方和 $SS_T = \sum_{i=1}^{k}\sum_{j=1}^{m}(x_{ij} - \bar{x})^2 = \sum_{i=1}^{k}\sum_{j=1}^{m}x_{ij}^2 - C = \sum\sum x^2 - C$

A 因子水平处理间平方和 $SS_A = m\sum_{i=1}^{k}(x_{A_i} - \bar{x})^2 = \dfrac{1}{m}\sum_{i=1}^{k}T_{A_i}^2 - C$

B 因子水平处理间平方和 $SS_B = k\sum_{j=1}^{m}(\bar{x}_{B_j} - \bar{x})^2 = \dfrac{1}{k}\sum_{j=1}^{m}T_{B_j}^2 - C$

误差的平方和 $SS_e = SS_T - SS_A - SS_B$

总自由度 $df_T = km - 1$

A 因子水平处理的自由度 $df_A = k - 1$

B 因子水平处理的自由度 $df_B = m - 1$

误差的自由度 $df_e = df_T - df_A - df_B = (k-1)(m-1)$

A 因子水平处理间均方 $MS_A = \dfrac{SS_A}{df_A}$

B 因子水平处理间均方 $MS_B = \dfrac{SS_B}{df_B}$

误差均方 $MS_e = \dfrac{SS_e}{df_e}$

例 3-4　选用 3 个不同品种的鱼（A_1、A_2、A_3）和 3 种不同的饲料（B_1、B_2、B_3）进行鱼种饲养试验，经过 130 d 的试验，得到鱼种尾日增重见表 3-19，试检验不同饲料和品种之间有无差异？何种饲料与品种的增重效果最好？

表 3-19　3 种饲料和 3 个品种饲养鱼种试验结果　（单位：g）

品种	饲料				
	B_1	B_2	B_3	T_{A_i}	$\bar{x}_{A_i}$
A_1	3.36	3.96	3.15	10.47	3.49
A_2	3.11	3.14	2.96	9.21	3.07
A_3	3.28	3.82	3.07	10.17	3.39
T_{B_j}	9.75	10.92	9.18	T=29.85	
$\bar{x}_{B_1}$	3.25	3.64	3.06		$\bar{x}$ =3.32

解：这是一个具有饲料（A）和品种（B）2 个试验因子的试验，饲料（A）因子有 3 个水平，品种（B）因子有 3 个水平，各观测值受到饲料（A）、品种（B）及误差的共同作用。

（1）进行平方和与自由度的剖分。

$$C = \frac{T^2}{km} = \frac{29.85^2}{3 \times 3} = 99.003$$

$$SS_T = \sum\sum x^2 - C = 99.963 - 99.003 = 0.960$$

$$SS_A = \frac{1}{m}\sum_{i=1}^{k} T_{A_i}^2 - C = \frac{1}{3}(10.47^2 + 9.21^2 + 10.17^2) - 99.003 = 0.288$$

$$SS_B = \frac{1}{k}\sum_{j=1}^{m} T_{B_j}^2 - C = \frac{1}{3}(9.75^2 + 10.92^2 + 9.18^2) - 99.003 = 0.524$$

$$SS_e = SS_T - SS_{\mathrm{A}} - SS_{\mathrm{B}} = 0.960 - 0.288 - 0.524 = 0.148$$

总自由度 $df_T = km - 1 = 9 - 1 = 8$

A 因子水平处理的自由度 $df_A = k - 1 = 3 - 1 = 2$

B 因子水平处理的自由度 $df_B = m - 1 = 3 - 1 = 2$

误差的自由度 $df_{\mathrm{e}} = df_T - df_A - df_B = (k-1)(m-1) = (3-1)\times(3-1) = 4$

A 因子水平处理间均方 $MS_A = \dfrac{SS_A}{df_A} = \dfrac{0.288}{2} = 0.144$

B 因子水平处理间均方 $MS_B = \dfrac{SS_B}{df_B} = \dfrac{0.524}{2} = 0.262$

误差均方 $MS_e = \dfrac{SS_e}{df_e} = \dfrac{0.148}{4} = 0.037$

（2）列方差分析表（表 3-20），进行 F 检验。

表 3-20　二因子方差分析

变异来源	平方和	自由度	均方	F
A 因子水平处理间	0.288	2	0.144	3.89
B 因子水平处理间	0.524	2	0.262	7.08*
误差	0.148	4	0.037	
总变异	0.960	8		

$F_A = \dfrac{MS_A}{MS_e} = \dfrac{0.144}{0.037} = 3.89$；$F_B = \dfrac{MS_B}{MS_e} = \dfrac{0.262}{0.037} = 7.08$

根据df_A、df_B、df_e查询F分布表可得 $F_{0.05}(2,4) = 6.94$，$F_{0.01}(2,4) = 18.0$。

$F_A < F_{0.05}(2,4)$，$p > 0.05$，差异不显著，表明 A 因子各处理间无显著差异；$F_{0.05}(2,4) < F_B < F_{0.01}(2,4)$，$0.01 < p < 0.05$，表明 B 因子各处理间差异显著。

（3）多重比较。

本例 A 因子各处理的 F 检验不显著，无须进行多重比较，B 因子各处理的 F 检验显著，只需进行 B 因子的多重比较，用 LSD 法。

①计算标准误。

已知$MS_e = 0.037$，$n = m = 3$；

$$s_{\bar{x}_i - \bar{x}_j} = \sqrt{\frac{2MS_e}{n}} = \sqrt{\frac{2 \times 0.037}{3}} = 0.157$$

②根据$df_e = 4$，查 t 值表得$t_{0.05}(4) = 2.776$，$t_{0.01}(4) = 4.604$。

③计算$LSD_{0.05}$和 $LSD_{0.01}$的值。

$$LSD_{0.05} = 2.776 \times 0.157 = 0.436$$

$$LSD_{0.01} = 4.604 \times 0.157 = 0.723$$

④列多重比较表（表 3-21）。

表 3-21　B 因子各处理间的多重比较（LSD 法）

处理	平均数 $\bar{x}_i$	$\bar{x}_i - 3.06$	$\bar{x}_i - 3.25$
B_2	3.64	0.58*	0.39
B_1	3.25	0.19	
B_3	3.06		

⑤得出结论。

检验结果 B_2 和 B_3 饲料之间差数为 0.58，$LSD_{0.05}<d<LSD_{0.01}$，$0.01<p<0.05$，差异显著；表明 B_2 饲料增重效果显著高于 B_3 饲料，其余差异均不显著，增重效果 B_2 饲料最佳。

（4）SPSS 验证。

录入数据；根据表中数据，建立数据文件，并进行单因子方差（One-Way ANOVA）分析，具体操作步骤：

第一步：在 SPSS 中录入数据，如图 3-33 所示。

	品种	饲料	增重	变量
1	A1	B1	3.36	
2	A1	B2	3.96	
3	A1	B3	3.15	
4	A2	B1	3.11	
5	A2	B2	3.14	
6	A2	B3	2.96	
7	A3	B1	3.28	
8	A3	B2	3.82	
9	A3	B3	3.07	

（1）数据视图

	名称	类型	宽度	小数	标签
1	品种	字符串	8	0	
2	饲料	字符串	8	0	
3	增重	数值(N)	8	2	
4					
5					

（2）变量视图

图 3-33 录入数据

第二步：单击“分析”→“描述统计”→“探索”，弹出“探索”对话框，选择对话框中左侧的“品种”和“饲料”进入右侧“因子列表”列表框，左侧“增重”进入右侧“因变量列表”；单击“统计量”，弹出对话框中勾选“描述性”，单击“继续”；单击“绘制”，弹出对话框中勾选“带检验的正态图”，单击“继续”后单击“确定”。如图 3-34 至图 3-38 所示。

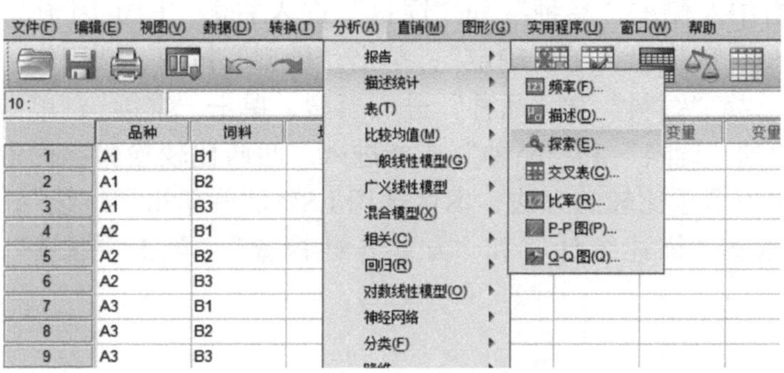

图 3-34 正态性检验—1

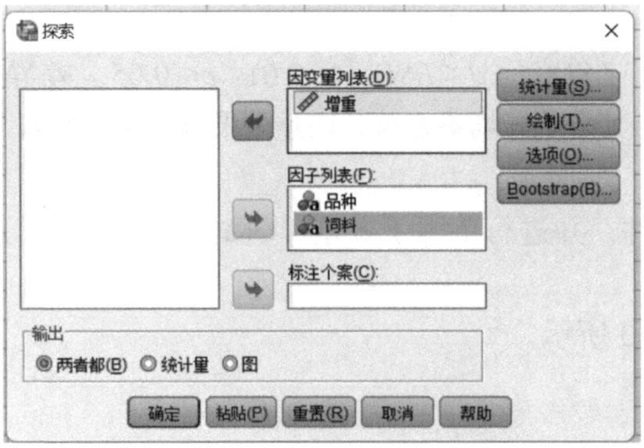

图 3-35 正态性检验—2

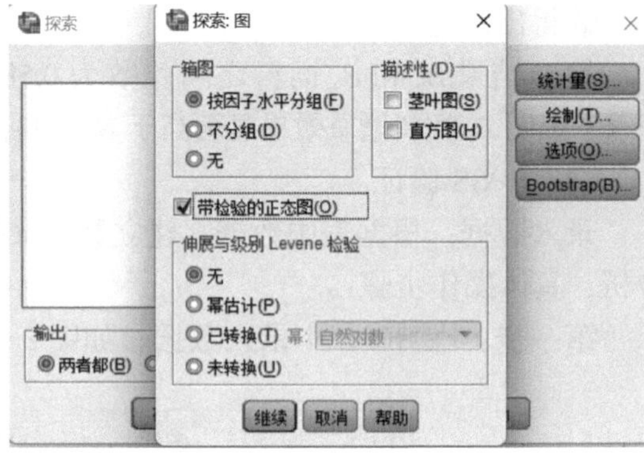

图 3-36 正态性检验—3

正态性检验

	品种	Kolmogorov-Smirnov[a]			Shapiro-Wilk		
		统计量	df	Sig.	统计量	df	Sig.
增重	A1	.288	3	.	.928	3	.482
	A2	.328	3	.	.871	3	.298
	A3	.279	3	.	.939	3	.525

a. Lilliefors 显著水平修正

图 3-37 正态性检验—4

正态性检验

	饲料	Kolmogorov-Smirnov[a]			Shapiro-Wilk		
		统计量	df	Sig.	统计量	df	Sig.
增重	B1	.260	3	.	.959	3	.609
	B2	.326	3	.	.874	3	.306
	B3	.208	3	.	.992	3	.826

a. Lilliefors 显著水平修正

图 3-38 正态性检验—5

从结果可知，A 因子水平各处理和 B 因子水平各处理观测值概率值均大于 0.05，表明数据资料符合正态性。

第三步：单击“分析”→“一般线性模型”→“单变量”，弹出“单变量”对话框，选择对话框中左侧的“品种”和“饲料”进入右侧“固定因子”列表框，左侧“增重”进入右侧“因变量，单击确定”；单击“模型”按钮，选用在“指定模型”栏中的“设定”，选择“饲料”和“品种”进入模型，单击“继续”；单击“两两比较”，将“因子”栏中的“饲料”和“品种”选择进入“两两比较检验”栏中，在该对话框中可选择进行均值多重比较的方法，本例选用 LSD 法，单击“继续”；单击“选项”，在对话框下部选择“描述统计”和“方差齐性检验”，单击“继续”，如图 3-39 至图 3-43 所示。

图 3-39　方差齐性检验—1

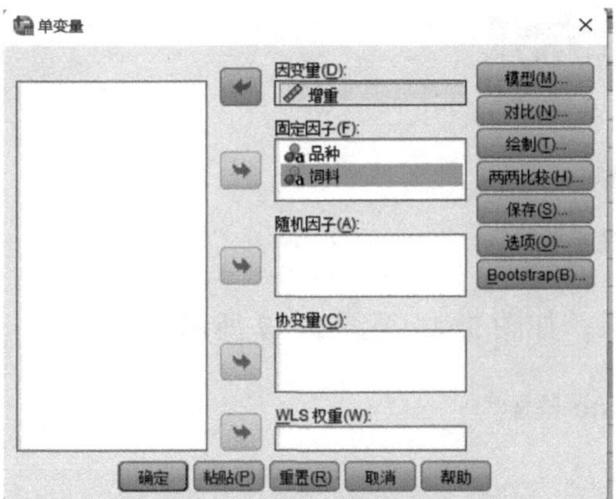

图 3-40　方差齐性检验—2

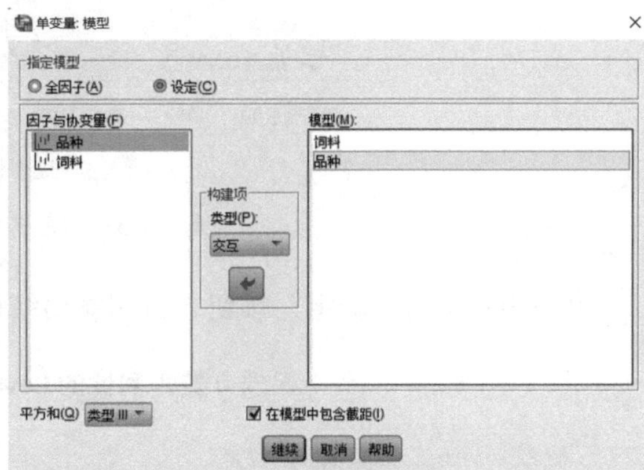

图 3-41　方差齐性检验—3

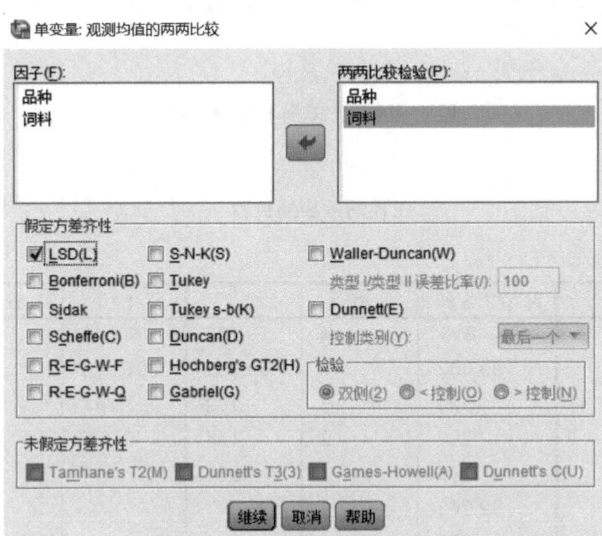

图 3-42　方差齐性检验—4

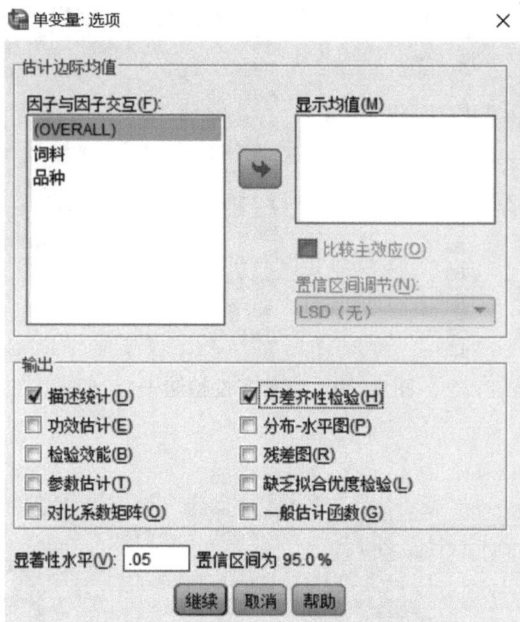

图 3-43 方差齐性检验—5

第四步：单击“确定”按钮，得到输出结果，如图 3-44 至图 3-47 所示。

误差方差等同性的 Levene 检验[a]

因变量: 增重

F	df1	df2	Sig.
.	8	0	.

检验零假设，即在所有组中因变量的误差方差均相等。

a. 设计 : 截距 + 饲料 + 品种

图 3-44 方差分析结果—1

主体间效应的检验

因变量: 增重

源	III 型平方和	df	均方	F	Sig.
校正模型	.813[a]	4	.203	5.541	.063
截距	99.002	1	99.002	2697.616	.000
饲料	.525	2	.262	7.147	.048
品种	.289	2	.144	3.935	.114
误差	.147	4	.037		
总计	99.963	9			
校正的总计	.960	8			

a. R 方 = .847（调整 R 方 = .694）

图 3-45 方差分析结果—2

多个比较

因变量: 增重
LSD

(I) 品种	(J) 品种	均值差值 (I-J)	标准 误差	Sig.	95% 置信区间	
					下限	上限
A1	A2	.4200	.15642	.055	-.0143	.8543
	A3	.1000	.15642	.557	-.3343	.5343
A2	A1	-.4200	.15642	.055	-.8543	.0143
	A3	-.3200	.15642	.110	-.7543	.1143
A3	A1	-.1000	.15642	.557	-.5343	.3343
	A2	.3200	.15642	.110	-.1143	.7543

基于观测到的均值。
误差项为均值方 (错误) = .037。

图 3-46　方差分析结果—3

多个比较

因变量: 增重
LSD

(I) 饲料	(J) 饲料	均值差值 (I-J)	标准 误差	Sig.	95% 置信区间	
					下限	上限
B1	B2	-.3900	.15642	.067	-.8243	.0443
	B3	.1900	.15642	.291	-.2443	.6243
B2	B1	.3900	.15642	.067	-.0443	.8243
	B3	.5800*	.15642	.021	.1457	1.0143
B3	B1	-.1900	.15642	.291	-.6243	.2443
	B2	-.5800*	.15642	.021	-1.0143	-.1457

基于观测到的均值。
误差项为均值方 (错误) = .037。
*. 均值差值在 .05 级别上较显著。

图 3-47　方差分析结果—4

由图 3-45 可以看出，误差方差检验零假设，说明所有组中因变量的误差方差均相等，表明方差齐性；F_A值概率$p = 0.114$，$p>0.05$，表明品种因子的各处理间差异不显著，无须下一步分析；F_B值概率$p = 0.048$，$p<0.05$，表明饲料因子的各处理间MS_A代表的处理间变异程度比MS_e代表处理内变异程度大，3 种饲料在增重性状上存在着显著差异，需进一步对各处理组间差异进行分析。

多重比较结果分析：B_2 和 B_3 饲料之间存在显著的差异（p 值为 0.021，$0.01<p<0.05$），表明 B_2 饲料增重效果显著高于 B_3 饲料，其余差异均不显著。

（二）二因子试验有重复观察值的方差分析

二因子有重复观测值试验数据模式见表 3-22。

双因子有重复观测值的试验结果方差分析时总变异可分解为处理变异和试验误差两部分。

表 3-22　二因子有重复观测值试验数据模式

<table>
<tr><td colspan="2" rowspan="2">A</td><td colspan="4">B</td><td rowspan="2">A 总和T_{A_i}</td><td rowspan="2">A 平均$\bar{x}_{A_i}$</td></tr>
<tr><td>B_1</td><td>B_2</td><td>…</td><td>B_m</td></tr>
<tr><td rowspan="3">A_1</td><td>x_{1jc}</td><td colspan="4">x_{111}，x_{112}，…，x_{11n}；x_{121}，x_{122}，…，x_{12n}；…，x_{1m1}，x_{1m2}，…，x_{1mn}</td><td rowspan="3">T_{A_1}</td><td rowspan="3">$\bar{x}_{A_1}$</td></tr>
<tr><td>$T_{A_1B_j}$</td><td>$T_{A_1B_1}$</td><td>$T_{A_1B_2}$</td><td>…</td><td>$T_{A_1B_m}$</td></tr>
<tr><td>$\bar{x}_{A_1B_j}$</td><td>$\bar{x}_{A_1B_1}$</td><td>$\bar{x}_{A_1B_2}$</td><td>…</td><td>$\bar{x}_{A_1B_m}$</td></tr>
<tr><td rowspan="3">A_2</td><td>x_{2jc}</td><td colspan="4">x_{211}，x_{212}，…，x_{21n}；x_{221}，x_{222}，…，x_{22n}；…，x_{2m1}，x_{2m2}，…，x_{2mn}</td><td rowspan="3">T_{A_2}</td><td rowspan="3">$\bar{x}_{A_2}$</td></tr>
<tr><td>$T_{A_2B_j}$</td><td>$T_{A_2B_1}$</td><td>$T_{A_2B_2}$</td><td>…</td><td>$T_{A_2B_m}$</td></tr>
<tr><td>$\bar{x}_{A_2B_j}$</td><td>$\bar{x}_{A_2B_1}$</td><td>$\bar{x}_{A_2B_2}$</td><td>…</td><td>$\bar{x}_{A_2B_3}$</td></tr>
<tr><td>⋮</td><td>⋮</td><td>⋮</td><td>⋮</td><td>⋮</td><td>⋮</td><td>⋮</td><td>⋮</td></tr>
<tr><td rowspan="3">A_k</td><td>$x_{k_{jc}}$</td><td colspan="4">x_{k11}，x_{k12}，…，x_{k1n}；x_{k21}，x_{k22}，…，x_{k2n}；…，x_{km1}，x_{km2}，…，x_{kmn}</td><td rowspan="3">T_{A_k}</td><td rowspan="3">$\bar{x}_{A_k}$</td></tr>
<tr><td>$T_{A_kB_j}$</td><td>$T_{A_kB_1}$</td><td>$T_{A_kB_2}$</td><td>…</td><td>$T_{A_kB_m}$</td></tr>
<tr><td>$\bar{x}_{A_kB_j}$</td><td>$\bar{x}_{A_kB_1}$</td><td>$\bar{x}_{A_kB_2}$</td><td>…</td><td>$\bar{x}_{A_kB_m}$</td></tr>
<tr><td colspan="2">B 总和T_{B_j}</td><td>T_{B_1}</td><td>T_{B_2}</td><td>…</td><td>T_{B_m}</td><td>T</td><td></td></tr>
<tr><td colspan="2">B 平均$\bar{x}_{B_j}$</td><td>$\bar{x}_{B_1}$</td><td>$\bar{x}_{B_2}$</td><td>…</td><td>$\bar{x}_{B_m}$</td><td></td><td>$\bar{x}$</td></tr>
</table>

$$SS_T = SS_{AB} + SS_e\text{；}\ df_T = df_{AB} + df_e$$

又因处理变异可剖分为 A 因子、B 因子及 A、B 二因子交互作用变异 3 部分，即 $SS_{AB} = SS_A + SS_B + SS_{A\times B}$，$SS_{A\times B}$、$df_{A\times B}$分别为处理（水平组合）的平方和与处理（水平组合的）自由度，于是试验的总变异可剖分为 4 部分

$$SS_T = SS_A + SS_B + SS_{A\times B} + SS_e\text{；}\ df_T = df_A + df_B + df_{A\times B} + df_e$$

例 3–5　选用 3 种不同的饲料和 3 个不同的品种进行猪的育肥试验，试验猪的增重如表 3-23，试检验不同饲料和品种在增重上有无差异？何种饲料与品种的增重效果最好？

表 3-23　3 种饲料对 3 个品种猪的育肥试验资料　（单位：kg）

<table>
<tr><td rowspan="2">饲料</td><td colspan="3">品种</td><td rowspan="2">T_{A_i}</td><td rowspan="2">$\bar{x}_{A_i}$</td></tr>
<tr><td>B_1</td><td>B_2</td><td>B_3</td></tr>
<tr><td rowspan="2">A_1</td><td>42.60</td><td>36.20</td><td>43.40</td><td rowspan="4">239.9</td><td rowspan="4">39.98</td></tr>
<tr><td>38.90</td><td>37.80</td><td>41.00</td></tr>
<tr><td>$T_{A_1B_j}$</td><td>81.5</td><td>74</td><td>84.4</td></tr>
<tr><td>$\bar{x}_{A_1B_j}$</td><td>40.75</td><td>37</td><td>42.2</td></tr>
<tr><td rowspan="2">A_2</td><td>54.50</td><td>49.80</td><td>58.60</td><td rowspan="2">320.9</td><td rowspan="2">53.48</td></tr>
<tr><td>50.50</td><td>51.50</td><td>56.00</td></tr>
</table>

（续表）

饲料	品种			T_{A_i}	$\bar{x}_{A_i}$
	B_1	B_2	B_3		
$T_{A_2B_j}$	105	101.3	114.6	320.9	53.48
$\bar{x}_{A_2B_j}$	52.5	50.65	57.3		
A_3	41.60	47.60	52.80	278.2	46.37
	42.80	41.80	51.60		
$T_{A_3B_j}$	84.4	89.4	104.4		
$\bar{x}_{A_3B_j}$	42.2	44.7	52.2		
T_{B_j}	270.9	264.7	303.4	T=839	
$\bar{x}_{B_j}$	45.15	44.12	50.57		$\bar{x}$ =46.61

解：这是一个具有饲料（A）和品种（B）2 个试验因子的试验，饲料（A）因子有$k=3$个水平，品种（B）因子有$m=3$个水平，9 个 $\mathrm{A\times B}$ 水平组合处理，且每个处理有$n=2$个重复。各观测值受到饲料（A）、品种（B）及误差的共同作用。

已知$k=3$，$m=3$，$n=2$，$T=839$。

（1）进行平方和与自由度的剖分。

$$C=\frac{T^2}{kmn}=\frac{839^2}{3\times3\times2}=\frac{703\ 921}{18}=39\ 106.72$$

$$SS_T=\sum\sum x^2-C=39\ 880.36-39\ 106.72=773.64$$

$$SS_{AB}=\frac{1}{n}\sum T_{\mathrm{A}_i\mathrm{B}_j}^2-C=\frac{1}{2}(81.5^2+74^2+\cdots+104.4^2)-39\ 106.72=731.55$$

$$SS_A=\frac{1}{mn}\sum T_{\mathrm{A}_i}^2-C=\frac{1}{3\times2}(239.9^2+320.9^2+278.2^2)-39\ 106.72=547.29$$

$$SS_B=\frac{1}{kn}\sum T_{\mathrm{B}_j}^2-C=\frac{1}{3\times2}(270.9^2+264.7^2+303.4^2)-39\ 106.72=144.03$$

$$SS_{A\times B}=SS_{AB}-SS_A-SS_B=40.23$$

$$SS_e=SS_T-SS_{AB}=42.09$$

总自由度 $df_T=kmn-1=18-1=17$

A、B 因子水平组合的自由度 $df_{AB}=km-1=9-1=8$

A 因子水平处理的自由度 $df_A=k-1=3-1=2$

B 因子水平处理的自由度 $df_B=m-1=3-1=2$

A、B 因子交互自由度 $df_{A\times B}=df_{AB}-df_A-df_B=8-2-2=4$

误差的自由度 $df_e=df_T-df_{AB}=17-8=9$

A 因子水平处理间均方 $MS_A=\frac{SS_A}{df_A}=\frac{547.29}{2}=273.65$

B 因子水平处理间均方 $MS_B=\frac{SS_B}{df_B}=\frac{144.03}{2}=72.02$

误差均方 $MS_e=\frac{SS_e}{df_e}=\frac{42.09}{9}=4.68$

$A\times B$ 因子水平组合的均方 $MS_{A\times B}=\frac{SS_{A\times B}}{df_{A\times B}}=\frac{40.23}{4}=10.06$

（2）列方差分析表（表 3-24），进行 F 检验。

表 3-24　二因子方差分析

变异来源	平方和	自由度	均方	F
A 因子水平处理间	547.29	2	273.65	58.47^{**}
B 因子水平处理间	144.03	2	72.02	15.39^{**}
$A\times B$ 因子水平组合处理	40.23	4	10.06	2.16
误差	42.09	9	4.68	
总变异	773.64	17		

$$F_A=\frac{MS_A}{MS_e}=\frac{273.65}{4.68}=58.47$$

$$F_B=\frac{MS_B}{MS_e}=\frac{72.02}{4.68}=15.39$$

$$F_{A\times B}=\frac{MS_{A\times B}}{MS_e}=\frac{10.11}{4.68}=2.16$$

根据df_A，df_B，$df_{A\times B}$，df_{AB}，df_e，查询F分布表可得，$F_{0.05}(2,9)=4.26$，$F_{0.01}(2,9)=8.02$；$F_{0.05}(4,9)=3.63$，$F_{0.01}(4,9)=6.42$。

$F_A>F_{0.01}(2,9)$，$p<0.01$，表明 A 因子各处理间有极显著差异；$F_B>F_{0.01}(2,9)$，$p<0.01$，表明 B 因子各处理间有极显著差异；$F_{A\times B}<F_{0.05}(4,9)$，$p>0.05$，表明 A、B 因子交互作用无显著差异。

（3）多重比较。

本例 A 因子各处理的 F 检验差异极显著，B 因子各处理 F 检验显著，需对 A 因子和 B 因子各处理进行多重比较；$A\times B$ 水平组合处理 F 检验差异不显著，无须进行多重比较，用 LSD 法。

A 因子各处理多重比较：

①计算标准误。

已知$MS_e=4.68$；$n'=m\times n=6$；

$$s_{\bar{x}_i-\bar{x}_j}=\sqrt{\frac{2MS_e}{n'}}=\sqrt{\frac{2\times 4.68}{6}}=1.25$$

②根据$df_e=9$，查t值表得$t_{0.05}(9)=2.262$，$t_{0.01}(9)=3.250$。

③计算$LSD_{0.05}$和$LSD_{0.01}$的值。

$LSD_{0.05}=2.262\times 1.25=2.83$

$LSD_{0.01}=3.250\times 1.25=4.06$

④列多重比较表（表 3-25）。

⑤得出结论。

A_2 与 A_1、A_3 饲料之间存在极显著的差异，A_1 与 A_3 饲料之间存在极显著差异，A_2 饲料极显著地高于 A_3 和 A_1 饲料，A_3 饲料极显著地高于 A_1 饲料。

表 3-25　***A*** 因子各处理间的多重比较（LSD 法）

处理	平均数 $\bar{x}_i$	$\bar{x}_i-39.98$	$\bar{x}_i-46.37$
A_2	53.48	13.5**	7.11**
A_3	46.37	6.39**	
A_1	39.98		

B 因子各处理多重比较：

①计算标准误。

已知已知$MS_e=4.68$；$n''=k\times n=6$；

$$s_{\bar{x}_i-\bar{x}_j}=\sqrt{\frac{2MS_e}{n''}}=\sqrt{\frac{2\times 4.68}{6}}=1.25$$

②根据$df_e=9$，查t值表得$t_{0.05}(9)=2.262$，$t_{0.01}(9)=3.250$。

③计算$LSD_{0.05}$和$LSD_{0.01}$的值。

$LSD_{0.05}=2.262\times 1.25=2.83$

$LSD_{0.01}=3.250\times 1.25=4.06$

④列多重比较表（表 3-26）。

表 3-26　***B*** 因子各处理间的多重比较（LSD 法）

处理	平均数 $\bar{x}_i$	$\bar{x}_i-44.17$	$\bar{x}_i-45.15$
B_3	50.57	6.4**	5.42**
B_1	45.15	0.98	
B_2	44.17		

⑤得出结论。

B_3 品种极显著地高于 B_1 和 B_2 品种，但 B_1 和 B_2 品种之间差异不显著。（因计算过程有四舍五入现象，与 SPSS 结果可能存在偏差，但不影响结论。）

（4）SPSS 验证：

第一步：录入数据。根据表中数据，建立数据文件，并进行单因子方差（One-Way ANOVA）分析，如图 3-48 所示。

	饲料	品种	增重	变量	变量
1	A1	B1	42.60		
2	A1	B1	38.90		
3	A1	B2	36.20		
4	A1	B2	37.80		
5	A1	B3	43.40		
6	A1	B3	41.00		
7	A2	B1	54.50		
8	A2	B1	50.50		
9	A2	B2	49.80		
10	A2	B2	51.50		
11	A2	B3	58.60		
12	A2	B3	56.00		
13	A3	B1	41.60		
14	A3	B1	42.80		
15	A3	B2	47.60		
16	A3	B2	41.80		
17	A3	B3	52.80		
18	A3	B3	51.60		

（1）数据视图

	名称	类型	宽度	小数	标签	值	缺失
1	饲料	字符串	8	0		无	无
2	品种	字符串	8	0		无	无
3	增重	数值(N)	8	2		无	无
4							

（2）变量视图

图 3-48 录入数据

第二步：单击“分析”→“描述统计”→“探索”，弹出“探索”对话框，选择对话框中左侧的“品种”和“饲料”进入右侧“因子列表”列表框，左侧“增重”进入右侧“因变量列表”；单击“统计量”，弹出对话框中勾选“描述性”，单击“继续”；单击“绘制”，弹出对话框中勾选“带检验的正态图”，单击“继续”后单击“确定”。如图 3-49 至图 3-53 所示。

图 3-49 正态性检验—1

图 3-50　正态性检验—2

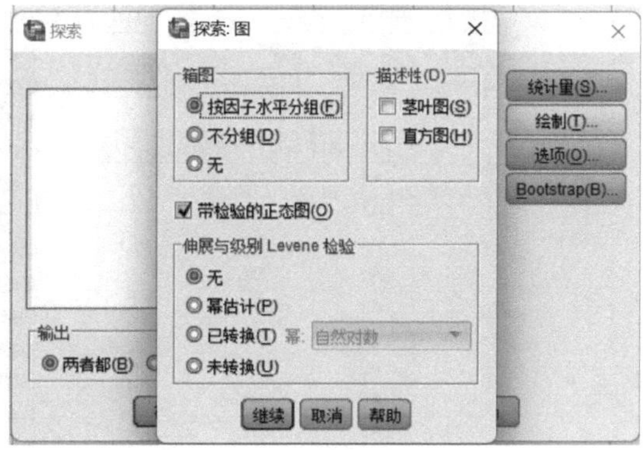

图 3-51　正态性检验—3

正态性检验

	饲料	Kolmogorov-Smirnov[a]			Shapiro-Wilk		
		统计量	df	Sig.	统计量	df	Sig.
增重	A1	.156	6	.200*	.954	6	.771
	A2	.217	6	.200*	.930	6	.580
	A3	.261	6	.200*	.850	6	.159

*. 这是真实显著水平的下限。

a. Lilliefors 显著水平修正

图 3-52　正态性检验—4

正态性检验

	品种	Kolmogorov-Smirnov[a]			Shapiro-Wilk		
		统计量	df	Sig.	统计量	df	Sig.
增重	B1	.319	6	.056	.876	6	.250
	B2	.206	6	.200*	.910	6	.434
	B3	.226	6	.200*	.921	6	.512

*. 这是真实显著水平的下限。

a. Lilliefors 显著水平修正

图 3-53　正态性检验—5

从结果可知，*A* 因子水平处理和 *B* 因子水平各处理观测值概率值均大于 0.05，表明数据资料符合正态性。

第三步：单击“分析”→“一般线性模型”→“单变量”，弹出“单变量”对话框，选择对话框中左侧的“品种”和“饲料”进入右侧“固定因子”列表框，左侧“增重”进入右侧“因变量，单击‘确定’”；单击“模型”按钮，选用在“指定模型”栏中的“全因子”，选择“饲料”和“品种”进入模型，单击“继续”；单击“两两比较”，将“因子”栏中的“饲料”和“品种”选择进入“两两比较检验”栏中，在该对话框中可选择进行均值多重比较的方法，本例选用 LSD 法，单击“继续”；单击“选项”，在对话框下部选择“描述统计”和“方差齐性检验”，单击“继续”。如图 3-54 至图 3-58 所示。

图 3-54 方差分析—1

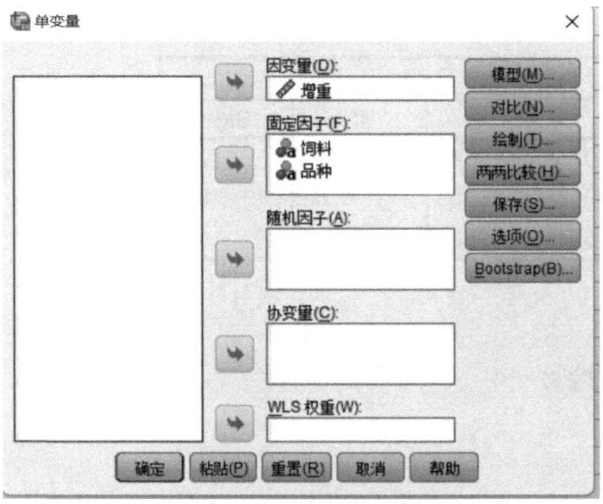

图 3-55 方差分析—2

图 3-56 方差分析—3

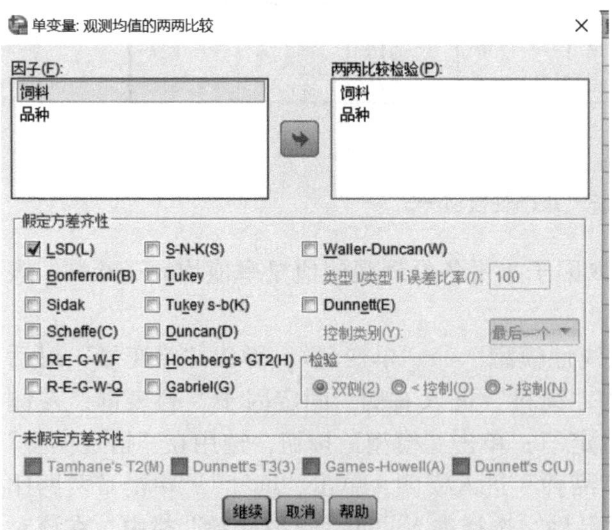

图 3-57 方差分析—4

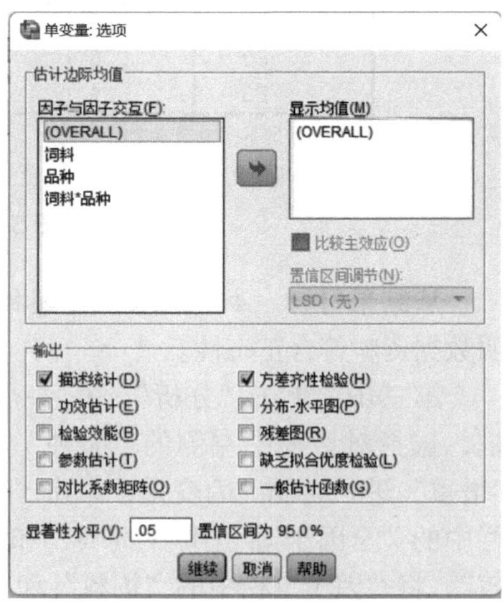

图 3-58 方差分析—5

第四步：单击“确定”按钮，得到输出结果，如图 3-59 至图 3-62 所示。

误差方差等同性的 Levene 检验[a]

因变量: 增重

F	df1	df2	Sig.
.	8	9	.

检验零假设，即在所有组中因变量的误差方差均相等。

a. 设计 : 饲料 + 品种 + 饲料 * 品种

图 3-59　分析结果—1

主体间效应的检验

因变量: 增重

源	III 型平方和	df	均方	F	Sig.
模型	39838.270[a]	9	4426.474	946.502	.000
饲料	547.288	2	273.644	58.513	.000
品种	144.021	2	72.011	15.398	.001
饲料 * 品种	40.239	4	10.060	2.151	.156
误差	42.090	9	4.677		
总计	39880.360	18			

a. R 方 = .999（调整 R 方 = .998）

图 3-60　分析结果—2

多个比较

因变量: 增重
LSD

(I) 饲料	(J) 饲料	均值差值 (I-J)	标准 误差	Sig.	95% 置信区间 下限	95% 置信区间 上限
A1	A2	-13.5000*	1.24855	.000	-16.3244	-10.6756
	A3	-6.3833*	1.24855	.001	-9.2078	-3.5589
A2	A1	13.5000*	1.24855	.000	10.6756	16.3244
	A3	7.1167*	1.24855	.000	4.2922	9.9411
A3	A1	6.3833*	1.24855	.001	3.5589	9.2078
	A2	-7.1167*	1.24855	.000	-9.9411	-4.2922

基于观测到的均值。
误差项为均值方 (错误) = 4.677。
*. 均值差值在 .05 级别上较显著。

图 3-61　分析结果—3

多个比较

因变量: 增重
LSD

(I) 品种	(J) 品种	均值差值 (I-J)	标准 误差	Sig.	95% 置信区间 下限	95% 置信区间 上限
B1	B2	1.0333	1.24855	.429	-1.7911	3.8578
	B3	-5.4167*	1.24855	.002	-8.2411	-2.5922
B2	B1	-1.0333	1.24855	.429	-3.8578	1.7911
	B3	-6.4500*	1.24855	.001	-9.2744	-3.6256
B3	B1	5.4167*	1.24855	.002	2.5922	8.2411
	B2	6.4500*	1.24855	.001	3.6256	9.2744

基于观测到的均值。
误差项为均值方 (错误) = 4.677。
*. 均值差值在 .05 级别上较显著。

图 3-62　分析结果—4

由图 3-59 可以看出，误差方差等同性检验，$p>0.05$，说明所有组中因变量的误差方差均相等，表明方差齐性；饲料（A）：$F=58.513$，$p<0.01$，可认为不同饲料之间存在极显著的差异；品种（B）：$F=15.398$，$p<0.01$，可认为不同品种之间存在极显著的差异；饲料 × 品种（$A\times B$）的交互作用：$F=2.151$，$p>0.05$，可认为不同饲料与不同品种之间的交互作用的差异不显著。

多重比较结果分析：A_1、A_2、A_3 3 种饲料之间存在极显著的差异，A_2 饲料极显著地高于 A_3 和 A_1 饲料，A_3 饲料极显著地高于 A_1 饲料。B_3 品种极显著地高于 B_1 和 B_2 品种，但 B_1 和 B_2 品种之间差异不显著。

二、二因子系统分组试验的方差分析

二因子试验除交叉分组的方式之外，还有系统分组的试验方式。系统分组是指先按 A 因子的 k 个水平分为 k 组，不同的组再按 B 因子的水平进行分组，然后不同的组再按 C 因子的水平进行分组，这种分组方式在畜牧试验中又称窝设计或窝组，根据试验目的把因子分为主次，最主要的因子称为一级因子，在一级因子的各水平内，再分出次要因子的各个水平。次要因子称为二级因子（或次级因子）。因为次级因子同一水平在一级因子的不同水平中有不同的效应，因此必须把一级因子不同水平中的次级因子同一水平看作是不同的水平，这样一级因子不同水平下，次级因子的水平数可以相等，也可以不相等。

由系统分组方式安排的多因素试验而得到的资料称为系统分组资料。根据次级样本含量是否相等，系统分组资料分为次级样本含量相等与不相等两种。最简单的系统分组资料是二因子系统分组资料。

系统分组的方式像一棵倒立的树，如图 3-63、图 3-64 所示。

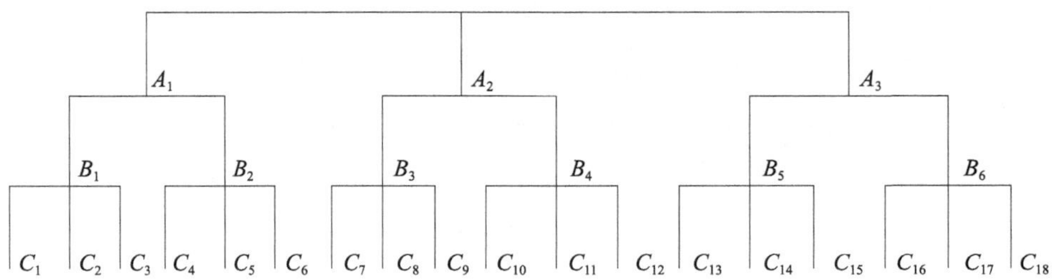

图 3-63　次级因子水平数量相等的系统分组

（A—公畜；B—母畜；C—仔畜）

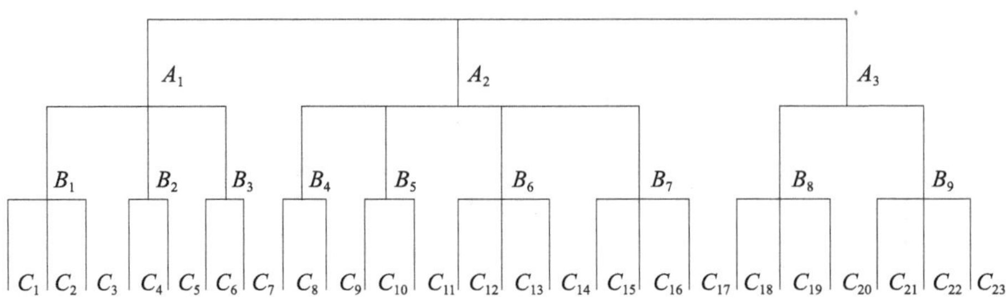

图 3-64　次级因子水平数量不等的系统分组

（A—公畜；B—母畜；C—仔畜）

（一）次级因子水平数量相等的方差分析

次级因子水平数量相等的方差分析不同于交叉分组试验因子平等情况，是特指次级样本含量相等的系统分组资料的方差分析；在畜牧试验设计中，经常用来进行遗传育种试验，以测定种畜的种用价值。

例 3-6 某品种 4 头公猪与 8 头母猪交配所产仔猪的 6 月龄的背膘厚（单位：mm）资料见表 3-27。分析不同公猪和不同母猪对仔猪 6 月龄背膘厚的影响是否有差异？

表 3-27 猪 6 月龄的背膘厚资料 （单位：mm）

公猪号	母猪号	仔猪 6 月龄背膘厚			
1	1	29	32	31	32
	2	32	30	27	31
2	3	33	29	31	32
	4	33	36	29	27
3	5	38	34	37	36
	6	31	28	32	30
4	7	29	33	29	30
	8	32	30	35	29

操作步骤：

第一步：录入数据，如图 3-65 所示。

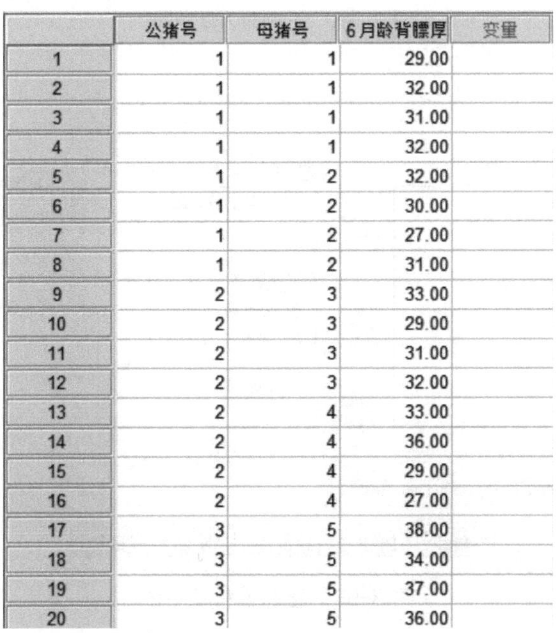

	公猪号	母猪号	6月龄背膘厚	变量
1	1	1	29.00	
2	1	1	32.00	
3	1	1	31.00	
4	1	1	32.00	
5	1	2	32.00	
6	1	2	30.00	
7	1	2	27.00	
8	1	2	31.00	
9	2	3	33.00	
10	2	3	29.00	
11	2	3	31.00	
12	2	3	32.00	
13	2	4	33.00	
14	2	4	36.00	
15	2	4	29.00	
16	2	4	27.00	
17	3	5	38.00	
18	3	5	34.00	
19	3	5	37.00	
20	3	5	36.00	

（1）数据视图

	名称	类型	宽度	小数	标签	值	缺失
1	公猪号	数值(N)	8	0		无	无
2	母猪号	数值(N)	8	0		无	无
3	6月龄背膘厚	数值(N)	8	2		无	无
4							

（2）变量视图

图 3-65 数据录入

第二步：单击“分析”→“描述统计”→“探索”，弹出“探索”对话框，选择对话框中左侧的“公猪号”和“母猪号”进入右侧“因子列表”列表框，左侧“6 月龄背膘厚”进入右侧“因变量列表”；单击“统计量”，弹出对话框中勾选“描述性”，单击“继续”；单击“绘制”，弹出对话框中勾选“带检验的正态图”，单击“继续”后，再单击“确定”。如图 3-66 至图 3-70 所示。

图 3-66 正态性检验—1

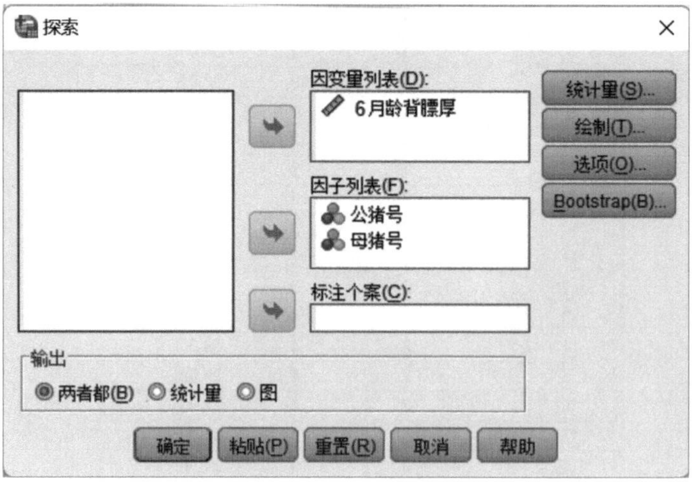

图 3-67 正态性检验—2

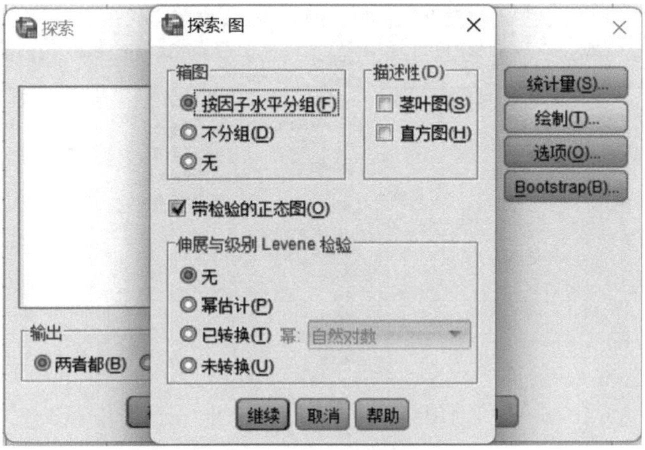

图 3-68　正态性检验—3

正态性检验

	公猪号	Kolmogorov-Smirnov[a]			Shapiro-Wilk		
		统计量	df	Sig.	统计量	df	Sig.
6 月龄背膘厚	1	.236	8	.200*	.850	8	.095
	2	.159	8	.200*	.970	8	.897
	3	.154	8	.200*	.957	8	.778
	4	.277	8	.070	.843	8	.080

*. 这是真实显著水平的下限。

a. Lilliefors 显著水平修正

图 3-69　正态性检验—4

正态性检验

	母猪号	Kolmogorov-Smirnov[a]			Shapiro-Wilk		
		统计量	df	Sig.	统计量	df	Sig.
6 月龄背膘厚	1	.151	16	.200*	.905	16	.096
	2	.126	16	.200*	.958	16	.629

*. 这是真实显著水平的下限。

a. Lilliefors 显著水平修正

图 3-70　正态性检验—5

第三步：单击“分析”→“一般线性模型”→“单变量”，弹出“单变量”对话框，选择对话框中左侧的“公猪号”和“母猪号”进入右侧“固定因子”列表框，左侧“六月龄背膘厚”进入右侧“因变量，单击确定”；单击“模型”按钮，选用在“指定模型”栏中的“全因子”，选择“公猪号”和“母猪号”进入模型，单击“继续”；单击“对比”按钮，选用“对比栏”中“更改对比”，选用“简单”，单机“继续”；单击“两两比较”，将“因子”栏中的“公猪号”和“母猪号”选择进入“两两比较检验”栏中，在该对话框中可选择进行均值多重比较的方法，本例选用 LSD 法，单击“继续”；单击“选项”，在对话框下部选择“描述统计”和“方差齐性检验”，单击继续。如图 3-71 至图 3-75 所示。

图 3-71 方差分析—1

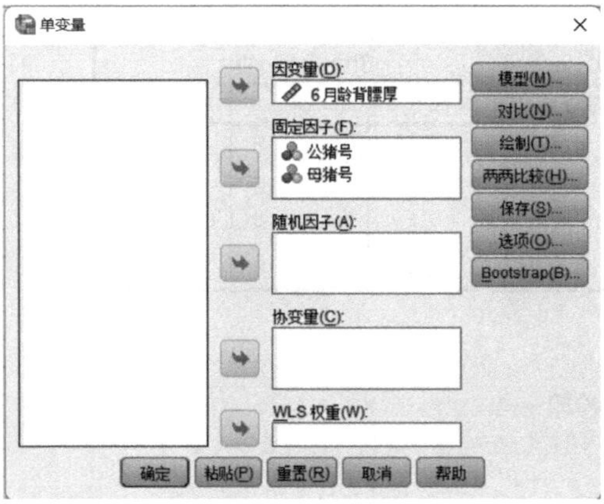

图 3-72 方差分析—2

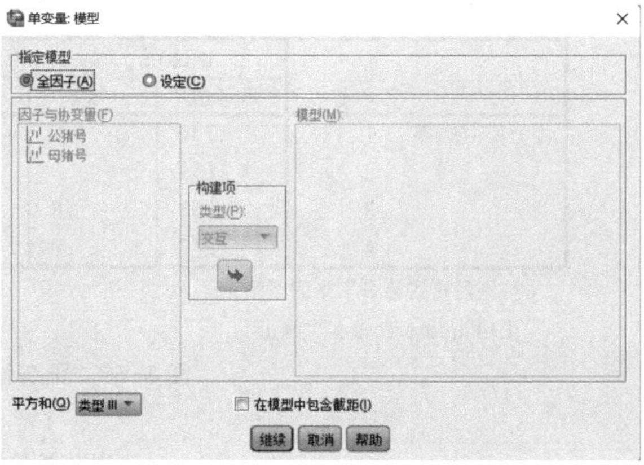

图 3-73 方差分析—3

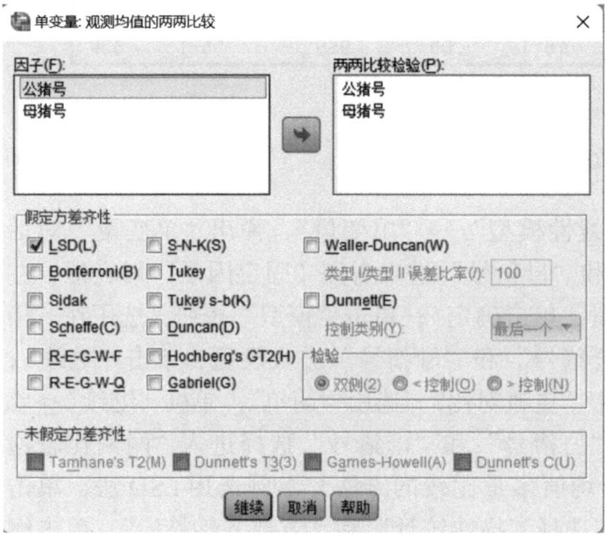

图 3-74 方差分析—4

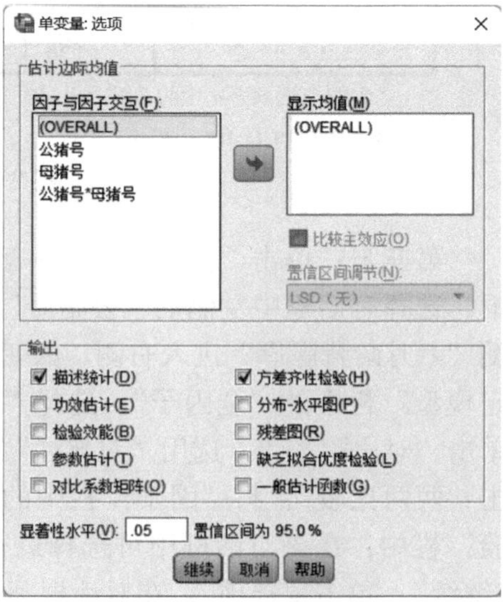

图 3-75 方差分析—5

第四步：单击“确定”按钮，得到输出结果，如图 3-76 至图 3-79 所示。

误差方差等同性的 Levene 检验[a]

因变量：6 月龄背膘厚

F	df1	df2	Sig.
1.724	7	24	.151

检验零假设，即在所有组中因变量的误差方差均相等。

a. 设计：公猪号 + 母猪号 + 公猪号 * 母猪号

图 3-76　方差分析结果—1

主体间效应的检验

因变量：仔猪六月龄背膘厚

源	Ⅰ型平方和	df	均方	F	Sig.
校正模型	113.219[a]	7	16.174	3.063	.019
截距	31689.031	1	31689.031	6000.290	.000
公猪号	36.094	3	12.031	2.278	.105
母猪号	77.125	4	19.281	3.651	.018
公猪号 * 母猪号	.000	0	.	.	.
误差	126.750	24	5.281		
总计	31929.000	32			
校正的总计	239.969	31			

a. R 方 = .472（调整 R 方 = .318）

图 3-77　方差分析结果—2

图 3-77 结果表明：

（1）公猪。F=2.278，p 值为 0.105，$p>0.05$，表明 4 头公猪的仔猪 6 月龄背膘厚之间差异不显著。

（2）母猪。F=3.651，p 值为 0.018，$p<0.05$，表明同一头公猪内不同母猪的仔猪 6 月龄背膘厚之间差异显著。

多个比较

因变量：六月龄背膘厚

LSD

(I) 母猪号	(J) 母猪号	均值差值 (I-J)	标准 误差	Sig.	95% 置信区间 下限	95% 置信区间 上限
1	2	1.0000	1.62500	.544	-2.3538	4.3538
	3	-.2500	1.62500	.879	-3.6038	3.1038
	4	-.2500	1.62500	.879	-3.6038	3.1038
	5	-5.2500*	1.62500	.004	-8.6038	-1.8962
	6	.7500	1.62500	.649	-2.6038	4.1038
	7	.7500	1.62500	.649	-2.6038	4.1038
	8	-.5000	1.62500	.761	-3.8538	2.8538
2	1	-1.0000	1.62500	.544	-4.3538	2.3538
	3	-1.2500	1.62500	.449	-4.6038	2.1038
	4	-1.2500	1.62500	.449	-4.6038	2.1038
	5	-6.2500*	1.62500	.001	-9.6038	-2.8962
	6	-.2500	1.62500	.879	-3.6038	3.1038
	7	-.2500	1.62500	.879	-3.6038	3.1038
	8	-1.5000	1.62500	.365	-4.8538	1.8538
3	1	.2500	1.62500	.879	-3.1038	3.6038
	2	1.2500	1.62500	.449	-2.1038	4.6038
	4	.0000	1.62500	1.000	-3.3538	3.3538
	5	-5.0000*	1.62500	.005	-8.3538	-1.6462
	6	1.0000	1.62500	.544	-2.3538	4.3538
	7	1.0000	1.62500	.544	-2.3538	4.3538
	8	-.2500	1.62500	.879	-3.6038	3.1038

图 3-78　方差分析结果—3

4	1	.2500	1.62500	.879	-3.1038	3.6038
	2	1.2500	1.62500	.449	-2.1038	4.6038
	3	.0000	1.62500	1.000	-3.3538	3.3538
	5	-5.0000*	1.62500	.005	-8.3538	-1.6462
	6	1.0000	1.62500	.544	-2.3538	4.3538
	7	1.0000	1.62500	.544	-2.3538	4.3538
	8	-.2500	1.62500	.879	-3.6038	3.1038
5	1	5.2500*	1.62500	.004	1.8962	8.6038
	2	6.2500*	1.62500	.001	2.8962	9.6038
	3	5.0000*	1.62500	.005	1.6462	8.3538
	4	5.0000*	1.62500	.005	1.6462	8.3538
	6	6.0000*	1.62500	.001	2.6462	9.3538
	7	6.0000*	1.62500	.001	2.6462	9.3538
	8	4.7500*	1.62500	.007	1.3962	8.1038
6	1	-.7500	1.62500	.649	-4.1038	2.6038
	2	.2500	1.62500	.879	-3.1038	3.6038
	3	-1.0000	1.62500	.544	-4.3538	2.3538
	4	-1.0000	1.62500	.544	-4.3538	2.3538
	5	-6.0000*	1.62500	.001	-9.3538	-2.6462
	7	.0000	1.62500	1.000	-3.3538	3.3538
	8	-1.2500	1.62500	.449	-4.6038	2.1038
7	1	-.7500	1.62500	.649	-4.1038	2.6038
	2	.2500	1.62500	.879	-3.1038	3.6038
	3	-1.0000	1.62500	.544	-4.3538	2.3538
	4	-1.0000	1.62500	.544	-4.3538	2.3538
	5	-6.0000*	1.62500	.001	-9.3538	-2.6462
	6	.0000	1.62500	1.000	-3.3538	3.3538
	8	-1.2500	1.62500	.449	-4.6038	2.1038
8	1	.5000	1.62500	.761	-2.8538	3.8538
	2	1.5000	1.62500	.365	-1.8538	4.8538
	3	.2500	1.62500	.879	-3.1038	3.6038
	4	.2500	1.62500	.879	-3.1038	3.6038
	5	-4.7500*	1.62500	.007	-8.1038	-1.3962
	6	1.2500	1.62500	.449	-2.1038	4.6038
	7	1.2500	1.62500	.449	-2.1038	4.6038

基于观测到的均值。
误差项为均值方 (错误) = 5.281。
*. 均值差值在 .05 级别上较显著。

图 3-78　方差分析结果—3（续）

图 3-78 结果表明：

不同母猪多重比较结果见图 3-78，结果表明，5 号母猪的 6 月龄背膘厚度显著高于其他母猪。

（二）次级因子水平数量不等的方差分析

次级因子水平数量不等的方差分析是特指次级样本含量不相等的情况下的方差分析方法，与次级因子水平数量相等情况下的分析方法类似，仅在平方和、自由度的剖分方式上略有差异。

例 3-7　5 头公牛与 16 头母牛交配，其子代母牛第 1 胎 305 d 产奶量资料见表 3-28。

表 3-28　公牛所配母牛的子代母牛产奶量　（单位：t）

公牛号	母牛号	子代母牛产奶量			
1	1	5.6	5.8	6.1	5.7
	2	5.6	5.0	5.3	
	3	5.3	5.6	5.9	
2	4	7.2	6.9		
	5	7.0	7.3		
	6	4.6	4.3	4.8	4.7
3	7	5.1	4.8		
	8	4.2	4.4	4.6	
	9	4.8	4.6		
4	10	6.1	6.5	6.3	
	11	5.9	6.1		
	12	6.3	6.6		
5	13	4.2	4.5	4.8	
	14	4.8	4.6		
	15	4.7	4.4		
	16	4.3	4.5	4.6	4.2

操作步骤：

第一步：录入数据，如图 3-79 所示。

	公牛号	母牛号	子代母牛产奶量	变量
1	1	1	5.60	
2	1	1	5.80	
3	1	1	6.10	
4	1	1	5.70	
5	1	2	5.60	
6	1	2	5.00	
7	1	2	5.30	
8	1	3	5.30	
9	1	3	5.60	
10	1	3	5.90	
11	2	4	7.20	
12	2	4	6.90	
13	2	5	7.00	
14	2	5	7.30	
15	2	6	4.60	
16	2	6	4.30	
17	2	6	4.80	
18	2	6	4.70	
19	3	7	5.10	

（1）数据视图

	名称	类型	宽度	小数	标签	值	缺失
1	公牛号	数值(N)	8	0		无	无
2	母牛号	数值(N)	8	0		无	无
3	子代母牛产…	数值(N)	8	2		无	无
4							
5							

（2）变量视图

图 3-79 录入数据

第二步：单击“分析”→“描述统计”→“探索”，弹出“探索”对话框，选择对话框中左侧的“公牛号”和“母牛号”进入右侧“因子列表”列表框，左侧“子代母牛产奶量”进入右侧“因变量列表”；单击“统计量”，弹出对话框中勾选“描述性”，单击“继续”；单击“绘制”，弹出对话框中勾选“带检验的正态图”，单击“继续”后，再单击“确定”。如图 3-80 至图 3-84 所示。

图 3-80 正态性检验—1

图 3-81 正态性检验—2

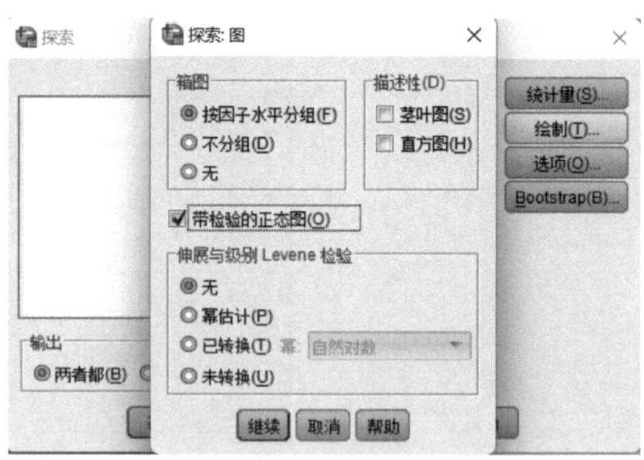

图 3-82 正态性检验—3

正态性检验

	公牛号	Kolmogorov-Smirnov[a]			Shapiro-Wilk		
		统计量	df	Sig.	统计量	df	Sig.
子代母牛产奶量	1	.212	10	.200*	.967	10	.864
	2	.282	8	.061	.783	8	.019
	3	.156	7	.200*	.975	7	.934
	4	.169	7	.200*	.960	7	.821
	5	.120	11	.200*	.931	11	.424

*. 这是真实显著水平的下限。

a. Lilliefors 显著水平修正

图 3-83　正态性检验—4

正态性检验

	母牛号	Kolmogorov-Smirnov[a]			Shapiro-Wilk		
		统计量	df	Sig.	统计量	df	Sig.
子代母牛产奶量	1	.250	4	.	.927	4	.577
	2	.175	3	.	1.000	3	1.000
	3	.175	3	.	1.000	3	1.000
	4	.260	2	.			
	5	.260	2	.			
	6	.250	4	.	.927	4	.577
	7	.260	2	.			
	8	.175	3	.	1.000	3	1.000
	9	.260	2	.			
	10	.175	3	.	1.000	3	1.000
	11	.260	2	.			
	12	.260	2	.			
	13	.175	3	.	1.000	3	1.000
	14	.260	2	.			
	15	.260	2	.			
	16	.208	4	.	.950	4	.714

a. Lilliefors 显著水平修正

图 3-84　正态性检验—5

从结果可知，公牛号与子代母牛产量、母牛号与子代母牛产量各处理观测值除 2 号母牛子代产奶量概率小于 0.05，其余概率值均大于 0.05，可能是由于 2 号母牛子代产奶量数据差异较大，但方差分析关注因变量，故不影响结果使用。数据资料符合正态性。

第三步：单击“分析”→“一般线性模型”→“单变量”，弹出“单变量”对话框，选择对话框中左侧的“公牛号”和“母牛号”进入右侧“固定因子”列表框，左侧“自带母牛产量”进入右侧“因变量，单击‘确定’”；单击“模型”按钮，选用在“指定模型”栏中的“全因子”，选择“公牛号”和“母牛号”进入模型，单击“继续”；单击“两两比较”，将“因子”栏中的“公牛号”和“母牛号”选择进入“两两比较检验”栏中，在该对话框中可选择进行均值多重比较的方法，本例选用 LSD 法，单击“继续”；单击“选项”，在对话框下部选择“描述统计”和“方差齐性检验”，单击“继续”。如图 3-85 至图 3-89 所示。

图 3-85　方差分析—1

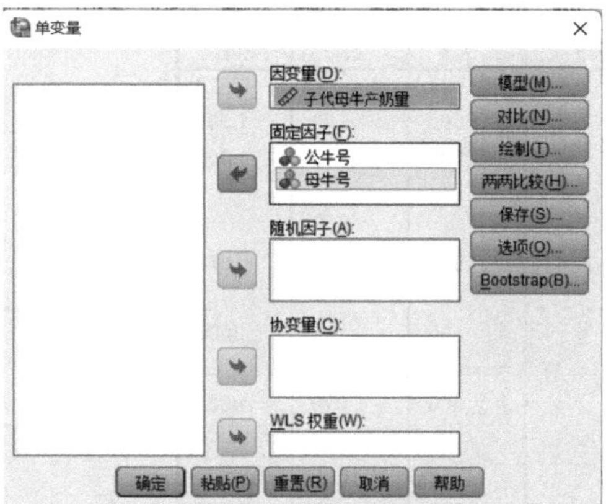

图 3-86　方差分析—2

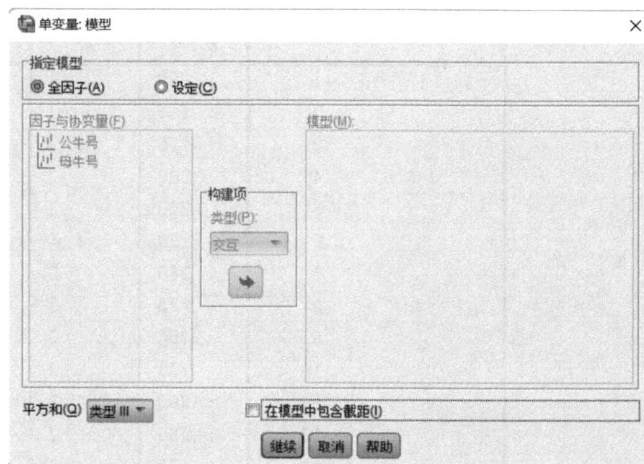

图 3-87　方差分析—3

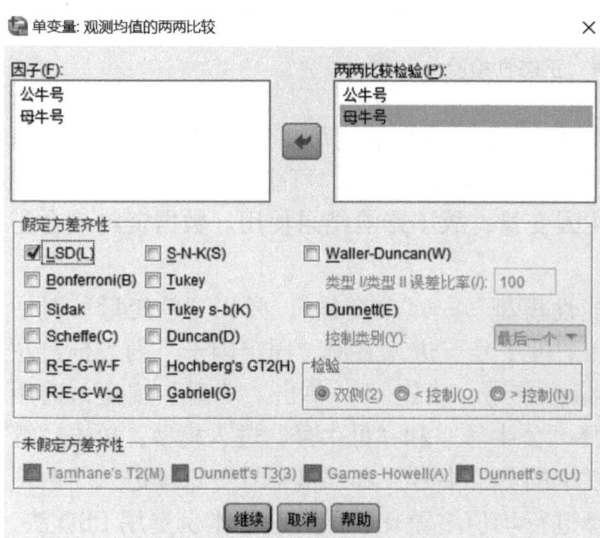

图 3-88　方差分析—4

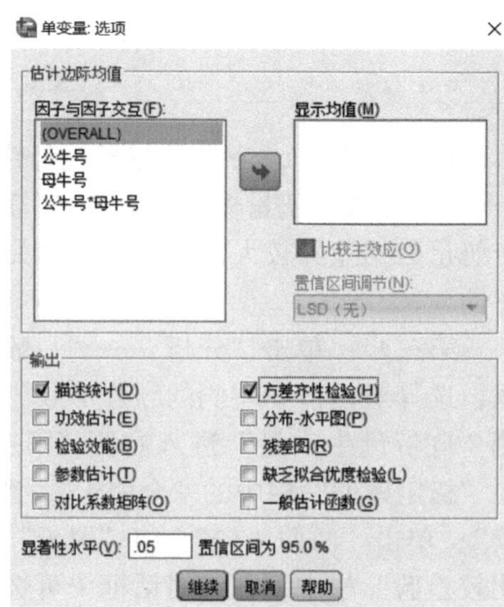

图 3-89　方差分析—5

第四步：单击“确定”按钮，得到输出结果，如图 3-90 至图 3-93 所示。

误差方差等同性的 Levene 检验[a]

因变量: 子代母牛产奶量

F	df1	df2	Sig.
.205	15	27	.999

检验零假设，即在所有组中因变量的误差方差均相等。

a. 设计 : 截距 + 公牛号 + 母牛号 + 公牛号 * 母牛号

图 3-90　分析结果—1

主体间效应的检验

因变量: 子代母牛产奶量

源	I 型平方和	df	均方	F	Sig.
校正模型	33.214[a]	15	2.214	43.798	.000
截距	1215.301	1	1215.301	24038.929	.000
公牛号	19.566	4	4.892	96.756	.000
母牛号	13.647	11	1.241	24.541	.000
公牛号 * 母牛号	.000	0	.	.	.
误差	1.365	27	.051		
总计	1249.880	43			
校正的总计	34.579	42			

a. R 方 = .961（调整 R 方 = .939）

图 3-91　分析结果—2

多个比较

因变量: 子代母牛产奶量
LSD

(I) 公牛号	(J) 公牛号	均值差值 (I-J)	标准 误差	Sig.	95% 置信区间	
					下限	上限
1	2	-.2600*	.10665	.022	-.4788	-.0412
	3	.9471*	.11081	.000	.7198	1.1745
	4	-.6671*	.11081	.000	-.8945	-.4398
	5	1.0809*	.09824	.000	.8793	1.2825
2	1	.2600*	.10665	.022	.0412	.4788
	3	1.2071*	.11637	.000	.9684	1.4459
	4	-.4071*	.11637	.002	-.6459	-.1684
	5	1.3409*	.10448	.000	1.1265	1.5553
3	1	-.9471*	.11081	.000	-1.1745	-.7198
	2	-1.2071*	.11637	.000	-1.4459	-.9684
	4	-1.6143*	.12019	.000	-1.8609	-1.3677
	5	.1338	.10871	.229	-.0893	.3568
4	1	.6671*	.11081	.000	.4398	.8945
	2	.4071*	.11637	.002	.1684	.6459
	3	1.6143*	.12019	.000	1.3677	1.8609
	5	1.7481*	.10871	.000	1.5250	1.9711
5	1	-1.0809*	.09824	.000	-1.2825	-.8793
	2	-1.3409*	.10448	.000	-1.5553	-1.1265
	3	-.1338	.10871	.229	-.3568	.0893
	4	-1.7481*	.10871	.000	-1.9711	-1.5250

基于观测到的均值。
误差项为均值方 (错误) = .051。

*. 均值差值在 .05 级别上较显著。

图 3-92　分析结果—3

多个比较

因变量: 子代母牛产奶量

LSD

(I) 母牛号	(J) 母牛号	均值差值 (I-J)	标准 误差	Sig.	95% 置信区间	
					下限	上限
1	2	.5000*	.17173	.007	.1476	.8524
	3	.2000	.17173	.254	-.1524	.5524
	4	-1.2500*	.19472	.000	-1.6495	-.8505
	5	-1.3500*	.19472	.000	-1.7495	-.9505
	6	1.2000*	.15899	.000	.8738	1.5262
	7	.8500*	.19472	.000	.4505	1.2495
	8	1.4000*	.17173	.000	1.0476	1.7524
	9	1.1000*	.19472	.000	.7005	1.4995
	10	-.5000*	.17173	.007	-.8524	-.1476
	11	-.2000	.19472	.313	-.5995	.1995
	12	-.6500*	.19472	.002	-1.0495	-.2505
	13	1.3000*	.17173	.000	.9476	1.6524
	14	1.1000*	.19472	.000	.7005	1.4995
	15	1.2500*	.19472	.000	.8505	1.6495
	16	1.4000*	.15899	.000	1.0738	1.7262
2	1	-.5000*	.17173	.007	-.8524	-.1476
	3	-.3000	.18359	.114	-.6767	.0767
	4	-1.7500*	.20526	.000	-2.1711	-1.3289
	5	-1.8500*	.20526	.000	-2.2711	-1.4289
	6	.7000*	.17173	.000	.3476	1.0524

图 3-93 分析结果—4

以上结果表明：5 头公牛的子代母牛第 1 胎 305 d 产奶量之间，3 号公牛与 5 号公牛子代母牛产奶量差异不显著外，其余公牛的子代母牛产奶量之间均为差异极显著。

任务 筹划

二因子方差分析基本步骤如图 3-94 所示。

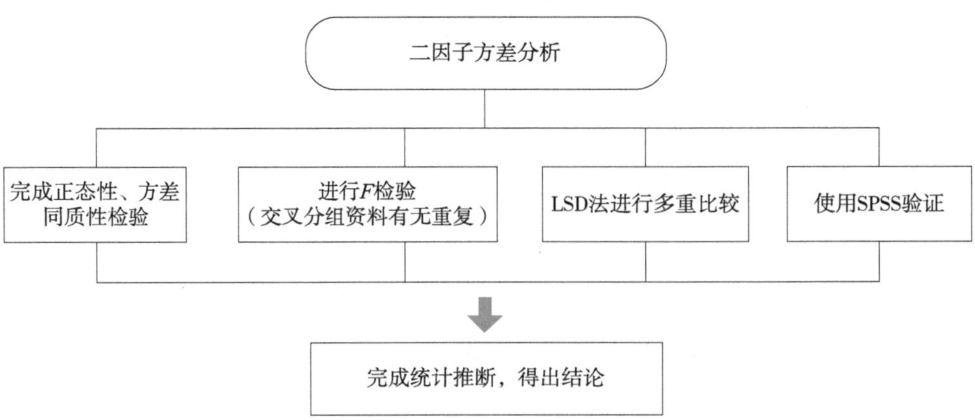

图 3-94 二因子方差分析基本步骤

任务实施

步骤一：

步骤二：

步骤三：

步骤四：

步骤五：

任务检测

二维码 3-4

使用微信小程序扫码进入在线测试，可多次答题，直到获得满意的结果。

任务评价

根据任务完成情况，进行任务评价，详见表 3-29。

表 3-29　工作任务完成过程评价

班级：________　姓名：________　学号：________

项目	评分标准	分值	自我评价	小组评价	教师评价
知识技能	正确掌握二因子方差分析的步骤	25			
实操技能	能够正确利用 SPSS 进行正态性检验和方差同质性检验	25			
	能够正确利用 SPSS 进行二因子方差分析	25			
	能够进行准确的统计推断	25			
合计		100			
自我评价与总结					
教师点评					

项目四　χ^2 检验

项目导读

在畜牧、水产等科学研究中，除对计量资料进行统计分析以外，还常需要对次数资料、等级资料进行分析，这类资料属于离散性变数资料，服从二项分布或多项分布，其统计分析方法不同于服从正态分布的计量资料，通常利用 χ^2（卡方）检验进行统计分析，可分适合性检验和独立性检验两大类。

知识目标

了解 χ^2 检验与 t 检验及方差分析的区别；
能准确复述 χ^2 检验的分类，理解 χ^2 检验的基本意义与原理；
能准确理解适合性检验与独立性检验的概念。

技能目标

熟练掌握适合性检验的方法步骤，并能进行 SPSS 的适合性检验；
熟练掌握独立性检验的方法步骤，并能进行 SPSS 的适合性检验。

素质目标

通过 χ^2 检验的学习，培养学生的统计思维和科学精神；
通过独立性检验与适合性检验异同点的学习，培养学生的辩证思维和用统计思维解决生产中的实际问题的能力。

任务一　χ^2 检验的基本意义与原理

任务导入

χ^2 检验常用于计数资料的显著性检验，其基本思想在于比较理论频数与实际频数之间的符合程度，χ^2 值描述两个事件的独立性或实际观察值与期望值的偏离程度。

任务：根据遗传学理论，动物的性别比例是 1∶1。统计某羊场一年所产的 876 只羔羊中，有公羔羊 428 只，母羔羊 448 只。按 1∶1 的性别比例计算，公、母羔羊均应为 438 只。以 O 表示实际观察次数，E 表示理论次数，可将上述情况列成表 4-1；请分组讨论如何判断该羊场的羔羊性别是否符合 1∶1 的自然规律。

表 4-1　羔羊性别实际观察次数与理论次数

性别	实际观察次数 O	理论次数 E	$O-E$	$(O-E)^2/E$
公	428（O_1）	438（E_1）	−10	0.228 3
母	448（O_2）	438（E_2）	10	0.228 3
合计	876	876	0	0.456 6

任务工单

班级：________________　　姓名：________________　　学号：______________

任务名称	χ^2 检验的基本意义与原理
任务描述	任务内容：检验分析实际观察次数与理论次数的偏离程度，进而判断调查试验结果是否符合动物性别 1∶1 的自然规律。 任务目的：通过 χ^2 检验意义及原理的学习，掌握 χ^2 显著性检验的步骤方法。 任务流程：①查阅资料信息，掌握知识技能；②分组讨论分析；③检验该羊场羔羊性别比例是否符合 1∶1 的自然规律，完成任务。 任务方法：资料查阅法、实践操作法。
获取信息	要完成任务，需要掌握相关的知识。请收集资料，回答以下问题： 1. χ^2 检验的意义是什么？ 2. χ^2 检验的原理是什么？ 3. χ^2 显著性检验的步骤是什么？ 4. 什么情况下需要进行 χ^2 的连续性矫正？
制订计划	

（续表）

<table>
<tr><td rowspan="6">任务实施</td><td colspan="4">按照预先制订的工作计划，完成本任务，并记录任务实施过程。</td></tr>
<tr><td>序号</td><td>完成的任务</td><td>遇到的问题</td><td>解决的办法</td></tr>
<tr><td></td><td></td><td></td><td></td></tr>
<tr><td></td><td></td><td></td><td></td></tr>
<tr><td></td><td></td><td></td><td></td></tr>
<tr><td></td><td></td><td></td><td></td></tr>
</table>

任务准备

一、χ^2 检验的意义

生产或试验中要判断实际观测值与理论期望值是否相符，即调查试验结果是否符合既定的自然规律或经典理论值，如遗传上的 1∶1，3∶1，9∶3∶3∶1，这就适合用 χ^2 检验。

如果没有既定的经典理论值，还可以按比例计算理论值，再与实际值进行比较，以确定两个事物彼此之间是否独立无关或相关，这就是 χ^2 的独立性检验。

在以上任务中，从表 4-1 看到，实际观察次数与理论次数存在一定的差异，这里公、母羔羊各相差 10 只。这个差异是属于抽样误差（把对该羊场一年所生羔羊的性别统计当作是一次抽样调查），还是羔羊性别比例发生了实质性的变化？

要回答这个问题，首先，需要确定一个统计量用以表示实际观察次数与理论次数偏离的程度；其次，判断这一偏离程度是否属于抽样误差，即进行显著性检验。

二、χ^2 检验的原理

（一）χ^2 值与 χ^2 分布

为了度量实际观察次数与理论次数偏离的程度，最简单的办法是求出实际观察次数与理论次数的差数。从表 4-1 看出：$O_1-E_1=-10$，$O_2-E_2=10$，由于这两个差数之和为 0，显然不能用这两个差数之和来表示实际观察次数与理论次数的偏离程度。为了避免正、负抵消，可将两个差数 O_1-E_1、O_2-E_2 平方后再相加，即计算 $\sum(O-E)^2$，其值越大，实际观察次数与理论次数相差亦越大，反之则越小。但利用 $\sum(O-E)^2$ 表示实际观察次数与理论次数的偏离程度尚有不足。例如，某一组实际观察次数为 505，理论次数为 500，相差 5；而另一组实际观察次数为 26，理论次数为 21，相差亦为 5。显然这两组实际观察次数与理论次数的偏离程度是不同的。因为前者是相对于理论次数 500 相差 5，后者是相对于理论次数 21 相差 5。为了弥补这一不足，可先将各差数平方除以相应的理论次数后再相加，并记之为 χ^2，即

$$\chi^2=\sum\frac{(O-E)^2}{E} \tag{4-1}$$

也就是说，χ^2 值是度量实际观察次数与理论次数偏离程度的一个统计量，χ^2 值越小，表明实际观察次数与理论次数越接近，$\chi^2=0$，表示两者完全吻合；χ^2 值越大，表示两者相差越大。但是 χ^2 增大到什么程度时才能判断观察次数和理论次数差异的显著性？此时就需要了解 χ^2 分布。χ^2 近似地服从一种连续型随机变量的概率分布——χ^2 分布。χ^2 分布为正偏态分布，其概率分布曲线如图 4-1 所示。

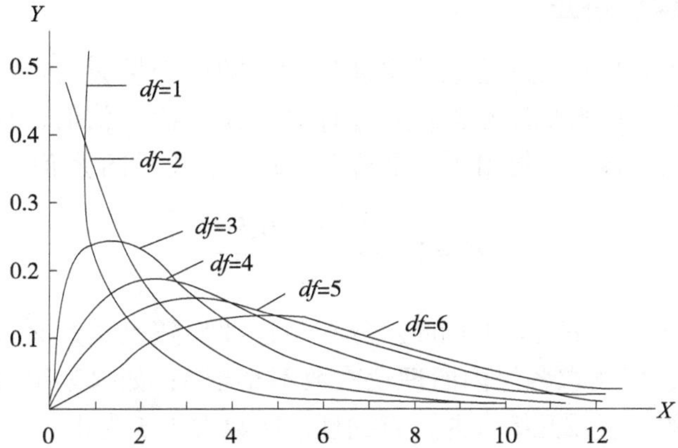

图 4-1 几个自由度的 χ^2 概率分布曲线

χ^2 分布的特点如下：

（1）χ^2 无负值，取值范围为 0～∞，即在 $X=0$ 的右边，呈偏态分布。

（2）χ^2 分布的偏斜度随自由度的不同而改变，当 $df=1$ 时，偏态最厉害，曲线以纵轴呈渐近线。

（3）随着自由度的增大，曲线逐渐对称，$df>30$ 时接近正态分布曲线，当 $df\rightarrow\infty$ 时，则为正态分布曲线。

（二）χ^2 的显著性检验

1. 提出假设

无效假设 H_0：实际观察次数与理论次数无真实差异，表面差异是由误差引起的。

备择假设 H_A：实际观察次数与理论次数存在真实差异，即实际观察次数与理论次数不相符。

2. 确定显著水平

χ^2 检验的显著水平一般取 $\alpha=0.05$ 与 $\alpha=0.01$。

3. 计算统计量 χ^2

在无效假设成立的条件下，计算 χ^2 值，并根据自由度 df 查阅 χ^2 值表，得相应自由度（df）条件下的 $\chi^2_{0.05}$（df）与 $\chi^2_{0.01}$（df），将计算所得 χ^2 值与临界 χ^2 值进行比较。

4. 统计推断

如果 $\chi^2<\chi^2_{0.05}(df)$，则 $p>0.05$，接受 H_0，差异不显著，观察次数与理论次数相符，其差异由误差引起；

$\chi^2_{0.05}(df)\leqslant\chi^2<\chi^2_{0.01}(df)$，则 $0.01<p\leqslant0.05$，拒绝 H_0，接受 H_A，差异显著，观察次数与理论次数显著不相符，两者之间真实差异显著；

$\chi^2\geqslant\chi^2_{0.01}(df)$，则 $p\leqslant0.01$，拒绝 H_0，接受 H_A，差异极显著，观察次数与理论次数极显著不相符，两者之间真实差异极显著。

三、χ^2 的连续性矫正

由式（4-1）计算的 χ^2 只是近似地服从连续型随机变量 χ^2 分布。在对计数资料进行 χ^2 检验时，利用连续型随机变量 χ^2 分布计算的概率值常偏低，特别是当自由度为 1 时偏差较大。Yates（1934）提出了一个矫正公式，矫正后的 χ^2 值记为 χ^2_c

$$\chi^2_c=\sum\frac{(|O-E|-0.5)^2}{E} \tag{4-2}$$

当自由度大于 1 时，式（4-1）的 χ^2 分布与连续型随机变量 χ^2 分布相近似，这时可不作连续性矫正，但要求各组内的理论次数不小于 5；如果某组的理论次数小于 5，则应把它与其相邻的一组或几组合并，直到理论次数大于 5 为止。

思政导学

不同类型的数据资料其统计学处理方法也有差异，*t* 检验是针对计量资料两样本均数之间差异显著性检验的方法，*F* 检验是针对计量资料多个处理的平均数间差异显著性检验的方法。对于计数资料，服从二项分布或多项分布，其统计方法通常用 χ^2 检验进行统计分析，对于不同类型的数据资料我们要选择合适的方法进行处理，培养遇到不同问题能够运用不同方法解决的思辨能力。人类社会在发展的过程中也会遇到方方面面的问题需要解决，例如，农业问题一直是许多发展中国家面临的挑战。不同国家根据其国情及自然资源等条件，采取不同的方针政策来解决农业问题。有些国家通过推广科技种植、改善农产品质量等方式来解决农业问题。我国从做好“三农”工作，深入推进农村建设，建设现代农业，加快转变农业发展方式，到加强资源保护和生态修复，推动农业绿色发展，增强农业可持续发展能力，再到打好精准脱贫攻坚战，增强贫困群众获得感，全面建成小康社会，推动农业现代化，全力抓好粮食生产和重要农产品供给，加强农业基础设施建设，拓宽农民增收致富渠道……

2024 年中央一号文件发布，八大硬核举措绘就强农惠农富农“路线图”。一是定位了当前处于推进乡村全面振兴的新发展阶段，在已经取得良好成绩的基础上，全面推进乡村振兴，推动实现农业强国和农业农村现代化；二是重点提到学习运用“千村示范、万村整治”工程经验蕴含的发展理念、工作方法和推进机制，推动乡村全面振兴；三是系统部署八大硬核举措强农惠农富农。

（资料来源：中国报道，农视网）

思考分析：近年来，中央持续发布以“三农”为主题的中央一号文件，对我国农业农村发展做出重要指引和具体部署；过去十年的中央一号文件要点有哪些？分析过往十年政策文件脉络，从中感知农业发展趋势，明晰未来中国“三农”的发展预期。

任务筹划

χ^2 检验的基本步骤如图 4-2 所示。

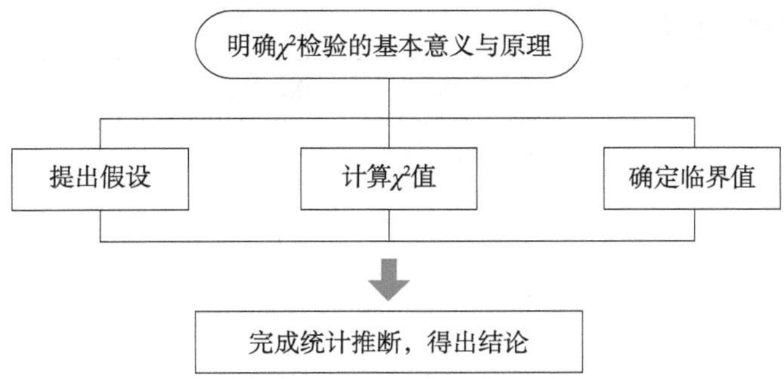

图 4-2　χ^2 检验基本步骤

任务实施

步骤一：

步骤二：

步骤三：

步骤四：

步骤五：

任务检测

二维码 4-1

使用微信小程序扫码进入在线测试，可多次答题，直到获得满意的结果。

任务评价

根据任务完成情况，进行任务评价，详见表 4-2。

表 4-2　工作任务完成过程评价

班级：＿＿＿＿＿＿＿　　姓名：＿＿＿＿＿＿＿　　学号：＿＿＿＿＿＿＿

项目	评分标准	分值	自我评价	小组评价	教师评价
知识技能	χ^2 检验的意义	25			
	χ^2 检验的原理	25			
	χ^2 显著性检验的步骤	25			
	χ^2 连续性矫正的条件	25			
合计		100			
自我评价与总结					
教师点评					

任务二　适合性检验

任务导入

比较试验数据与根据某种理论或需要预期的理论数据是否相符合的假设检验称为适合性检验。

任务 1：在进行山羊群体遗传检测时，观察了 260 只白色羊与黑色羊杂交的子二代毛色，其中，181 只为白色，79 只为黑色，问此毛色的比率是否符合孟德尔遗传分离定律的 3∶1 的比例？

任务 2：在研究牛的毛色和角的有无两对相对性状分离现象时，用黑色无角牛和红色有角牛杂交，子二代出现黑色无角牛 192 头，黑色有角牛 78 头，红色无角牛 72 头，红色有角牛 18 头，共 360 头。请分组讨论这两对性状是否符合孟德尔遗传规律中 9∶3∶3∶1 的遗传比例？

任务 工单

班级:____________ 姓名:____________ 学号:____________

<table>
<tr><td>任务名称</td><td colspan="4">适合性检验</td></tr>
<tr><td>任务描述</td><td colspan="4">任务内容：掌握适合性检验的步骤，运用 SPSS 检验中的适合性检验，完成任务并撰写任务报告。
任务目的：通过运用 SPSS 软件的 χ^2 检验，用统计思维解决生产中的实际问题，熟练掌握适合性检验的方法步骤并能进行 SPSS 的适合性检验。
任务流程：①明确适合性检验的基本原理；②分组讨论分析，熟练掌握适合性检验的步骤，完成检验；③运用 SPSS 软件进行适合性检验，完成任务。
任务方法：实践操作法。</td></tr>
<tr><td>获取信息</td><td colspan="4">要完成任务，需要掌握相关的知识。请收集资料，回答以下问题：
1. 适合性检验的步骤是什么？

2. 如何运用 SPSS 软件进行适合性检验？</td></tr>
<tr><td>制订计划</td><td colspan="4"></td></tr>
<tr><td rowspan="6">任务实施</td><td colspan="4">按照预先制订的工作计划，完成本任务，并记录任务实施过程。</td></tr>
<tr><td>序号</td><td>完成的任务</td><td>遇到的问题</td><td>解决的办法</td></tr>
<tr><td></td><td></td><td></td><td></td></tr>
<tr><td></td><td></td><td></td><td></td></tr>
<tr><td></td><td></td><td></td><td></td></tr>
<tr><td></td><td></td><td></td><td></td></tr>
</table>

任务 准备

在适合性检验中，无效假设为 H_0：实际与理论相符合；备择假设为 H_A：实际与理论不符合。在无效假设成立的条件下，按已知的理论比例计算相应的理论次数。因计算所得的各个属性类别的理论次数总和等于各属性类别实际观察次数的总和，所以适合性检验的自由度等于属性类别分类数减 1。若属性类别分类数为 k，则适合性检验的自由度 $df=k-1$。

然后根据公式（4-1）或公式（4-2）计算出 χ^2 或 χ_c^2 值；然后将计算所得 χ^2 或 χ_c^2 值与根据 $df=k-1$ 查 χ^2 值表，所得的临界 χ^2 值 $\chi^2_{0.05}$（df）与 $\chi^2_{0.01}$（df）进行比较，做统计推断。

例 4-1 统计某牛场某时期内所产牛犊的性别，见表 4-3，根据遗传学理论，动物的性别比例是 1∶1，试检验表 4-3 资料中实际观察的性别是否符合理论上 1∶1 的比例。

表 4-3　牛犊性别的实际观察次数与理论次数

性别	实际观察次数	理论次数
公	38	34
母	30	34

解：

（1）提出无效假设与备择假设。

H_0：实际观察次数与理论次数符合 1∶1 的理论比例；

H_A：实际观察次数与理论次数不符合 1∶1 的理论比例。

（2）选择计算公式。由于本例是涉及公、母两个性别，属性类别分类数 k=2，df=k−1=2−1=1，须使用公式（4-2）来计算 χ_c^2。

（3）计算 χ_c^2，见表 4-4。

表 4-4　χ_c^2 计算

性别	实际观察次数（O）	理论次数（E）	$O-E$	$\frac{(\|O-E\|-0.5)^2}{E}$
公	38	34	+4	0.360 3
母	30	34	−4	0.360 3
总和	68	68	0	0.720 6

$$\chi_c^2=\sum\frac{(|O-E|-0.5)^2}{E}=\frac{(|38-34|-0.5)^2}{34}+\frac{(|30-34|-0.5)^2}{34}=0.720\,6$$

（4）查临界 χ_c^2 值表，做统计推断。

当 df=1 时，查得 $\chi_{0.05}^2$（1）=3.84，$\chi_c^2<\chi_{0.05}^2$（1），故 $p>0.05$，表明实际观察次数与理论次数差异不显著，可以认为牛犊性别公、母的比率符合 1∶1 的理论比例。

（5）运用 SPSS 软件进行适合性检验。

第一步：录入数据，建立数据文件，定义变量名：公、母性别分别为 1，2，如图 4-3 所示。

图 4-3　适合性检验

第二步：从“数据”（Data）菜单中选“加权个案”（Weight Cases），进入“加权个案”（Weight Cases）对话框，把“实际观察次数”放入“频率变量”（Frequency Variable）框，定义实际观察次数为权数，再点击“确定”（OK）按钮即可，如图 4-4 所示。

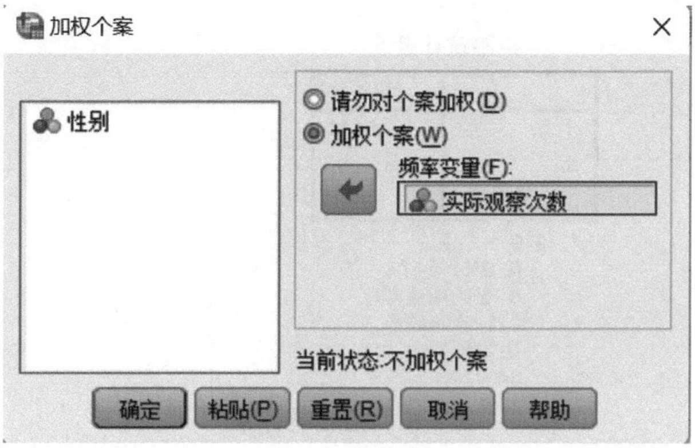

图 4-4 加权个案

第三步：从“分析”（Analyze）—“非参数检验”（Nonparametric Tests）—“旧对话框”—“卡方”（Chi-square），进入“卡方检验”（Chi-square Test）对话框。现欲对实际观察次数进行分布分析，放在对话框左侧的变量列表中选“性别”，点击向右的箭头按钮使之进入“检验变量列表”（Test Variable List）框。将“理论次数”在“期望值”（Expected Values）中点击“添加”（Add）按钮进入右框中，如图 4-5 所示。

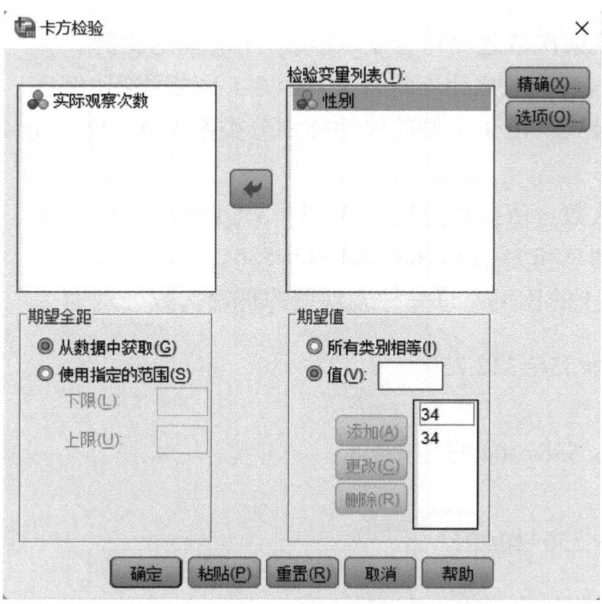

图 4-5 卡方检验

得到结果如下所示，如图 4-6 所示。

性别

	观察数	期望数	残差
1	38	34.0	4.0
2	30	34.0	-4.0
总数	68		

检验统计量

	性别
卡方	.941[a]
df	1
渐近显著性	.332

a. 0 个单元 (0.0%) 具有小于 5 的期望频率。单元最小期望频率为 34.0。

图 4-6 检验统计量

上述结果显示：χ^2=0.941，df=1，p 值为 0.332，$p>0.05$，说明实际观察次数与理论次数差异不显著，可以认为实际观察的牛犊公、母比例符合 1∶1 的性别比例规律，其偏差的出现是由抽样误差造成的。

例 4-2 某遗传试验，研究受 A-a、B-b 两对等位基因控制的两对相对性状。若 A 对 a、B 对 b 为完全显性，且无连锁，则杂交子二代（F_2代）4 种表现型 A_B_，A_bb，aaB_，aabb 之比应为 9∶3∶3∶1。实际观察次数分别为 315，108，101，32。试检验实际观察次数之比是否符合 9∶3∶3∶1 的遗传规律。

解：

（1）H_0：实际观察次数之比符合 9∶3∶3∶1 的理论比例。

H_A：实际观察次数之比不符合 9∶3∶3∶1 的理论比例。

（2）选择计算公式。由于本例的属性类别分类数 k=4，df=k−1=4−1=3，须使用公式（4-1）计算 χ^2 值。

（3）计算理论次数。依据理论比率 9∶3∶3∶1 计算理论次数。

实际观察次数的总和为 315+108+101+32=556。

按照 9∶3∶3∶1 的比例，每一种表现型的理论次数分别为

A_B_ $E_1=\dfrac{9}{16}\times 556=312.75$

A_bb $E_2=\dfrac{3}{16}\times 556=104.25$

aaB_ $E_3=\dfrac{3}{16}\times 556=104.25$

aabb $E_4=\dfrac{1}{16}\times 556=34.75$

（4）计算 χ^2 值，见表 4-5。

表 4-5 χ^2 计算

类型	实际观察次数（O）	理论次数（E）	$O-E$	（$O-E$）$^2/E$
A_B_	315	312.75	2.25	0.016 2
A_bb	108	104.25	3.75	0.135 0
aaB_	101	104.25	−3.25	0.101 3
aabb	32	34.75	−2.75	0.217 5
总计	556	556	0	0.470 0

$$\chi^2=\sum\frac{(O-E)^2}{E}=0.016\,2+0.135\,0+0.101\,3+0.217\,5=0.470\,0$$

（5）查临界 χ^2 值表，做统计推断。当 $df=3$ 时，$\chi^2_{0.05}$（3）=7.81，$\chi^2<\chi^2_{0.05}$（3），$p>0.05$，表明实际观察次数与理论次数差异不显著，可以认为实际观察次数与理论次数的偏差系误差造成。

（6）运用 SPSS 软件进行适合性检验：

第一步：录入数据，建立数据文件，定义变量名：4 种表现型分别为 1，2，3，4，如图 4-7 所示。

图 4-7　适合性检验数据录入

第二步：从“数据”（Data）菜单中选“加权个案”（Weight Cases），进入“加权个案”（Weight Cases）对话框，把“实际观察次数”放入“频率变量”（Frequency Variable）框，定义实际观察次数为权数。点击“确定”（OK）按钮即可，如图 4-8 所示。

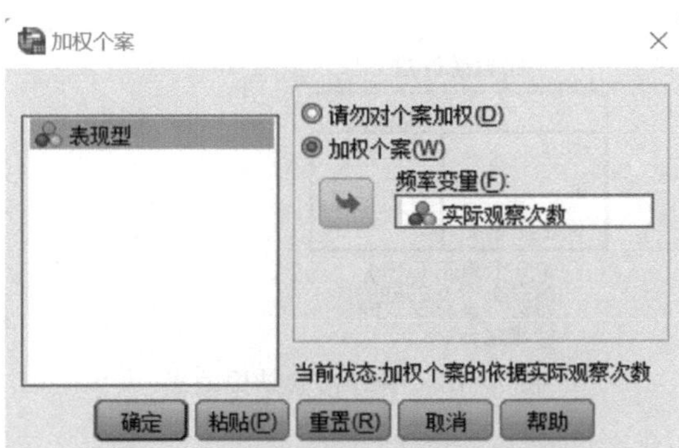

图 4-8　加权个案

第三步：从“分析”（Analyze）—“非参数检验”（Nonparametric Tests）—“旧对话框”—“卡方”（Chi-square），进入“卡方检验”（Chi-square Test）对话框。现欲对实际观察次数进行分布分析，放在对话框左倾的变量列表中选“表现型”，点击向右的箭头按钮使之进入“检验变量列表”（Test Variable List）框。将“理论次数”在“期望值”（Expected Values）中点击“添加”（Add）按钮进入右框中，点击“确定”（OK）按钮即可，如图 4-9 所示。

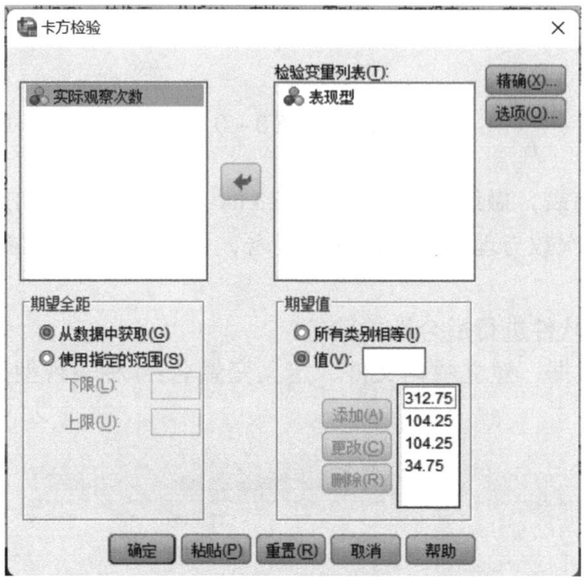

图 4-9　卡方检验

得到结果如下所示，如图 4-10 所示。

表现型

	观察数	期望数	残差
1.00	315	312.8	2.3
2.00	108	104.3	3.8
3.00	101	104.3	-3.3
4.00	32	34.8	-2.8
总数	556		

检验统计量

	表现型
卡方	.470[a]
df	3
渐近显著性	.925

a. 0 个单元 (.0%) 具有小于 5 的期望频率。单元最小期望频率为 34.8。

图 4-10　卡方检验结果输出

上述结果显示：χ^2=0.470，*df*=3，*p* 值为 0.925，*p*＞0.05，表明实际观察次数之比符合 9∶3∶3∶1 的遗传规律。可以认为实际观察次数与理论次数的偏差系误差造成。

思政导学

数据分析是科学探究中一个非常重要的环节，在生产实践中，根据数据类型的特点及分析项目运用合适的分析方法，才能有效地挖掘数据的内在信息，分析所得结论也是指导生产实践、帮助企业管理者进行决策判断的重要依据；一个不经意的错误都可能造成数据分析的结果和预期大相径庭，这就要求数据分析者要做到既要实事求是、一丝不苟、严谨负责地对待每一个数字，任何细微之处都不能掉以轻心，又要对异常值保持敏感，一个异常值很可能就是误导生产实践或引起企业发展问题的关键所在；学习生活中我们要养成基于数据探究事物本质和变化规律的习惯，培养学生进行数据分析时需要具备的核心职业素养。

任务筹划

适合性检验基本步骤如图 4-11 所示。

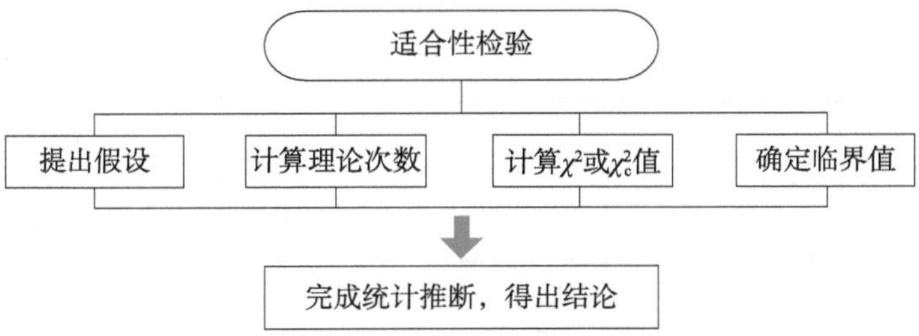

图 4-11 适合性检验基本步骤

任务实施

步骤一：

步骤二：

步骤三：

步骤四：

步骤五：

二维码 4-2

任务检测

使用微信小程序扫码进入在线测试，可多次答题，直到获得满意的结果。

任务评价

根据任务完成情况，进行任务评价，详见表 4-6。

表 4-6 工作任务完成过程评价

班级:________ 姓名:________ 学号:________

项目	评分标准	分值	自我评价	小组评价	教师评价
实操技能	适合性检验的步骤	25			
	SPSS 软件适合性检验的方法步骤	50			
	SPSS 软件适合性检验结果解读	25			
合计		100			
自我评价与总结					
教师点评					

任务三 独立性检验

任务导入

对次数资料，除进行适合性检验外，有时还需要分析两类因子是相互独立还是彼此相关；如研究两类药物对家畜某种疾病治疗效果的好坏，先将病畜分为两组，一组用第 1 种药物治疗，另一组用第 2 种药物治疗，然后统计每种药物的治愈头数和未治愈头数。这时需要分析药物种类与疗效是否相关，若两者彼此相关，表明疗效因药物不同而异，即两种药物疗效不相同；若两者相互独立，表明两种药物疗效相同。这种根据次数资料判断两类因子间彼此相关或相互独立的假设检验就是独立性检验。

任务 1： 某猪场用 80 头猪检验某种疫苗是否有预防效果。结果注射疫苗的 44 头中有 12 头发病，32 头未发病；未注射的 36 头中有 22 头发病，14 头未发病，问该疫苗是否有预防效果？

任务 2： 在甲、乙两地进行水牛体型调查，将体型按优、良、中、劣 4 个等级分类，其结果见表 4-7，问两地水牛体型构成比是否相同？

表 4-7 两地水牛体型分类统计

等级	优	良	中	劣	行总和
甲	10（13.3）	10（10.0）	60（53.3）	10（13.3）	90
乙	10（6.7）	5（5.0）	20（26.7）	10（6.7）	45
列总和	20	15	80	20	135

请分组讨论该采用哪种检验完成以上任务。

任务工单

班级：__________ 姓名：__________ 学号：__________

<table>
<tr><td>任务名称</td><td colspan="4">独立性检验</td></tr>
<tr><td>任务描述</td><td colspan="4">任务内容：掌握独立性检验的步骤，运用 SPSS 检验中的独立性检验，完成任务并撰写任务报告。
任务目的：通过运用 SPSS 软件的 χ^2 检验，用统计思维解决生产中的实际问题，熟练掌握独立性检验的方法步骤并能进行 SPSS 的独立性检验。
任务流程：①明确独立性检验的基本原理；②分组讨论分析，熟练掌握独立性检验的步骤，完成检验；③运用 SPSS 软件进行独立性检验，完成任务。
任务方法：实践操作法。</td></tr>
<tr><td>获取信息</td><td colspan="4">要完成任务，需要掌握相关的知识。请收集资料，回答以下问题：
1. 独立性检验的步骤是什么？

2. 如何运用 SPSS 软件进行独立性检验？</td></tr>
<tr><td>制订计划</td><td colspan="4"></td></tr>
<tr><td rowspan="6">任务实施</td><td colspan="4">按照预先制订的工作计划，完成本任务，并记录任务实施过程。</td></tr>
<tr><td>序号</td><td>完成的任务</td><td>遇到的问题</td><td>解决的办法</td></tr>
<tr><td></td><td></td><td></td><td></td></tr>
<tr><td></td><td></td><td></td><td></td></tr>
<tr><td></td><td></td><td></td><td></td></tr>
<tr><td></td><td></td><td></td><td></td></tr>
</table>

任务准备

一、独立性检验与适合性检验的区别

独立性检验实际上是基于次数资料因子间相关性的研究。独立性检验与适合性检验是两种不同的检验方法，除研究目的不同外，还有以下区别。

（1）独立性检验的次数资料是按两因子属性类别进行归组。根据两因子属性类别数的不同而构成 2×2、$2\times c$、$r\times c$ 列联表（r 为行因子的属性类别数，c 为列因子的属性类别数）。而适合性检验只按某一因子的属性类别将如性别、表现型等次数资料归组。

（2）适合性检验按已知的属性分类理论计算理论次数，而独立性检验在计算理论次数时没有现成的理论可以利用，理论次数需在两因子相互独立的假设下进行计算。

（3）适合性检验确定自由度约束条件。在适合性检验中确定自由度时，只有一个约束条件，即各理论次数之和等于各实际次数之和，自由度为属性类别数减 1。而在 $r\times c$ 列联表的独立性检验中，共有 rc 个理论次数，但受到以下条件的约束。

① rc 个理论次数的总和等于 rc 个实际次数的总和。

② r 个横行中的每一个横行理论次数总和等于该行实际次数的总和，但由于 r 个横行实际次数之和的总和等于 rc 个实际次数之和，因而独立的行约束条件只有 $r-1$ 个。

③类似地，独立的列约束条件有 $c-1$ 个。因而在进行独立性检验时，$df=rc-1-(r-1)-(c-1)=(r-1)(c-1)$，即等于横行属性类别数 × 纵行属性类别数。

下面结合实例分别介绍 2×2、$2\times c$、$r\times c$ 列联表独立性检验的具体过程。

二、2×2 列联表的独立性检验

2×2 列联表的一般形式见表 4-8，其自由度 $df=(c-1)(r-1)=(2-1)\times(2-1)=1$，在进行 χ^2 检验时，需作连续性矫正，应计算 χ_c^2 值。

表 4-8　2×2 列联表的一般形式

纵行因子	横行因子		
	1	2	行总和 T_i
1	O_{11}（E_{11}）	O_{12}（E_{12}）	$T_{i1}=O_{11}+O_{12}$
2	O_{21}（E_{21}）	O_{22}（E_{22}）	$T_{i2}=O_{21}+O_{22}$
列总和 T_j	$T_{1j}=O_{11}+O_{21}$	$T_{2j}=O_{12}+O_{22}$	$T=O_{11}+O_{12}+O_{21}+O_{22}$

注：O_{ij} 为实际观察次数，E_{ij} 为理论次数。

例 4-3　为了检验两种药物治疗仔猪下痢的效果，养殖场试用甲、乙两种不同的药物治疗仔猪下痢，治疗结果见表 4-9，试检验两种药物的疗效是否有显著差异？

表 4-9 两种药物治疗仔猪下痢的结果

药物	治愈	死亡
甲	64	36
乙	16	24

解：

（1）将资料整理成列联表（表 4-10）。

表 4-10 2×2 列联表

药物	治愈	死亡	行总和	治愈率
甲	64（57.14）	36（42.86）	100	64%
乙	16（22.86）	24（17.14）	40	40%
列总和	80	60	T=140	

（2）提出无效假设与备择假设。

H_0：治愈与否和药物无关，即两因子相互独立，甲、乙两种药物疗效相同；

H_A：治愈与否和药物有关，即两因子彼此相关，甲、乙两种药物疗效不同。

（3）计算理论次数。

根据双因子相互独立的假设，由样本数据计算出各个理论次数。两因子相互独立，就是说甲、乙两种药物的使用不影响治愈率，也就是说甲、乙两组的理论治愈率应相同，均应等于总治愈率$\frac{80}{140}$；死亡率也相同，均应等于总死亡率$\frac{60}{140}$。依次计算出各个理论次数如下：

药物甲的理论治愈数 $E_{11}=100\times\frac{80}{140}=57.14$

药物甲的理论死亡数 $E_{12}=100\times\frac{60}{140}=42.86$

药物乙的理论治愈数 $E_{21}=40\times\frac{80}{140}=22.86$

药物乙的理论死亡数 $E_{22}=40\times\frac{60}{140}=17.14$

从上述计算可以看出，理论次数的计算利用了行、列总和，总总和，即

$$\text{理论次数}=\frac{\text{所在行观察次数总和}\times\text{所在列观察次数总和}}{\text{总总和}}$$

（4）计算χ^2值。将表 4-10 中的实际次数、理论次数代入公式（4-2）得

$$\chi_c^2=\frac{(|64-57.14|-0.5)^2}{57.14}+\frac{(|36-42.86|-0.5)^2}{42.86}+\frac{(|16-22.86|-0.5)^2}{22.86}+\frac{(|24-17.14|-0.5)^2}{17.14}=5.78$$

（5）根据自由度查临界χ^2值，做统计推断。df=1 时，$\chi^2_{0.01}$（1）=6.63，$\chi^2_{0.05}$（1）=3.84，因此，$\chi^2_{0.05}$（1）$<\chi_c^2<\chi^2_{0.01}$（1），故 $0.01<p<0.05$，否定 H_0，接受 H_A，表明治愈与否和药物显著相关，可以认为甲药物治疗仔猪下痢的治愈率显著高于乙药物。

（6）运用 SPSS 软件进行独立性检验。

第一步：建立数据文件，以变量 G 表示药物，G=1 标识甲，G=2 标识乙；用变量 C 表示仔猪下痢状态，C=1 表示治愈，C=2 表示死亡；以变量 F 表示仔猪数量。输入数据如下，如图 4-12 所示。

9:	G	C	F	变量
1	1	1	64	
2	1	2	36	
3	2	1	16	
4	2	2	24	
5				
6				

图 4-12　独立性检验数据输入

第二步：从“数据”（Data）菜单中选“加权个案”（Weight Cases），进入“加权个案”（Weight Cases）对话框，把 F 放入“频率变量”（Frequency Variable）框，定义 F 为权数，点击“确定”（OK）按钮，如图 4-13 所示。

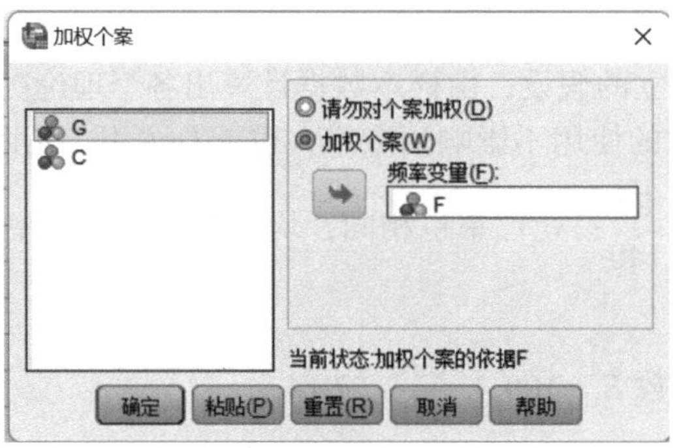

图 4-13　加权个案

第三步：从“分析”（Analyze）—“描述统计”（Descriptive Statistics）—“交叉表”（Crosstabs），进入“交叉表”（Crosstabs）对话框。把变量 C 放入 Row（s）行变量栏，把变量 G 放入 Column（s）列变量栏，如图 4-14 所示。

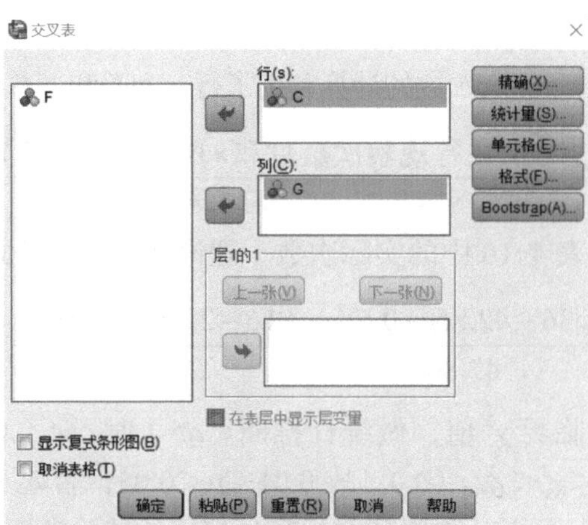

图 4-14　交叉表

第四步：单击“统计量”（Statistics）按钮，可进入“统计量”（Statistics）对话框，选择“卡方”（Chi-square）和“相关性”（Correlation）（也可不选相关性）。单击“继续”（Continue）按钮，返回“交叉表”（Crosstabs）主对话框，如图 4-15 所示。

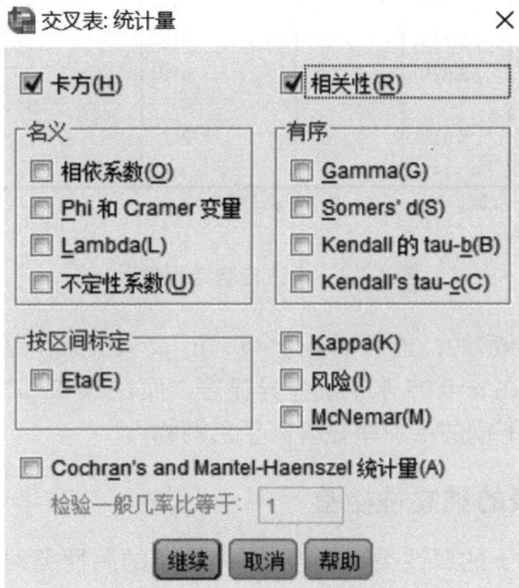

图 4-15　交叉表统计量

第五步：单击“单元格”（Cell）按钮，进入“单元显示”（Cell Display）对话框，选择“期望值”（Expected Count）。单击“继续”（Continue）按钮，返回“交叉表”（Crosstabs）主对话框，如图 4-16 所示。

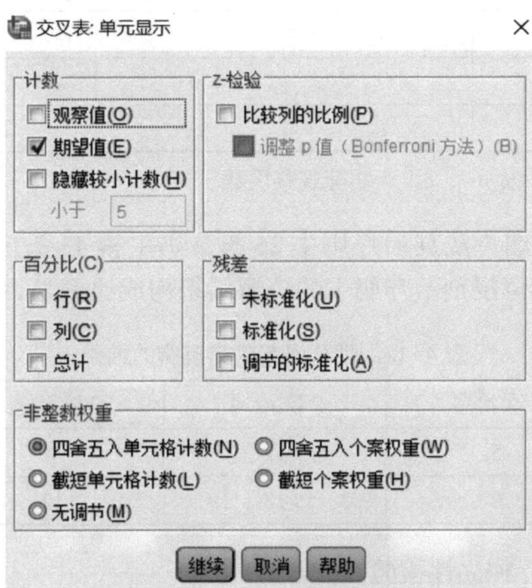

图 4-16　交叉表单元显示

单击“继续”（Continue）按钮返回“交叉表”（Crosstabs）主对话框，点击“确定”（OK）。结果如图 4-17 所示。

卡方检验

	值	df	渐进 Sig.(双侧)	精确 Sig.(双侧)	精确 Sig.(单侧)
Pearson 卡方	6.720[a]	1	.010		
连续校正[b]	5.776	1	.016		
似然比	6.690	1	.010		
Fisher的精确检验				.014	.008
线性和线性组合	6.672	1	.010		
有效案例中的 N	140				

a. 0 单元格(.0%) 的期望计数少于 5。最小期望计数为 17.14。

b. 仅对 2x2 表计算。

图 4-17　卡方检验结果输出

上述结果显示：χ^2=6.720，连续矫正 χ^2=5.776，df=1，p 值为 0.014，0.01＜p＜0.05，表明两种药物的治疗率在 α=0.05 水平上差异显著，而在 α=0.01 水平上差异不显著。可以认为甲药物治疗仔猪下痢的治愈率显著高于乙药物。

三、2×c 列联表的独立性检验

2×c 列联表是行因子的属性类别数为 2，列因子的属性类别数为 c（c≥3）的列联表。其自由度 df=（2-1）（c-1），因为 c≥3，所以 df>2，在进行 χ^2 检验时，不需作连续性校正。2×c 表的一般形式见表 4-11。

表 4-11　2×c 列联表的一般形式

列因子	行因子				
	1	2	…	c	行总和 T_i
1	O_{11}	O_{12}	…	O_{1c}	T_{i1}
2	O_{21}	O_{22}	…	O_{2c}	T_{i2}
列总和 T_j	T_{1j}	T_{2j}	…	T_{cj}	总总和

注：O_{ij}（i=1，2；j=1，2，…，c）为实际观察次数。

例 4-4　某医院用烟草浸剂治疗奶牛 25 头，奶牛犊 43 头疥癣病例。治疗结果列于表 4-12。试检验用烟草浸剂治疗奶牛的疥癣结果构成比例是否因牛的类别不同而异。

表 4-12　烟草浸剂治疗疥癣的结果

类别	1 次治愈	2 次治愈	3 次治愈	无效
奶牛	5	11	7	2
奶牛犊	9	18	12	4

运用 SPSS 软件进行独立性检验操作步骤：

第一步：建立数据文件，以变量 G 表示品种，G=1 标识奶牛，G=2 标识奶牛犊；用变量 C 表示治疗情况，C=1 表示 1 次治愈，C=2 表示 2 次治愈，C=3 表示 3 次治愈，C=4 表示无效；以变量 F 表示奶牛数量，如图 4-18 所示。

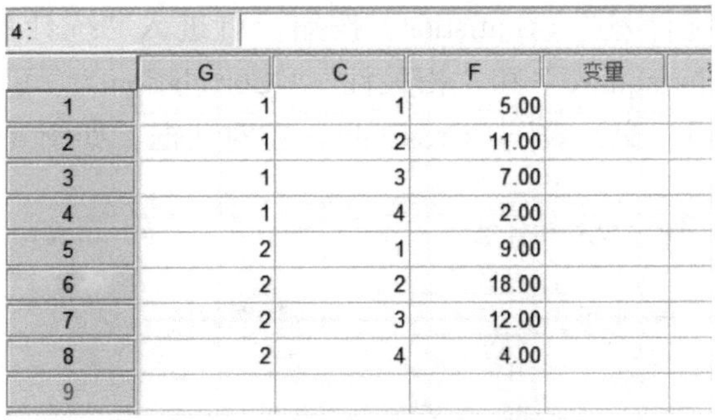

	G	C	F	变量
1	1	1	5.00	
2	1	2	11.00	
3	1	3	7.00	
4	1	4	2.00	
5	2	1	9.00	
6	2	2	18.00	
7	2	3	12.00	
8	2	4	4.00	
9				

图 4-18 独立性检验数据输入

第二步：从“数据”（Data）菜单中选“加权个案”（Weight Cases），进入“加权个案”（Weight Cases）对话框，把 *F* 放入“频率变量”（Frequency Variable）框，定义 *F* 为权数，点击“确定”（OK）按钮，如图 4-19 所示。

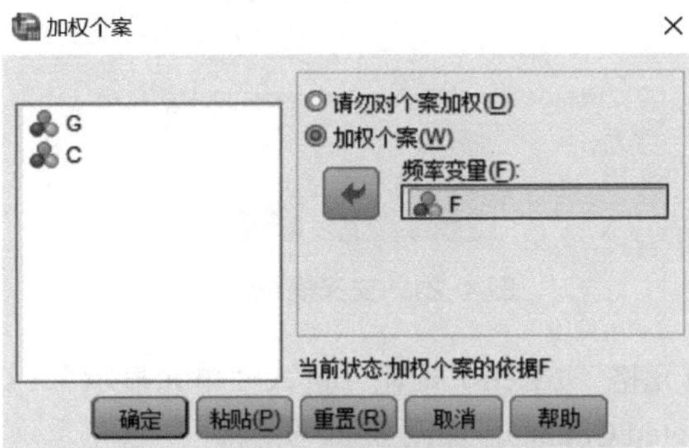

图 4-19 加权个案

第三步：从“分析”（Analyze）—“描述统计”（Descriptive Statistics）—“交叉表”（Crosstabs），进入“交叉表”（Crosstabs）对话框。把变量 *C* 放入 Row（s）行变量栏，把变量 *G* 放入 Column（s）列变量栏，如图 4-20 所示。

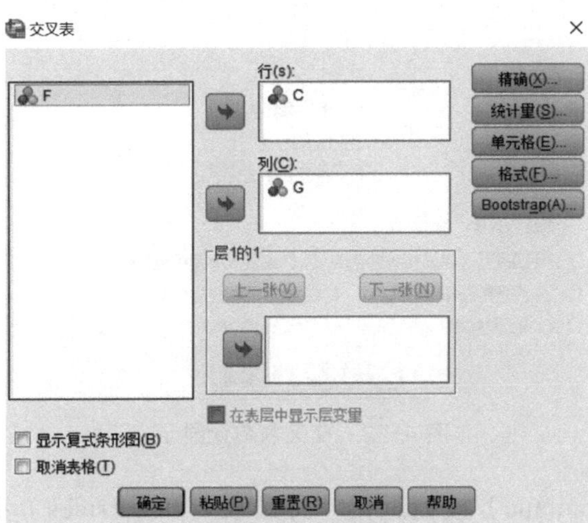

图 4-20 交叉表

第四步：单击“统计量”（Statistics）按钮，可进入“统计量”（Statistics）对话框，选择“卡方”（Chi-square）和“相关性”（Correlation）（可不选）。单击“继续”（Continue）按钮，返回“交叉表”（Crosstabs）主对话框，如图 4-21 所示。

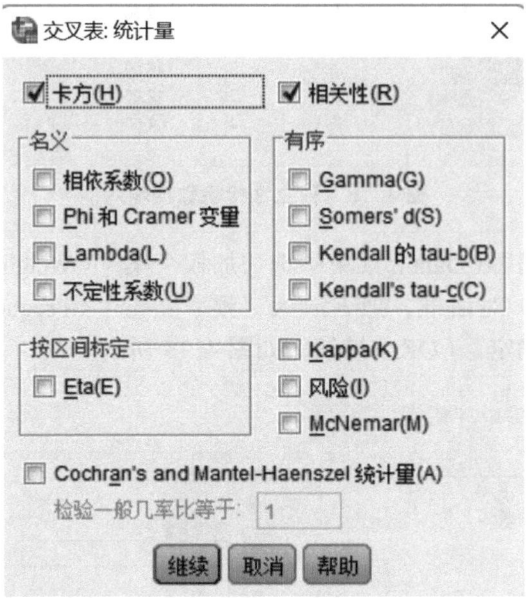

图 4-21　交叉表统计量

第五步：单击“单元格”（Cell）按钮，进入“单元显示”（Cell Display）对话框，选择“期望值”（Expected Count），如图 4-22 所示。

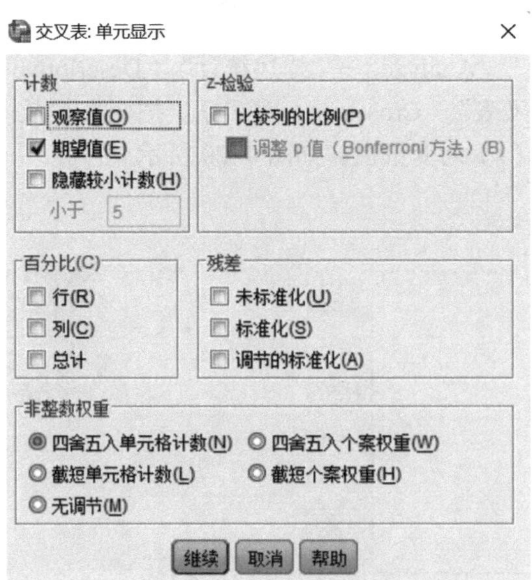

图 4-22　交叉表单元显示

单击“继续”（Continue）按钮返回“交叉表”（Crosstabs）主对话框，点击“确定”（OK），结果显示如图 4-23 所示。

卡方检验

	值	df	渐进 Sig.（双侧）
Pearson 卡方	.054[a]	3	.997
似然比	.054	3	.997
线性和线性组合	.005	1	.944
有效案例中的 N	68		

图 4-23 卡方检验结果输出

上述结果显示：χ^2=0.054，df=3，p 值为 0.997，p>0.05，可以认为用烟草浸剂为治疗奶牛、奶牛犊的疥癣结果构成比相同。

四、$r\times c$ 列联表的独立性检验

$r\times c$ 表是指行因子的属性类别数为 r（r>2），列因子的属性类别数为 c（c>2）的列联表，其一般形式见表 4-13。

表 4-13 $r\times c$ 列联表的一般形式

列因子	行因子				
	1	2	…	c	行总和 T_i
1	O_{11}	O_{12}	…	O_{1c}	T_{i1}
2	O_{21}	O_{22}	…	O_{2c}	T_{i2}
…	…	…	…	…	…
r	O_{r1}	O_{r2}	…	O_{rc}	T_{ir}
列总和 T_j	T_{1j}	T_{2j}	…	T_{cj}	T

注：O_{ij}（i=1，2，…，r；j=1，2，…，c）为实际观察次数。

$r\times c$ 列联表各个理论次数的计算方法与 2×2、2×c 列联表独立性检验相同。但一般用简化公式计算χ^2值更简便，其公式为

$$\chi^2=T\left(\sum\frac{O_{ij}^2}{T_iT_j}-1\right) \tag{4-3}$$

例 4-5 某医院用磁场疗法治疗扭挫伤等 5 种疾病，治疗结果见表 4-14。试检验治疗结果的构成比是否因疾病种类不同而异。

表 4-14 磁场疗法治疗 5 种疾病结果

疾病	显效	好转	无效	不明
扭挫伤	530	44	35	40
腰肌劳损	189	123	35	7
风湿性关节炎	341	248	84	29
类风湿性关节炎	29	54	13	1
骨性关节炎	64	38	11	2

运用 SPSS 软件进行独立性检验操作步骤：

第一步：建立数据文件，以变量 G 表示疾病，G=1 标识扭挫伤，G=2 标识腰肌劳损，G=3 标识风湿性关节炎，G=4 标识类风湿性关节炎，G=5 标识骨性关节炎；用变量 C 表示治疗情况，C=1 表示显效，C=2 表示好转，C=3 表示无效，C=4 表示不明；以变量 F 表示人的数量，如图 4-24 所示。

21 : F

	G	C	F	变量	变量
1	1	1	530.00		
2	1	2	44.00		
3	1	3	35.00		
4	1	4	40.00		
5	2	1	189.00		
6	2	2	123.00		
7	2	3	35.00		
8	2	4	7.00		
9	3	1	341.00		
10	3	2	248.00		
11	3	3	84.00		
12	3	4	29.00		
13	4	1	29.00		
14	4	2	54.00		
15	4	3	13.00		
16	4	4	1.00		
17	5	1	64.00		
18	5	2	38.00		
19	5	3	11.00		
20	5	4	2.00		

图 4-24　独立性检验数据输入

第二步：从“数据”（Data）菜单中选“加权个案”（Weight Cases），进入“加权个案”（Weight Cases）对话框，把 F 放入“频率变量”（Frequency Variable）框，定义 F 为权数，点击“确定”（OK）按钮，如图 4-25 所示。

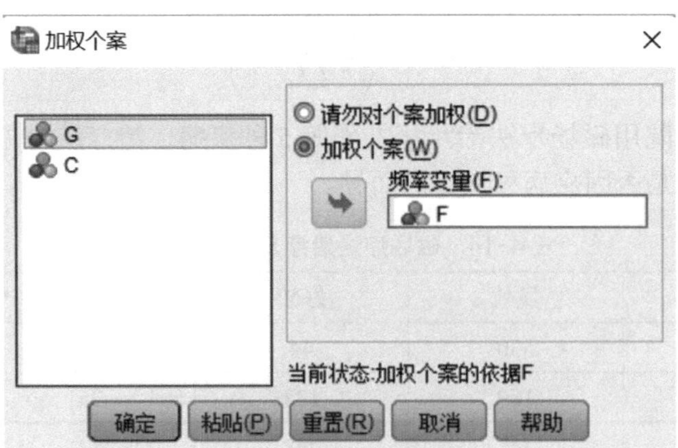

图 4-25　加权个案

第三步：从“分析”（Analyze）—“描述统计”（Descriptive Statistics）—“交叉表”

（Crosstabs），进入“交叉表”（Crosstabs）对话框。把变量 C 放入 Row（s）行变量栏，把变量 G 放入 Column（s）列变量栏，如图 4-26 所示。

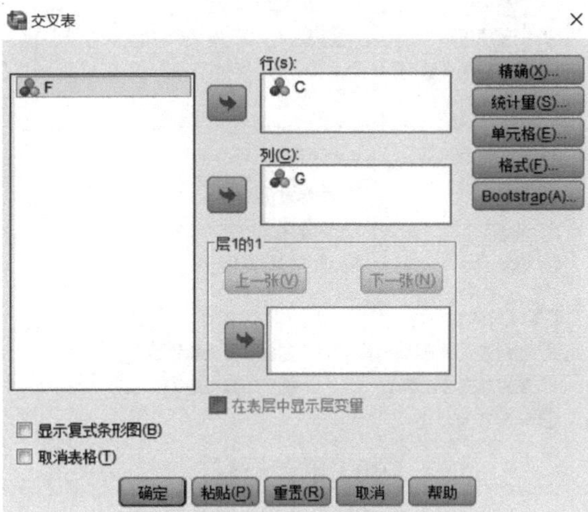

图 4-26 交叉表

第四步：单击“统计量”（Statistics）按钮，可进入“统计量”（Statistics）对话框，选择“卡方”（Chi-square）和“相关性”（Correlation）（可不选）。单击“继续”（Continue）按钮，返回“交叉表”（Crosstabs）主对话框，如图 4-27 所示。

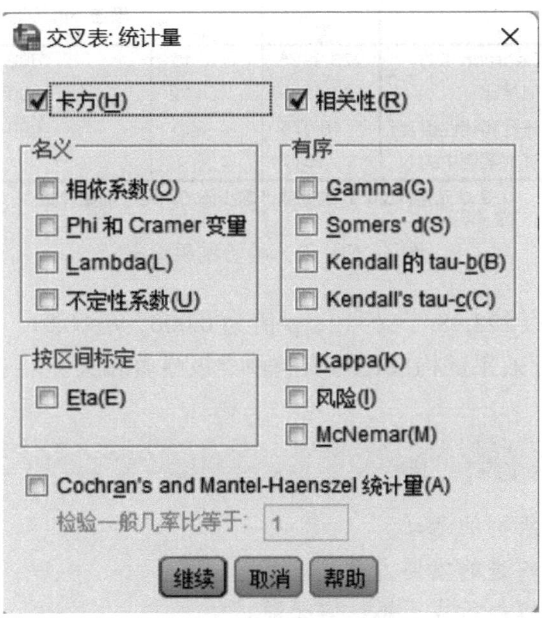

图 4-27 交叉表统计量

第五步：单击“单元格”（Cell）按钮，进入“单元显示”（Cell Display）对话框，选择“期望值”（Expected Count），如图 4-28 所示。

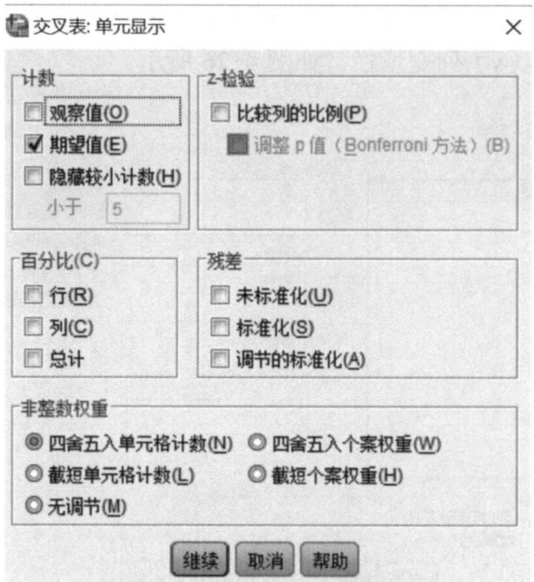

图 4-28　交叉表单元显示

单击“继续”（Continue）按钮返回“交叉表”（Crosstabs）主对话框，点击“确定”（OK），结果显示如图 4-29 所示。

卡方检验

	值	df	渐进 Sig. (双侧)
Pearson 卡方	273.988[a]	12	.000
似然比	306.193	12	.000
线性和线性组合	48.976	1	.000
有效案例中的 N	1917		

a. 2 单元格(10.0%) 的期望计数少于 5。最小期望计数为 4.00。

图 4-29　卡方检验结果输出

上述结果显示：χ^2=273.988，df=12，p 值为 0.000，p<0.01，可以认为用磁场疗法治疗 5 种疾病时，治疗效果的构成比与疾病种类极显著相关。

思政导学

“思考是人类最高级别的活动。”　　——亚里士多德

“思考是引领人类前进的重要力量。”　　——马克思

“业精于勤，荒于嬉；行成于思，毁于随。”　　——韩愈

思考分析：明确独立性检验与适合性检验运用条件的异同点，明确独立性检验与适合性检验的基本方法。

通过完成以上学习任务，激发学生的好奇心、积极主动的思考力、大胆的假设和验证，激活学生思维，培养学生辩证思维的能力。生物统计学内容的学习应当是现实的、有趣的和富有挑战性的；从心理学的角度看，大学生有一种好奇的心态、探究的

心理，使学生在观察、试验、讨论、总结等活动中，能够通过一些细微的线索找到事物与事物之间的关系，进而总结成规律、形成结论、举一反三、触类旁通，逐步形成创新意识和分析思辨的能力。

任务筹划

独立性检验基本步骤如图 4-30 所示。

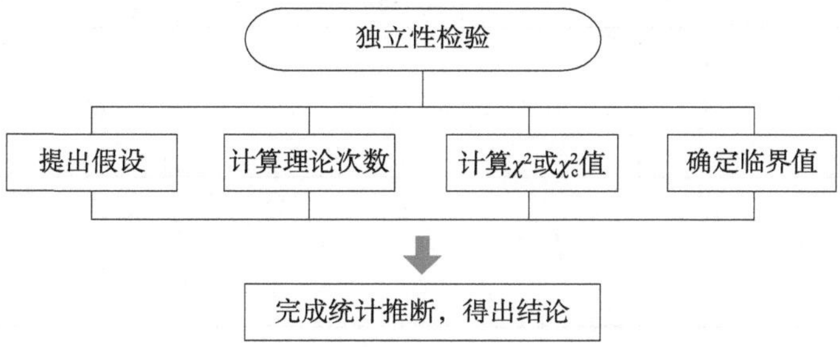

图 4-30 独立性检验基本步骤

任务实施

步骤一：

步骤二：

步骤三：

步骤四：

步骤五：

二维码 4-3

任务检测

使用微信小程序扫码进入在线测试，可多次答题，直到获得满意的结果。

任务评价

根据任务完成情况，进行任务评价，详见表 4-15。

表 4-15　工作任务完成过程评价

班级:____________　　姓名:____________　　学号:____________

<table>
<tr><td>项目</td><td>评分标准</td><td>分值</td><td>自我评价</td><td>小组评价</td><td>教师评价</td></tr>
<tr><td rowspan="3">实操技能</td><td>独立性检验的类型</td><td>25</td><td></td><td></td><td></td></tr>
<tr><td>SPSS 软件独立性检验的方法步骤</td><td>50</td><td></td><td></td><td></td></tr>
<tr><td>SPSS 软件独立性检验结果解读</td><td>25</td><td></td><td></td><td></td></tr>
<tr><td colspan="2">合计</td><td>100</td><td></td><td></td><td></td></tr>
<tr><td colspan="2">自我评价与总结</td><td colspan="4"></td></tr>
<tr><td colspan="2">教师点评</td><td colspan="4"></td></tr>
</table>

项目五 畜牧兽医试验设计

项目导读

在畜牧学、水产学等的研究中，需要进行各种试验来评估不同的养殖管理措施、饲料配方、疫苗接种方案等对动物生长、繁殖和健康的影响。试验设计提供了一系列试验设计方案，以确保试验的科学性和可靠性。本项目主要介绍了畜牧兽医试验的基本要求及试验类型，试验方案的制定，抽样的基本方法及应注意的问题，试验设计的原则和方法。

知识目标

能够掌握试验设计的概念、任务、特点、要求和类型；
能够掌握试验设计的内容及制定试验方案时应注意的问题；
能够掌握试验设计的原则、方法；
能够掌握几种常见试验设计的概念、优缺点及适用范围。

技能目标

能够掌握抽样的方法并能够熟练计算样本的含量；
能够掌握几种常见试验设计的试验单元的确定及分组方法；
能够根据生产和科研需要进行合理的试验设计，以及对试验资料进行正确的统计分析。

素质目标

培养学生独立分析及独立思考能力；
培养学生解决问题的能力；
培养学生的创新精神及实事求是的科学态度。

任务一　畜牧兽医试验的基本要求及试验类型

任务导入

为了推动畜牧业、水产业的发展，常常要进行科学研究。进行科学研究离不开调查或试验。如何合理进行试验或调查设计，科学地整理、分析所收集到的资料是生物统计的基本任务。

任务：在进行科学试验时，有时会犯一些错误。案例 1：某医院对患有某种疾病的病人的治愈情况进行调查，在 8 名被调查者中，有 6 人经过治疗后康复，于是得出该病治愈率为 75% 的结论。案例 2：对某种药物进行动物试验，从笼子里随机抓取一组小鼠注射一单位剂量，同样方法抓取第 2 组小鼠注射两单位剂量……直到能确定某组有 1/2 小鼠致死，从而得出“LD 半致死剂量”。请同学们分析以上两个案例，分组讨论并说明两个试验无法得出可信结论的原因。

任务工单

班级：＿＿＿＿＿＿＿＿　姓名：＿＿＿＿＿＿＿＿　学号：＿＿＿＿＿＿＿

任务名称	畜牧兽医试验的基本要求及试验类型
任务描述	任务内容：分析以上两个案例，并说明两个试验无法得出可信结论的原因。 任务目的：通过案例分析，让学生掌握动物试验的任务和要求，从而培养学生科学严谨的学习态度及分析问题的能力。 任务流程：①收集资料；②分析原因；③形成结论。 任务方法：查阅资料、小组讨论。
获取信息	要完成任务，需要掌握相关的知识。请收集资料，回答以下问题： 1. 什么是试验设计？ 2. 畜牧兽医试验的基本要求是什么？ 3. 畜牧兽医试验的类型有哪些？
制订计划	

（续表）

<table>
<tr><td rowspan="6">任务实施</td><td colspan="4">按照预先制订的工作计划，完成本任务，并记录任务实施过程。</td></tr>
<tr><td>序号</td><td>完成的任务</td><td>遇到的问题</td><td>解决的办法</td></tr>
<tr><td></td><td></td><td></td><td></td></tr>
<tr><td></td><td></td><td></td><td></td></tr>
<tr><td></td><td></td><td></td><td></td></tr>
<tr><td></td><td></td><td></td><td></td></tr>
</table>

任务准备

一、试验设计的意义

试验设计，广义理解是指在科研工作未进行前，对整个试验研究课题的设计，也就是整个试验计划的拟定，主要包括课题名称、试验目的，研究依据、内容及预期达到的效果，试验方案，试验单位的选取、重复数的确定、试验单位的分组，试验记录的项目和要求，试验结果的分析方法，经济效益或社会效益估计，已具备的条件，需要购置的仪器设备，参加研究人员的分工，试验时间、地点、进度安排和经费预算，成果鉴定，学术论文撰写等内容。而狭义的理解是指试验动物的选取、重复数目的确定及试验动物的分组。生物统计中的试验设计主要指狭义的试验设计。

一个完整的试验，可分为 3 个阶段：第 1 个阶段是为收集资料拟定出一个合理的设计方案；第 2 个阶段是实施这个设计方案；第 3 个阶段是对试验结果，即所得数据进行分析而得出结论。第 1 阶段、第 2 阶段相当于资料的收集阶段，这是统计分析的前提和基础。如果数据由于试验不完善造成数据缺乏完整性和正确性，不仅不能反映出事物的本质，反而会得出与事实相反的结论。如果设计正确，可以说试验已经成功了一半。

试验设计的目的是避免系统误差，控制、降低试验误差，无偏估计处理效应，从而对样本所在总体做出可靠、正确的推断。

二、畜牧兽医试验的任务

畜牧兽医试验的主要任务在于不断地研究和揭示畜禽品质、生长发育、疾病防治、饲养条件和环境条件等方面的关系。通过试验，鉴定新的动物品种（系），探索新的饲料配方，饲养管理方法和技术措施，找出其中的规律，并将这些规律应用到生产实践中去，为了解决畜牧业、水产业等生产中存在的问题，进一步提高产品的质量和数量，取得更大的经济效益和社会效益，从而推动畜牧业、水产业等事业的发展。

三、畜牧兽医试验的基本要求

畜牧兽医工作者在进行试验研究时，要面对 3 个问题：首先，畜牧兽医试验多以动物作为其研究对象，且大部分是在室外条件下进行，这样，试验动物之间、饲养条件、试验时间及试验人员的技术操作、试验指标测定等要做到完全一致极不容易。其次，一些大规模的科研往往不可能在一年内完成。那么，多年的试验无形中会带来年度之间的差异。最后，试验的目的不是研究试验材料本身，而是要通过试验样本的研究，得出样本所在总体的规律性。但是，不论如何试验，样本和总体是有一定距离的。由于这些问题的存在，为了保证试验的质量，在试验中应尽可能地控制和排除非试验因素的干扰，合理地进行试验设计，准确地进行试验，从而提高试验的可靠程度，使试验结果在生产实际中真正发挥作用。为此，对动物试验有以下几点要求。

（一）试验要有代表性

动物试验的代表性包括生物学和环境条件两个方面的代表性。生物学的代表性，是指作为主要研究对象的动物品种、个体的代表性，并要有足够的数量。例如，进行品种的比较试验时，所选择的个体必须能够代表该品种，不要选择性状特殊的个体，并根据个体均匀程度，在保证试验结果具有一定可靠性的条件下，确定适当的动物数量。环境条件的代表性是指代表将来计划推广此项试验结果的地区的自然条件和生产条件，如气候、饲料、饲养管理水平及设备等，因此，试验时要采用适当措施，使新品种或新技术在试验中的表现能真正反映在今后拟应用及推广地区实际生产中的表现。代表性决定了试验结果的可利用性，如果一个试验没有充分的代表性，再好的试验结果也不能推广和应用，就失去了实用价值。

（二）试验要有正确性

试验的正确性包括试验的合理性、试验的准确性和试验的精确性。

（1）试验的合理性是指根据试验结果所得出的结论与试验所规定的任务和要求解决的问题相适应。

（2）试验的准确性是指在试验中试验的观察值与真值的接近程度，说明观察值对于真值的代表性。准确性一般难以估计，只有从基础上下功夫，以减少观察值与真值之间的差异。

（3）试验的精确性是指试验中同指标重复观察的观察值彼此接近的程度，是观察值之间的变异程度。当试验误差越小时，处理间相比的精确性越高，也就能充分显示出处理效应。

在进行试验的过程中，应严格执行各项试验要求，将非试验因素的干扰控制在最低水平，以避免系统误差，降低试验误差，提高试验的正确性。

（三）试验要有重演性

重演性是指在相同条件下，重复进行同一试验，能够获得与原试验相类似的结果，即试验结果必须经受得起再试验的检验。试验的目的在于能在生产实践中推广试验结果，如果一个在试验中表现好的结果在实际生产中却表现不出来，那么，试验就失去了意义。由于试验受供试动物个体之间差异和复杂的环境条件等因素影响，不同地区或不同时间进行的相同试验，结果往往不同；即使在相同条件下的试验，结果也有一定出入。因此，为了保证试验结果的重演性，必须抓住试验的代表性和正确性，认真选择供试动物，严格把握试验过程中的各个环节，在有条件的情况下，进行多年或多点试验，这样所获得的试验结果才具有较好的重演性。

四、畜牧兽医试验的类型

畜牧兽医试验通常分为一般调查和科学试验两类。

（一）一般调查

调查也是一种研究工作，它是对已有的事实，通过各种方式的了解，找出其中规律。调查的方式多种多样，有全面调查、抽样调查等。

在进行各种专业调查时，必须详细列出调查提纲，明确调查的目的、要求、调查的项目、调查的范围及要调查的数量等，以便最后进行统计分析，得出正确的结论。

（二）科学试验

科学试验是通过一些有代表性的试验动物，在一定的试验条件下进行的带有探索性的研究工作。如畜牧方面的品种对比试验、饲养试验、育肥试验、测定繁殖力及杂交组合试验，兽医方面的免疫试验、药物试验、驱虫试验等。

科学试验按其研究的因素多少可分为单因子试验和多因子试验两种。

单因子试验是指一次试验只研究一个试验因子的若干处理对试验指标的影响的试验。其优点可阐明所研究因素的简单效应，尤其在探索确定最适宜的水平时，最好采用单因子试验。这是最基本、最简单的试验方案。例如，3 种不同饲料对仔猪增重的影响，进行饲养试验。这是一个有 3 个水平的单因子试验。

多因子试验是指一次试验中同时研究两个或两个以上试验因子在不同水平条件下对试验指标的影响的试验。其优点不仅可研究简单效应，而且可研究主效应和交互效应，所以它不仅可单独分析还可综合分析，充分利用了试验的信息。

试验按时间和地点，可分为一年试验和多年试验、单点试验和多点试验等。

思政导学

20 世纪 20 年代，英国生物统计学家及数学家罗纳德·艾尔默·费歇尔（R. A. Fisher）首先提出了方差分析，并将其应用于农业、生物学、遗传学等方面，取得了巨大的成功，在试验设计和统计分析方面做出了一系列先驱工作，开创了一门新的应用技术学科，从此试验设计成为统计科学的一个分支。20 世纪 50 年代，日本统计学家田口玄一将试验设计中应用最广的正交设计表格化，在方法解说方面深入浅出，为试验设计的更广泛使用做出了巨大的贡献。

我国从 20 世纪 50 年代开始研究这门学科，并在正交试验设计的观点、理论和方法上都有新的创见，编制了一套适用的正交表，简化了试验程序和试验结果的分析方法，创立了简单易学、行之有效的正交试验设计法。同时，著名数学家华罗庚教授也在国内积极倡导和普及“优选法”，从而使试验设计的概念得到普及。随着科学技术工作的深入发展，我国数学家王元和方开泰于 1978 年首先提出了均匀设计，该设计考虑如何将设计点均匀地散布在试验范围内，使得能用较少的试验点获得最多的信息。

随着计算机技术的发展和进步，出现了各种针对试验设计和试验数据处理的软件，如 SAS（Statistical Analysis System），SPSS（Statistical Package for the Social Science），Matlab，Origin 和 Excel 等，它们使试验数据的分析计算不再繁杂，极大地促进了本学科的快速发展和普及。

（资料来源：作者根据相关资料整理）

思考分析：试验设计是统计学中的重要方法之一，它在统计学研究中的应用广泛且重要。通过设计高质量的试验，科学家和研究人员可以收集到有效、准确的数据，从而进行可靠的统计推断和结论。

任务筹划

畜牧兽医试验设计基本任务要求如图 5-1 所示。

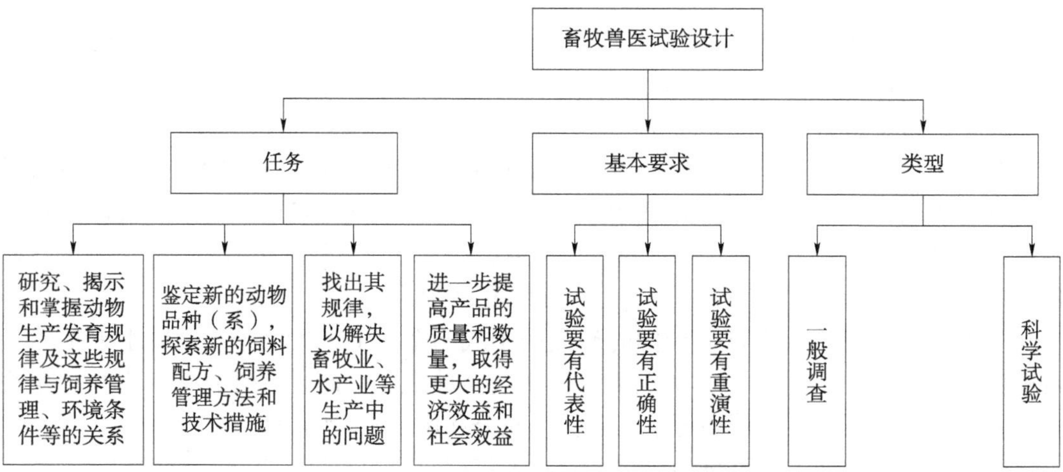

图 5-1　畜牧兽医试验设计基本任务要求

任务实施

步骤一：

步骤二：

步骤三：

步骤四：

步骤五：

任务检测

二维码 5-1

使用微信小程序扫码进入在线测试，可多次答题，直到获得满意的结果。

任务评价

根据任务完成情况，进行任务评价，详见表 5-1。

表 5-1　工作任务完成过程评价

班级：＿＿＿＿＿＿＿＿　姓名：＿＿＿＿＿＿＿＿　学号：＿＿＿＿＿＿＿＿

项目	评分标准	分值	自我评价	小组评价	教师评价
知识技能	掌握畜牧兽医试验的任务	10			
	掌握畜牧兽医试验的基本要求	20			
	掌握畜牧兽医试验的类型	10			
实操技能	准确分析给定案例中的错误	60			
合计		100			
自我评价与总结					
教师点评					

任务二　试验方案的制定

任务导入

试验设计是数理统计学的一个分支，由于它与生产实践和科学研究紧密结合，在理论和方法上不断地丰富和发展，因而广泛地应用于各个领域，成为指导试验研究工作的一个重要学科。一个好的试验设计，是在研究工作进行之前，根据研究项目的需要，应用数理统计原理，做出周密安排，力求用较少的人力、物力和时间，最大限度地获得丰富而可靠的资料，通过分析得出正确的结论，明确回答研究项目所提出的问题。如果设计不合理，不仅达不到试验的目的，而且导致整个试验的失败。因此，能否合理地进行试验设计，关系到科研工作的成败。

任务：为了验证某一药物对动物的影响，需要进行动物试验，如何拟定一个正确的试验方案？请在小组内讨论完成。

任务工单

班级：______ 姓名：______ 学号：______

<table>
<tr><td>任务名称</td><td colspan="4">试验方案的制定</td></tr>
<tr><td>任务描述</td><td colspan="4">任务内容：拟定某一药物对动物影响的动物试验方案。
任务目的：让学生掌握制定试验方案的步骤和要求，从而培养学生独立分析和思考的能力。
任务流程：①确定该试验的单元；②确定试验因子及试验水平；③确定该试验研究的对照组；④确定试验期所需动物数量；⑤确定预试期的长短及其他需做的工作。
任务方法：查阅资料、小组讨论。</td></tr>
<tr><td>获取信息</td><td colspan="4">要完成任务，需要掌握相关的知识。请收集资料，回答以下问题：
1. 一个完整的试验计划一般应包括几个方面？
2. 为了拟定一个正确的、切实可行的试验方案，需要注意哪些问题？
3. 为什么要设置预试期？</td></tr>
<tr><td>制订计划</td><td colspan="4"></td></tr>
<tr><td rowspan="6">任务实施</td><td colspan="4">按照预先制订的工作计划，完成本任务，并记录任务实施过程。</td></tr>
<tr><td>序号</td><td>完成的任务</td><td>遇到的问题</td><td>解决的办法</td></tr>
<tr><td></td><td></td><td></td><td></td></tr>
<tr><td></td><td></td><td></td><td></td></tr>
<tr><td></td><td></td><td></td><td></td></tr>
<tr><td></td><td></td><td></td><td></td></tr>
</table>

任务准备

一、试验计划的拟定

在进行科学试验前，必须制定出一个科学的、全面的试验计划，以便使该项研究工作能够顺利开展，从而保证试验任务的完成。一个完整的试验计划一般应包括以下几个方面。

（一）课题名称与试验目的

科研课题的选择是整个研究工作的第一步。一般来说，试验课题通常来自两个方面：一是国家或企业指定的试验课题，这些试验课题不仅确定了科研选题的方向，而且为研究人员选题提供了依据，并以此为基础提出最终的目标和题目；二是研究人员自己选定的试验课题。研究人员自选课题时，应该明确为什么要进行这项科学研究，也就是说，应明确研究的目的是什么，解决什么问题，以及在科研和生产中的作用、效果如何等。例如，饲料中添加赖氨酸对仔猪增重的影响试验，主要目的在于提高仔猪的体重。选题时应注意以下几点。

（1）实用性。要着眼于畜牧、水产等科研和生产中急需解决的问题，同时从发展的观点出发，适当照顾到长远或不久将来可能出现的问题。

（2）先进性。在了解国内外该研究领域的进展、水平等基础上，选择前人未解决或未完全解决的问题，以求在理论、观点及方法等方面有所突破。

（3）创新性。研究课题要有自己的新颖之处。

（4）可行性。就是完成科研课题的可能性，无论是从主观条件方面，还是客观条件方面，都要能保证研究课题的顺利进行。课题选择正确，此项研究工作就有了很好的开端。

（二）研究依据

课题确定后，通过查阅国内外有关文献资料，收集国内外在该领域的研究概况、水平和发展趋势。以便阐明本课题的价值和意义，提出本试验的可行性和必要性，说明项目的具体研究内容和重点解决的问题，以及取得成果后的应用推广计划，预期达到的经济技术指标及预期的技术水平等，为试验提出理论依据。

（三）拟定试验方案和选择试验设计方法

试验方案是全部试验工作的核心部分，主要包括研究的因素、水平的确定等。方案确定后，结合试验条件选择合适的试验设计方法。

（四）供试动物的数量及要求

试验动物或试验对象选择正确与否，直接关系到试验结果的正确性。因此，试验动物应力求比较均匀一致，尽量避免不同品种、不同年龄、不同胎次、不同性别等差异对试验的影响。新引进的动物应有一个适应和习惯过程。

（五）试验记录的项目

为了收集分析结果需要的各个方面资料，以表格的形式列出需观测的指标与要求。

（六）试验结果分析

试验结束后，对各阶段取得的资料要进行整理与分析，所以应明确采用的统计分析方法。

（七）试验所需的条件

除已具备的条件外，本试验尚需的条件还有经费、饲料、仪器设备的数量和要求等。

（八）试验的时间、地点和工作人员

试验的时间、地点要安排合适，工作人员要固定，并参加一定培训，以保证试验正常进行。

（九）成果鉴定及撰写学术论文

这是整个研究工作的最后阶段，凡属国家课题应召开鉴定会议，由同行专家做出评价。个人选择课题可以撰写学术论文发表自己的研究成果，根据试验结果做出理论分析，阐明事物的内在规律，并提出自己的见解和新的学术观点。一些重要的个人研究成果，也可以申请相关部门鉴定和国家专利。

二、试验方案的拟定

试验方案按供试因素的多少可区分为单因子试验方案、多因素试验方案。为了拟定一个正确的、切实可行的试验方案，应从以下几个方面考虑。

（一）正确确定试验因素

拟定方案时，要挑选对试验指标影响较大的关键因素。若只考察一个因素，则可采用单因子试验；若是考察两个以上因素，则应采用多因素试验。如进行猪饲料添加某种添加剂的饲养试验，在拟定试验方案时，设置一个添加一定剂量添加剂的处理和不添加添加剂的对照，得到一个包含两个处理的单因子试验方案；或设置几个添加不同剂量添加剂的处理和一个不添加添加剂的对照，得到一个包含多个处理的单因子试验方案。不同添加剂量与不同品种猪的饲养试验，则安排一个二因子试验方案。应该注意，一个试验中研究的因素不宜过多，否则处理数太多，试验过于庞大，试验干扰因素难以控制。凡是能用简单方案的试验，就不用复杂方案的试验。

（二）各因素的处理水平要恰当

各因素水平可根据不同课题、因素的特点及动物的反应能力来确定，以使处理的效应容易表现出来。

水平的数目要适当，水平数目过多，不仅难以反映出各水平间的差异，而且加大了处理数；水平数太少又容易漏掉一些好的信息，致使结果分析不全面。水平间的差异要合理，有些因素在数量等级上只需少量的差异就反映出不同处理的效应，如饲料中微量元素的添加等。而有些则需较大的差异才能反映出不同处理的效应，如饲料用量等。应按照不同课题的目的、要求和被试畜禽对试验因子反应的敏感性来决定各因子处理水平的差异。

（三）试验方案中必须设立作为比较标准的对照

动物试验的目的就是通过比较来鉴别处理效应大小、好坏等。为了达到这一目的，试验方案应当包括各试验处理，以及作为比较的对照。任何试验都不能缺少对照，否则就不能显示出试验的处理效果。根据研究的目的与内容，可选择不同的对照形式。

（1）空白对照。是指在“空白”的条件下进行观察对照。例如，进行添加微量元素的饲养试验，添加微量元素为处理，不添加微量元素为对照，这样的对照为空白对照。

（2）标准对照。是指以某标准值作为对照。如在对某种动物作生理生化指标检验时，所得数据是否异常应与动物的正常值作比较，动物的正常值就是所谓的标准对照。

（3）试验对照。在一定试验要求下特地为本试验而设置的对照。如在杂交试验中，要确定杂交优势的大小，必须以亲本作对照，这就是试验对照。

（4）自身对照。即处理与对照在同一动物上进行，如病畜用药前与用药后生理指标的比较等。

（四）试验处理（包括对照）之间应遵循唯一差异原则

这是指在进行处理间比较时，除试验处理不同外，其他所有条件应当尽量一致或相同，使其具有可比性，才能使处理间的比较结果可靠。例如，进行不同品种猪的育肥试验，各供试猪除品种不同外，其他如性别、年龄、体重等应一致，饲料和饲养管理等条件都应相同，才能准确评定品种的优劣。

（五）试验要设置预试期

所谓预试就是正式试验开始之前根据试验设计进行的过渡试验，为正式试验做好准备工作。其目的如下：

（1）通过预试，使供试的动物适应新的环境，对不合适的试验动物进行调整和淘汰。

（2）测定不同处理动物的初始指标，并检验处理间的指标是否存在差异，以便调整。

（3）观察试验动物的健康，并做好去势、驱虫、防疫等准备工作。

（4）使试验人员熟悉操作方法和程序。

（5）通过对预试所得到的数据资料的分析，还可检查试验设计的科学性、合理性和可行性，发现问题及时解决。预试期间供试动物的数量应适当多于正式试验所需的数量。预试期的长短，可根据具体情况来决定，一般以 10～20 d 为宜。

思政导学

预则立，不预则废。喜欢做计划的人，总能多胜一筹，美国的“销售之王”乔·吉拉德在刚刚接触到推销行业时，平均 1 周能打 40 个电话，工作显得尤为杂乱。后来他认识到，要提高工作效率，就必须花足够的时间在事前做好计划。吉拉德把所打的电话记在卡片上，每周有 40～50 张卡片。他可以根据卡片的内容安排下次谈话的话题和要写的信，再排出日程表，列出周一到周五的工作顺序，其中包括每天要做的事。

大家知道，做计划是一项既琐碎又枯燥的工作，往往要花去 4～5 h，刚开始他总是做到一半就想放弃。但是坚持一段时间后，就尝到了甜头，因为做好计划之后，他工作效率大大提高。从此，吉拉德不再急着打电话而是抽出一上午的时间做好计划，然后是精神饱满、信心十足地会见客户。吉拉德所做计划非常成功，从一个手脚忙乱的推销员走上了财富自由之路。他再次坚定了自己的信念——要确保成功，就必须制订计划。

（资料来源：作者根据相关资料整理）

思考分析：计划对每个人来说都是必要的，如果做事没有计划，行动起来就会像无头苍蝇一样，必然低效、混乱、失败。所以只有事前拟订好行动计划，梳理做事的步骤，执行起来才能应付自如。

任务筹划

畜牧兽医试验设计的基本内容如图 5-2 所示。

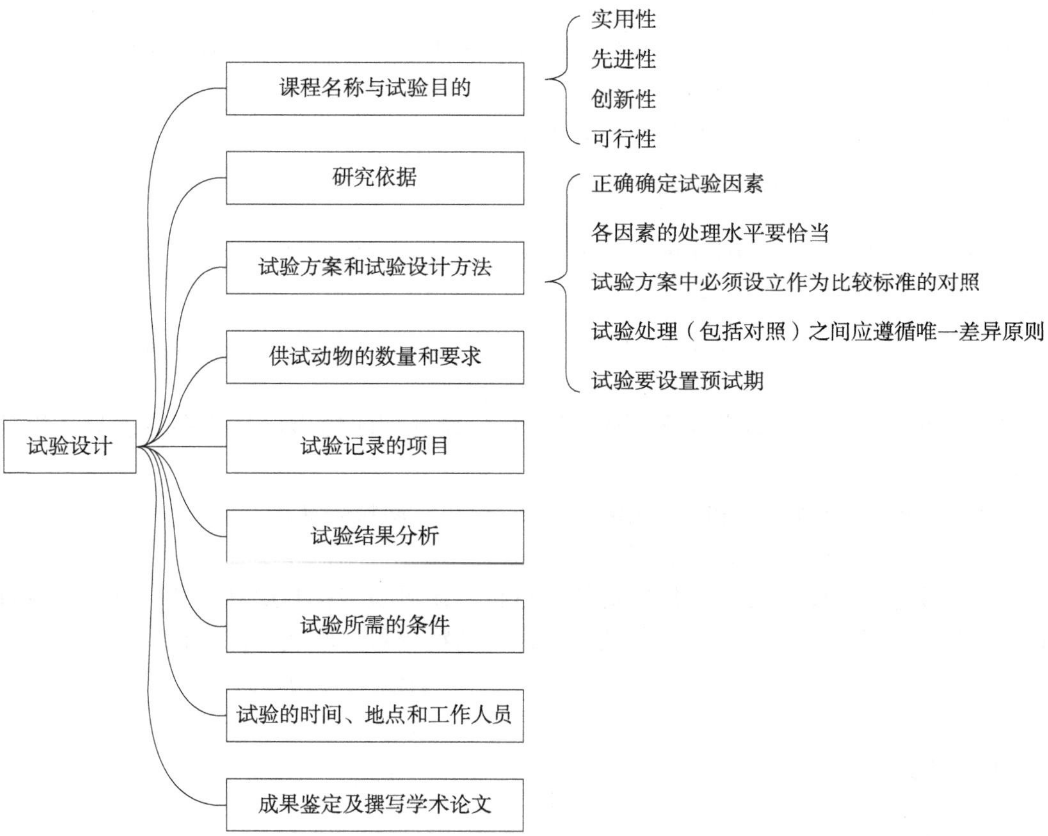

图 5-2　畜牧兽医试验设计内容

任务实施

步骤一：

步骤二：

步骤三：

步骤四：

步骤五：

二维码 5-2

任务检测

使用微信小程序扫码进入在线测试，可多次答题，直到获得满意的结果。

任务评价

根据任务完成情况，进行任务评价，详见表 5-2。

表 5-2　工作任务完成过程评价

班级：＿＿＿＿＿＿＿＿　　姓名：＿＿＿＿＿＿＿＿　　学号：＿＿＿＿＿＿＿＿

项目	评分标准	分值	自我评价	小组评价	教师评价
实操技能	正确地确定试验的单元	30			
	合理确定试验因子及试验水平	30			
	准确设置试验研究的对照组	20			
	明确试验期所需动物数量、预试期的长短及其他需要做的工作	20			
合计		100			
自我评价与总结					
教师点评					

任务三　抽样的基本方法及应注意的问题

任务导入

如果我们要求调查研究或试验结果精确性高，则样本含量就要大，并且越大越好。

但若样本太大，就会花费过多的人力、物力和时间。特别是破坏性试验，如畜牧试验中猪、牛、羊等动物的屠宰试验。即使不是破坏性试验，如在农村进行活猪体重调查时，抓猪、拴猪也容易发生掉膘现象。所以，在实际调查与试验研究中，却要求样本越小越好。但样本太小必然影响精确性。因此，需要研究在 1 次调查或试验中如何确定适宜样本含量的问题。

任务：某地需抽样调查猪蛔虫感染率。根据以往经验，猪蛔虫感染率一般在 45% 左右。若规定允许误差为 3.2%，选定 α=0.05，试求出样本含量（n=929 头）。

任务工单

班级：__________ 姓名：__________ 学号：__________

<table>
<tr><td>任务名称</td><td colspan="4">抽样的基本方法及应注意的问题</td></tr>
<tr><td>任务描述</td><td colspan="4">任务内容：根据以往猪蛔虫感染率、允许误差，计算出样本含量。
任务目的：掌握样本含量的计算方法。
任务流程：①判断样本类型；②选择正确的计算方法进行估算。
任务方法：查阅资料、小组讨论。</td></tr>
<tr><td>获取信息</td><td colspan="4">要完成任务，需要掌握相关的知识。请收集资料，回答以下问题：
1. 抽样的方法有哪些？各适用于什么情况？

2. 样本的含量如何进行计算？</td></tr>
<tr><td>制订计划</td><td colspan="4"></td></tr>
<tr><td rowspan="6">任务实施</td><td colspan="4">按照预先制订的工作计划，完成本任务，并记录任务实施过程。</td></tr>
<tr><td>序号</td><td>完成的任务</td><td>遇到的问题</td><td>解决的办法</td></tr>
<tr><td></td><td></td><td></td><td></td></tr>
<tr><td></td><td></td><td></td><td></td></tr>
<tr><td></td><td></td><td></td><td></td></tr>
<tr><td></td><td></td><td></td><td></td></tr>
</table>

任务准备

一、抽样的目的和要求

抽样调查是指在全体调查对象中，通过某种方法抽取部分有代表性的对象进行调查，并以样本去推断总体。例如，在医学上验血，经常是抽一滴血作为样本，来诊断人的健康与否，实际就是一个抽样。在科学研究工作中，我们总是希望对所研究的总体能做出全面的观察，但在实际工作中，由于人力、物力及时间的限制，不可能也没有必要对总体的每个个体全部进行研究，而只能采用抽样的方法，即抽取总体中一部分样本来加以研究，进行统计分析来说明总体。例如，我国黑白花奶牛 305 d 的产奶量，虽是客观存在的，但由于它是一个包含数十万头，甚至更大的总体，我们不能一一调查统计，而且数字经常在变动，也不可能精确，只能采取抽样方法，即在该总体中抽取部分样本，通过样本研究总体的特征。为此，我们要求样本必须来自这个总体，要求样本具有代表性，所选用的方法与抽样的目的一致。抽样的原则是要求所抽的样本是随机的，以消除主观偏见的影响。因此，为了取得统计的原始数据，我们需要事先做好抽样方案，要求目的明确，通过选用合适的抽样方法，确定适宜的样本含量，规定所研究总体的范围和抽样单元，以及研究确定性状的标志值，以求达到一定的精确度下得出统计推断的目的。

二、抽样的方法

不同的抽样方法选择正确与否，直接影响由样本所估计总体参数的准确性，常用的抽样方法有以下 5 种。

（一）随机抽样

这种方法是最简单和最常用的抽样方法。首先，将有限总体内的所有个体全部编号，其次，用抽签、抓阄或用随机数字表的方法，随机抽取若干个个体作为样本。如欲抽样调查某猪场母猪繁殖性能，应先将母猪逐一编号，再用抽签、抓阄或随机数字表按所需数量抽样，抽取的每一个个体均为调查对象。完全随机抽样适用于个体均匀程度较好的总体。

（二）顺序抽样

顺序抽样也称系统抽样。首先，将有限总体内的每个个体按其自然状态编号，其次，根据调查所需的数量，按一定间隔顺序抽样。如对某牧场 500 只奶山羊进行传染性无乳症的调查，抽查 50 只。可按编号顺序每隔 10 只抽 1 只，但第 1 个调查号应从 1～10 中随机选取。此法简便易行，但也有缺点，如果某些总体存在显著周期性现象，则很可能会得到一个偏性较大的样本。这种偏差统计上称为系统误差，应予以避免。故适用于个体分布均匀的总体。

（三）分等按比例随机抽样

分等按比例随机抽样又称分层按比例随机抽样。首先，按某些特征或变异原因将抽样总体分成若干等次（层次），在各等次（层次）内按其占总体的比例随机抽取各等次（层次）的样本，其次，将各等次（层次）抽取的样本合并在一起即为整个调查样本。例如，我们要调查某品种山羊产乳量，计划抽取 200 只作为样本测定，根据事先了解，将分布区域按质量分为 3 层，已知质量好的区占总体的 30%，为第 1 层；中等区占总体的 50%，为第 2 层；较差的区占总体的 20%，为第 3 层。抽样时，我们可在第 1 层随机抽取 60 只，第 2 层随机抽取 100 只，第 3 层随机抽取 40 只，合起来作为一个样本测定其产乳量。但如果分层不正确或各层头数所占比例不恰当，也会影响抽样的准确性。

（四）群组抽样

此种抽样是把总体划分成若干个群组，然后以群组为单位随机抽样，即每次抽取的不是一个个体，而是一群动物。每次抽取的群体可大小不等，但应对被抽取群体的每一个个体逐一进行调查。随机群组抽样容易组织，节省人力、物力，适用于群体差异较大，分布不太均匀的总体。

（五）多级随机抽样

当调查的总体很大并可以系统分组时，常采用多级随机抽样的方法。例如，调查某城市奶牛某一胎 305 d 产奶量，可采用 3 级抽样：农场为 1 级抽样单位，分场为 2 级抽样单位，奶牛个体为 3 级抽样单位。多级抽样可以估计各级的抽样误差和探讨合理的抽样方案。

三、样本含量的确定

在抽样调查研究时，样本含量的大小关系到调查结果的精确性。样本含量太大，需耗费较多的人力、物力及资金；样本含量太小，增大了偶然性，使抽样误差大，影响调查结果的精确性。因此，在一般调查或科学试验中，应合理地确定样本的含量。

（一）调查研究中样本含量的估计

1. 平均数抽样调查的样本含量估计

目前对调查研究所需样本含量，还没有一个精确的估计方法。根据以往研究，一般要求样本含量占抽样总体的 5% 为最小量，对变异较小的群体，则可低于 5%。调查样本含量与调查要求的准确性高低及所研究对象的变异度大小有关。因此，需要提出我们能够接受的允许误差，并初步了解调查指标变异度的大小。

设样本平均数的允许误差为 $\varDelta$，由标本平均数与总体平均数差异显著性检验的 t 检验公式推出的样本含量计算公式

$$n = t_{\alpha}^{2} s^{2} / \varDelta^{2} \tag{5-1}$$

式中，n 为样本含量；t_{α} 为自由度 $n-1$、两尾概率为 α 的临界 t 值；s 为标准差，一般由前人经验或小型调查估得；$\varDelta$ 为允许误差$(\bar{x}-\mu)$，可根据调查要求的准确性确定。

在首次计算时，可先用 $df=\infty$ 时 t_{α}（当置信度为 95% 时，$t_{\alpha}=t_{0.05}=1.96$；置信度为 99% 时，$t_{\alpha}=t_{0.01}=2.58$）值代入，若算得 $n<30$，再用 $df=n-1$ 的 t_{α} 代入计算，直到 n 稳定为止。

一般的抽样调查，样本含量多超过 30，这时 $t_{0.05}$ 的变化不大，约等于 2，所以公式可简化为

$$n=\frac{4s^2}{\Delta^2} \tag{5-2}$$

例 5-1　进行南阳黄母牛体高调查，已测得南阳黄母牛的体高的标准差 s=4.07 cm，今欲以 95% 的置信度使调查所得的样本平均数与总体平均数的允许误差不超过 0.5 cm，问需要抽取多少头黄牛组成样本才合适？

已知：s=4.07，Δ=0.5，1-α=0.95，先取 $t_{0.05}$=1.96，代入公式（5-1）得

$$n=1.96^2\times\frac{4.07^2}{0.5^2}=254.54\approx255\text{（头）}$$

即对南阳黄母牛体高进行调查，至少需要调查 255 头，才能以 95% 的置信度使调查所得样本平均数与总平均数相差不超过 0.5 cm。

2. 百分数抽样调查样本含量估计

如果我们调查的目的是对服从二项分布的总体百分数做出估计，由样本百分数与总体百分数差异显著性检验公式推出样本含量计算公式

$$n=t_{\alpha}^2pq/\Delta^2 \tag{5-3}$$

式中，n 为样本含量；p 为总体的百分数；q=1-p；t_{α} 为两尾概率为 α 的临界 t 值，$t_{0.05}$=1.96，$t_{0.01}$=2.58；Δ 为允许误差（$\hat{p}-p$），$\hat{p}$为样本百分率，可由经验得出。

同理可简化为

$$n=\frac{4pq}{\Delta^2} \tag{5-4}$$

例 5-2　欲了解某地区鸡新城疫感染率，已知通常感染率约为 60%，若规定允许误差为 3%，取置信度 1-α=0.95，问至少需要调查多少只鸡？

将 p=0.6，q=1-p=1-0.6=0.4，Δ=0.03，$t_{0.05}$=1.96 代入公式（5-3）得

$$n=\frac{1.96^2\times0.6\times0.4}{0.03^2}\approx1\,025\text{（只）}$$

即至少需要调查 1 025 只鸡，才能以 95% 的置信度使调查所得的样本百分数与总体百分数相差不超过 3%。

（二）试验研究中重复数的估计

1. 配对试验中重复数的估计

由配对试验 t 检验公式导出

$$n=\frac{t_{\alpha}{}^2s_d^2}{\bar{d}^2} \tag{5-5}$$

式中，n 为试验所需动物对子数，即重复数；s_d 为差数标准误，根据以往的试验或经验估计；t_{α} 为自由度 n-1、两尾概率为 α 的临界 t 值；$\bar{d}$为要求预期达到差异显著的平均数差值（$\bar{x}_1-\bar{x}_2$）。

首次计算时以 $df=\infty$ 的 t_{α} 值代入计算，若 $n\leqslant15$，则以 $df=n-1$ 的 t_{α} 值代入再计算，直到 n 稳定为止。

例 5–3 比较两个饲料配方对猪增重的影响，配对设计，希望以 95% 的置信度在平均数差值达到 1.5 kg 时，测出差异显著性。根据以往经验 s_d=2 kg，问需要多少对试验家畜才能满足要求?

将 $t_{0.05}$（∞）=1.96，s_d=2，$\bar{d}$ =1.5 代入公式（5–5）得

$$n=\frac{1.96^2\times 2^2}{1.5^2}\approx 7（对）$$

因为 n<15，再以 df=7−1=6 时，$t_{0.05}$=2.477 代入公式（5–5）得

$$n=\frac{2.477^2\times 2^2}{1.5^2}\approx 11（对）$$

再以 n=11，df=11−1=10 时，$t_{0.05}$=2.2 代入公式（5–5）得

$$n=\frac{2.2^2\times 2^2}{1.5^2}\approx 9（对）$$

再以 n=9，df=8 时，$t_{0.05}$=2.3 代入公式（5–5）得

$$n=\frac{2.3^2\times 2^2}{1.5^2}\approx 9（对）$$

n 已稳定为 9，故该配对试验至少需 9 对试验家畜才能满足试验要求。

2. 非配对试验中重复数的估计

对于随机分为两组的试验，若 n_1=n_2，可由非配对 t 检验公式导出

$$n=\frac{2t_{\alpha}^2 s^2}{(\bar{x}_1-\bar{x}_2)^2} \tag{5-6}$$

式中，n 为每组试验动物头数，即重复数；t_α 为 df=2（n−1）、两尾概率为 α 的临界 t 值；s 为标准差，根据以往的试验或经验估计；（$\bar{x}_1-\bar{x}_2$）为预期达到差异显著的平均数差值。

首次计算时，以 df= ∞时的 t_α 值代入计算，若算出的 n≤15，则以 df=2（n−1）的 t_α 值代入再计算，直到 n 稳定为止。

例 5–4 对例 5–3，若采用非配对试验，根据以往经验 s=2 kg，希望以 95% 的置信度在平均数差值达到 1.5 kg 时，测出差异显著性，问每组至少需要多少头试验家畜才能满足要求?

将 $t_{0.05}$（∞）=1.96，s=2，$\bar{x}_1-\bar{x}_2$ =1.5 代入公式（5–6）得

$$n=\frac{2\times 1.96^2\times 2^2}{1.5^2}=13.66\approx 14（头）$$

以 n=14，df=2 ×（14−1）=26 的 $t_{0.05}$=2.056 代入公式（5–6）得

$$n=\frac{2\times 2.056^2\times 2^2}{1.5^2}=15.03\approx 15（头）$$

再以 n=15，df=2×（15−1）=28 的 $t_{0.05}$=2.048 代入公式（5-6）得

$$n=\frac{2\times2.048^2\times2^2}{1.5^2}=14.91\approx15\text{（头）}$$

n 已稳定在 15，即本次试验两组均至少需 15 头试验家畜才能满足要求。

3. 多个处理比较试验中重复数的估计

当试验处理数 k≥3 时，各处理重复数可按误差自由度过 df_e≥12 的原则来估计。因为当 df_e 超过 12 时，F 表中的 F 值减少的幅度已经很小了。

（1）完全随机设计。由 df_e=k（n−1）≥12，得重复数的估算公式

$$n\geqslant\frac{12}{k}+1$$

由公式可知，若 k=3，则 n≥5；k=4，则 n≥4……但当处理数 k>6 时，重复数仍应不少于 3。

（2）随机单位组设计。以 df_e=（k−1）（n−1）≥12，得重复数的估算公式

$$n\geqslant\frac{12}{k-1}+1$$

由公式可知，若 k=3，则 n≥7；k=4，则 n≥5……但当处理数 k>7 时，重复数仍应不少于 3。

在配对试验、非配对试验和多个处理比较试验中，同一处理的不同重复意味着同一处理实施在不同的试验单位上。若试验以个体为试验单位，则同一处理的不同重复是指同一处理实施在不同个体上；若以群体为一个试验单位，则同一处理的不同重复是指同一处理实施在不同群体上，这时如果每次处理只实施在一个群体上，不管这群动物的数量有多少，实际上相当于只实施在一个试验单位上，只能获得一个观测值，也就无法估计试验误差。

思政导学

在社会经济发展过程中，人口始终是一个重要因素，其年龄、性别、受教育程度、结构和生育、就业等因素对一个国家或地区的经济发展潜力、社会进步状态有全面而深远的影响。人口变动情况是人口统计的重要内容，国务院 2010 年颁布的《全国人口普查条例》明确规定，人口普查每 10 年进行 1 次，尾数逢 0 的年份为普查年度。我国作为世界上人口最多的国家，经济发展速度快，社会流动规模大，经过 10 年的发展，人口结构必然会发生很大的变化，所以又建立了在两次全国人口普查之间的 1% 人口抽样调查制度，又称为“小普查”。开展全国 1% 人口抽样调查，能准确、及时地掌握各地区的人口变动情况，对研究未来人口发展趋势，保障、改善民生，以及制定各项方针政策都具有极其重要的意义。

（资料来源：作者根据相关资料整理）

思考分析： 世上没有两片完全相同的树叶，现实社会中更没有两个完全相同的人。在各种社会总体都普遍存在异质性的现实面前，严格的概率抽样程序与方法就不可少。

任务筹划

对于样本含量的确定如图 5-3 所示。

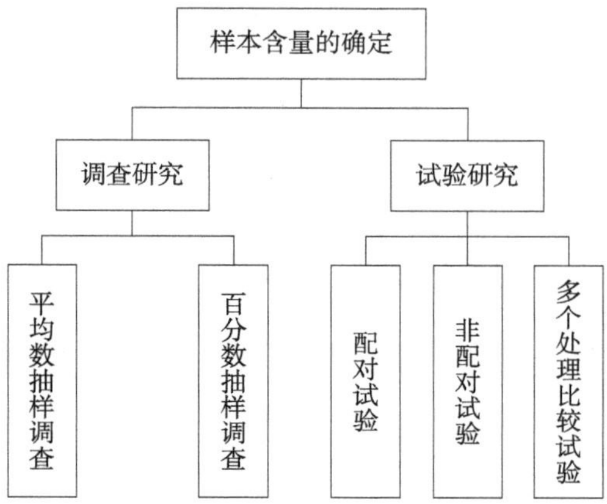

图 5-3　试验设计样本含量确定

任务实施

步骤一：

步骤二：

步骤三：

步骤四：

步骤五：

任务检测

二维码 5-3

使用微信小程序扫码进入在线测试，可多次答题，直到获得满意的结果。

任务评价

根据任务完成情况，进行任务评价，详见表 5-3。

表 5-3　工作任务完成过程评价

班级：________　姓名：________　学号：________

项目	评分标准	分值	自我评价	小组评价	教师评价
知识技能	准确判断所给出数据的类型	20			
实操技能	应用对应公式计算，并且计算结果正确	80			
合计		100			
自我评价与总结					
教师点评					

任务四　试验设计的原则和方法

任务导入

试验设计方法在科学研究和试验研究中起着至关重要的作用。它是指在科学试验中，为了验证某个假设或解决某个问题，制定和实施的一系列步骤和规划。试验设计方法使研究者能够更加准确地推断和解释试验结果，从而得出科学结论。试验设计方法有许多种，根据试验目的和试验条件的不同，可以选择适合的试验设计方法。常见的试验设计方法，包括完全随机设计、配对设计、随机单位组设计、交叉设计、拉丁方设计和正交设计。

任务：结合生产实际以小组形式设计一个饲养试验。

任务工单

班级：__________ 姓名：__________ 学号：__________

<table>
<tr><td>任务名称</td><td colspan="4">试验设计的原则和方法</td></tr>
<tr><td>任务描述</td><td colspan="4">任务内容：通过所学知识，结合生产实际设计一个饲养试验。
任务目的：了解畜牧兽医试验设计的原则，学会常用试验设计的方法，并选择统计分析方法。
任务流程：①制定研究课题的名称及试验目的；②确定该试验研究的因素、水平；③选择合适的试验设计方法，选择试验动物；④对资料进行整理与分析；⑤计算出试验结果。
任务方法：查阅资料、小组讨论。</td></tr>
<tr><td>获取信息</td><td colspan="4">要完成任务，需要掌握相关的知识。请收集资料，回答以下问题：
1. 产生试验误差的主要原因是什么？如何避免系统误差、降低随机误差？

2. 试验设计应遵循哪 3 条基本原则？这 3 条基本原则的相互关系与作用有哪些？

3. 常用的试验设计方法有哪几种？各有何优缺点？各在什么情况下应用？</td></tr>
<tr><td>制订计划</td><td colspan="4"></td></tr>
<tr><td rowspan="6">任务实施</td><td colspan="4">按照预先制订的工作计划，完成本任务，并记录任务实施过程。</td></tr>
<tr><td>序号</td><td>完成的任务</td><td>遇到的问题</td><td>解决的办法</td></tr>
<tr><td></td><td></td><td></td><td></td></tr>
<tr><td></td><td></td><td></td><td></td></tr>
<tr><td></td><td></td><td></td><td></td></tr>
<tr><td></td><td></td><td></td><td></td></tr>
</table>

任务准备

一、试验设计的原则

（一）试验误差

在畜牧兽医试验中，试验处理常常受到许多外来因素的影响，使试验处理的效应不能真实地反映出来，也就是说，试验所得到的观测值，不但有处理的真实效应，而且还包含其他因素的影响，这就出现了实测值与真值的差异，这种差异在数值上的表现称为试验误差。

由于产生误差的原因和性质不同，试验误差可分为系统误差（片面误差）、随机误差（抽样误差）两类。

（1）系统误差，又叫片面误差，是由于试验条件所带来的差异。例如，试验畜禽品种不同或体重不同，饲养方式不同及称重顺序的不随机等造成的误差。它一般朝一定方向递增或递减，以偏差的形式影响试验的准确性，是统计推断中产生重大错误的原因。但是，这类误差可以通过制定合理的试验设计和方案的严谨实施是完全可以控制和消除的。例如，试验时选择遗传性相似、性别相同、体重相近的畜禽进行试验，工作人员认真负责，统一标准，校准器具等就可能消除系统误差或将其转化为随机误差。

（2）随机误差，是由偶然因素引起的差异，主要指那些不易控制的环境的差异，如栏舍温度、湿度、光照、通风不同所引起的差异等和一些随机因素引起的偶然差异，如偶然疾病的侵袭、饲料的不稳定等引起的差异。这类误差的产生具有一定偶然性，所以又称为偶然误差。它是客观存在的，即使小心管理亦难完全消除，通过努力只能降低。

系统误差影响试验的准确性，随机误差影响试验的精确性。为了提高试验的准确性与精确性，即提高试验的正确性，必须避免系统误差，降低随机误差。

（二）试验设计的基本原则

合理的试验设计既能获得试验处理效应与试验误差的无偏估计，也能控制和降低随机误差，提高试验的精确性。因此，在试验设计时必须遵循以下基本原则。

1. 设置重复

重复是指试验中同一处理实施在两个或两个以上的试验单位上。设置重复的主要作用在于估计试验误差和降低试验误差。如果同一处理只实施在一个试验单位上，那么只能得到一个观测值，则无法看出差异，因而无法估计试验误差的大小。只有当同一处理实施在两个或两个以上的试验单位上，获得两个或两个以上的观测值时，才能估计出试验误差。根据样本标准误与标准差的关系可以看出，同一试验，重复越多，则误差越小。但在实际应用时，重复数太多，试验动物的初始条件不易控制一致，也不一定能降低误差。重复数的多少可根据试验的要求和条件而定。

（1）若供试动物个体间差异较大，重复数应多些；差异较小，重复数可少些。

（2）若试验条件变化大，重复数应多一些。

（3）精确度要求越高，重复数应越多。

2. 随机化

随机化是指在对试验动物进行分组时必须使用随机的方法，使供试动物都有相同的机会进入各试验组或对照组中去，避免试验动物分组时试验人员主观倾向的影响。这是在试验中排除非试验因素干扰的重要手段，降低和排除系统误差，获得无偏的误差估计量。

3. 局部控制

在试验中，无论怎么努力，也无法使所有试验条件完全一致，因此，试验时经常采用局部控制的办法。局部控制是指在试验时采取一定的技术措施或方法来控制或降低非试验因素对试验结果的影响。

试验的局部控制，可从以下几个方面考虑。

（1）试验动物的选择要尽量做到一致。最好选用品种、性别、年龄相同，体重相似的畜禽用于试验。

（2）施加的处理条件要一样。对接受同一处理的个体，应给予完全相同的条件。如，同一试验组的家畜应争取放在同一圈或条件完全相同的畜舍内饲养，喂料、打扫应争取在同一时间内进行，供试家畜应由同一人饲养。

（3）严格控制各种干扰因素。试验过程中，如还有各种外来的干扰因素，如饲料的突然改变、疾病的侵袭等，必须及时加以控制或排除。

以上所述重复、随机化、局部控制 3 个基本原则称为“费雪”三原则，是试验设计中必须遵循的原则，再采用相应的统计分析方法，就能够最大程度地降低并无偏估计试验误差，无偏估计处理的效应，从而对于各处理间的比较做出可靠的结论。试验设计三原则的关系和作用如图 5-4 所示。

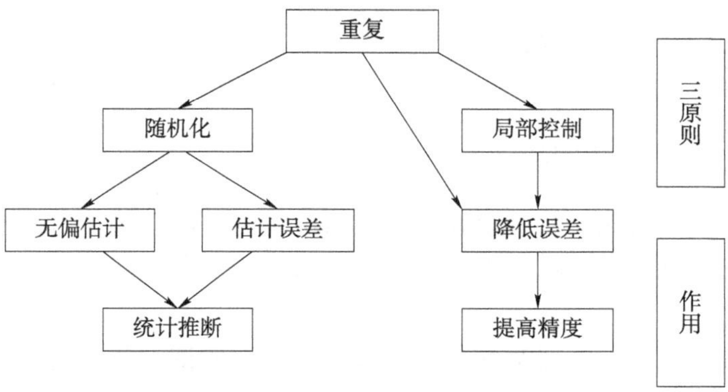

图 5-4　试验设计三原则的关系

二、试验设计的方法

根据上述原理的应用情况，常用的单因子试验设计方法有完全随机设计、配对设计、随机单位组设计、拉丁方设计和交叉设计，多因子试验则用正交设计。现分述如下：

（一）完全随机设计

完全随机设计是根据试验处理数据将全部供试动物随机地分成若干组，然后再按组实施不同处理的设计。这种设计保证每头供试验动物都有相同机会进入任何一组，接受任何一种处理，而不受人为主观倾向的影响。在试验中，当试验条件特别是试验动物的初始条件比较一致时，可采用完全随机设计。这种设计应用了重复和随机化两个原则，因此能使试验结果受非处理因素的影响基本一致，从而使这些因素的作用相互抵消，达到突出反映某种处理效果的目的。

1. 供试动物头数的确定

在进行试验设计时，为了有足够的数据分析出各处理之间差异在一定范围内达到显著，并保证结果有一定的可靠性，又尽可能缩小试验规模，设计试验时要确定供试畜禽的最小单元数。一般可凭以往经验及可靠资料直接确定或用以下方法估算。

根据非配对资料显著性检验——t 检验法，推算出试验所需要的家畜头数。

由

$$t=\frac{\bar{x}_1-\bar{x}_2}{s_{\bar{x}_1-\bar{x}_2}}=\frac{\bar{x}_1-\bar{x}_2}{\sqrt{\frac{s_1^2}{n_1}+\frac{s_2^2}{n_2}}} \tag{5-7}$$

设 $n_1=n_2$ 时，$s_1^2=s_2^2=s^2$。

$$t=\frac{\bar{x}_1-\bar{x}_2}{\sqrt{\frac{2s^2}{n}}} \tag{5-8}$$

等式两端取平方

$$t^2=\frac{(\bar{x}_1-\bar{x}_2)^2}{\frac{2s^2}{n}}=(\bar{x}_1-\bar{x}_2)^2\frac{n}{2s^2},\ \frac{t^2}{n}=\frac{(\bar{x}_1-\bar{x}_2)^2}{2s^2} \tag{5-9}$$

欲达到 $p=0.05$ 时，t 值取 $t_{0.05}=2$，则

$$n=\frac{2t_{0.05}^2s^2}{(\bar{x}_1-\bar{x}_2)^2}=\frac{8s^2}{(\bar{x}_1-\bar{x}_2)^2} \tag{5-10}$$

例 5-5　比较两组配对饲养试验对猪增重的影响，希望本次试验结果的平均差值为 15 kg 内测出差异显著性，根据以往经验 s=20 kg。问每组需要多少头试验家畜才能满足要求？

代入公式（5-10）得

$$n=\frac{2\times2^2\times20^2}{15^2}=14.2\approx14(\text{头})$$

再以 n=14，df=14+14-2=26，$t_{0.05}$（26）=2.1 代入公式（5-10）得

$$n=\frac{2\times2.1^2\times20^2}{15^2}=15.68\approx16(\text{头})$$

再以 n=16，df=16+16-2=30，$t_{0.05}$（30）=2，计算与第 1 次计算相同，可以基本稳定在 14 头，即本次试验的家畜两组均确定在 14 头为宜。

2. 完全随机的分组方法

完全随机设计的实质是将供试动物随机分组。随机分组的方法有抽签法和用随机数字表法，以用随机数字表法为好，因为随机数字表上所有的数字都是按随机抽样原理编制的，表中任何一个数字出现在任何一个位置都是完全随机的。除从随机数字表（附表 1）可查得随机数字外，有些电脑及计算器均有此功能，用起来则更方便。

分组的步骤：

（1）将经选择的供试动物按体重大小编号。

（2）在随机数字表任一数字开始，连续写出与供试动物头数相同的两位随机数字。

（3）如分两组，按随机数字的单双任意代表甲、乙两组。若分 3 组以上，将抄写

的随机数字分别用组数去除，除不尽将最小余数写下，除尽者将除数写下。

（4）以余数大小分别代表各组。

（5）分组结果各组头数不相等时，用随机的方法调整。可在分组时所取随机数字后连续抄写与调整头数相同的两位数随机数字，以被调整组头数为最大除数，有几个随机数字，依次用几个数去除，然后将被调整组中与余数相同顺序的个体，按余数大小分别调给头数少的组。

①两个处理比较的分组。

例 5–6 现有同品种、同性别、同年龄、体重相近的健康的动物 18 只，试用完全随机的方法分成甲、乙两组，见表 5–4。

表 5–4 利用完全随机的方法分组资料

动物编号	1	2	3	4	5	6	7	8	9
随机数字	16	22	77	94	39	49	54	43	54
组别	乙	乙	甲	乙	甲	甲	乙	甲	乙
调整组别									
动物编号	10	11	12	13	14	15	16	17	18
随机数字	82	17	37	93	23	78	87	35	20
组别	乙	甲	甲	甲	甲	乙	甲	甲	乙
调整组别			乙						

首先，将 18 只动物依次编为 1，2，…，18 号，其次，从随机数字表中任意一个随机数字开始，向任一方向（左、右、上、下）连续抄下 18 个（两位）数字，分别代表 18 只动物。令随机数字中的单数为甲组，双数为乙组。如从随机数字表（Ⅰ）第 6 行的 16 开始向右连续抄下 18 个随机数字填入表第 2 行。

随机分组结果：

甲组：3，5，6，8，11，12，13，14，16，17；

乙组：1，2，4，7，9，10，15，18。

甲组比乙组多 2 只，需要从甲组调整 1 只到乙组。仍用随机的方法进行调整。在前面 18 个随机数字后再接着抄下 1 个数字：96，分别除以 10（调整时甲组的动物只数），余数为 6，则把分配给甲组的第 6 只动物（12 号）分到乙组。调整后的甲、乙两组动物编号，见表 5–5。

表 5–5 两组动物编号

甲组	3	5	6	8	11	13	14	16	17
乙组	1	2	4	7	9	10	12	15	18

② 3 个以上处理比较的分组。

例 5–7 设有同品种、同性别、体重相近的健康仔猪 18 头，按体重大小依次编为 1，2，3，…，18 号，试用完全随机的方法，把它们等分成甲、乙、丙 3 组。

由随机数字表（Ⅰ）第 7 行第 1 个数 84 开始，向右依次抄下 18 个数，填入表 5–6

第 2 横行，见表 5-6。

表 5-6　随机数字分组

动物编号	1	2	3	4	5	6	7	8	9	10	11	12	13	14	15	16	17	18
随机数字	84	42	17	53	31	57	24	55	06	88	77	04	74	47	67	21	76	33
以 3 除后之余数	0	0	2	2	1	0	0	1	0	1	2	1	2	2	1	0	1	0
组别	丙	丙	乙	乙	甲	丙	丙	甲	丙	甲	乙	甲	乙	乙	甲	丙	甲	丙
调整组别												丙		乙				

一律以 3（处理数）除各随机数字，若余数为 1，即将该仔猪归于甲组；余数为 2，归入乙组；商为 0 或余数为 0，归入丙组，见表 5-7。

表 5-7　随机分组结果

甲组	5	8	10	12	15	17	
乙组	3	4	11	13	14		
丙组	1	2	6	7	9	16	18

结果归入甲组 6 头仔猪，乙组 5 头仔猪，丙组 7 头仔猪。各组头数不等，应将丙组多余的 1 仔猪头调整给乙组。调整丙组的 1 头仔猪仍然采用随机的方法。从随机数字 33 后面接下去抄一个数 50，然后除以 7（丙组原分配 7 头），得第 1 个余数为 1，则把原分配在丙组的 7 头仔猪中第 1 头仔猪即 1 号仔猪改为乙组。这样各组的仔猪数就相等了。调整后各组的仔猪编号，见表 5-8。

表 5-8　调整后的仔猪编号

组别	仔猪编号					
甲组	5	8	10	12	15	17
乙组	1	3	4	11	13	14
丙组	2	6	7	9	16	18

以上是用完全随机的方法，将试验动物分为两组或 3 组的情形，若将试验仔猪分为 4 组、5 组或更多的组，方法相同。

3. 试验结果的统计分析

对于完全随机试验的统计分析，由于试验处理数不同，统计分析方法也不同。

若试验仅分为两组，一组为对照，另一组为试验组，在分析两组平均数之间差异是否显著时，可用非配对试验的 t 检验法。若试验分为 3 组或 3 组以上时，可用单因子方差分析法进行 F 检验。

4. 完全随机设计的优缺点

完全随机设计是一种最简单的设计方法。主要优点如下：

（1）设计容易。处理数与重复数都不受限制，适用于试验条件、环境、试验动物差异较小的试验。

（2）统计分析简单。无论所获得的试验资料各处理重复数相同与否，都可采用 t 检验法或方差分析法进行统计分析。

主要缺点如下：

（1）由于未应用试验设计三原则中的局部控制原则，非试验因素的影响被归入试验误差，试验误差较大，试验的精确性较低。

（2）在试验条件、环境、试验动物差异较大时，不宜采用此种设计方法。

（二）配对设计

如果供试动物的年龄、体重等条件相差很大或者试验的精确度要求高，完全随机设计难以满足试验要求时，可采用配对设计。配对设计就是把窝别和性别相同，年龄和体重基本相似的两头试畜配成一对，配成对子的两个试验单位的初始条件尽量一致，不同对子间试验单位的初始条件允许有差异，每一个对子就是试验处理的一个重复，然后将配成对子的两个试验单位随机地分配到两个处理组中。

1. 试验单元的确定

计算公式是用配对试验的 t 检验法，推算出所需要的试验家畜头数。由

$$t=\frac{\bar{d}}{s_{\bar{d}}} \tag{5-11}$$

$$t=\frac{\bar{d}}{\frac{s_d}{\sqrt{n}}}=\frac{\bar{d}}{s_d}\sqrt{n} \tag{5-12}$$

$$\frac{t}{\sqrt{n}}=\frac{\bar{d}}{S_d} \tag{5-13}$$

欲达到 p=0.05 时，则将上式的 t 取为 $t_{0.05}$，则

$$\frac{t_{0.05}}{\sqrt{n}}=\frac{\bar{d}}{s_d}$$

$$n=\frac{(t_{0.05}s_d)^2}{\bar{d}^2}=\frac{4s_d^2}{\bar{d}^2} \tag{5-14}$$

例 5–8 比较两组配对饲养试验对猪增重的影响，希望本次试验结果的平均差值为 15 kg 内测出差异显著性，根据以往经验 s_d=20 kg。问每组需要多少头试验家畜才能满足要求？

代入公式（5–14）得

$$n=\frac{4\times 20^2}{15^2}=7(\text{对})$$

由于公式是按 $t_{0.05}$ 的自由度大于 30 时计算所得，求得试验头数为 7 对，但 7 对是

否合适，还需要以 $n=7$ 再作一次试算，以求得稳定的 n 值。

当 $n=7$，$df=n-1=6$ 时，$t_{0.05}$（6）=2.477≈2.5，代入公式（5-14）得

$$n=\frac{2.5^2\times20^2}{15^2}=11(\text{对})$$

再以 $n=11$，$df=11-1=10$ 时，$t_{0.05}$（10）=2.2，代入公式（5-14）得

$$n=\frac{2.2^2\times20^2}{(15)^2}=9(\text{对})$$

再以 $n=9$，$df=9-1=8$ 时，$t_{0.05}$（8）=2.3，代入公式（5-14）得

$$n=\frac{2.3^2\times20^2}{15^2}=9(\text{对})$$

基本稳定在 9 对，故两组的配对试验至少以 9 对试验家畜才能满足进行试验的要求。

2. 设计的方法步骤

首先，按配对要求选择好试畜，分别配成对子并编号，每一对两头试畜标以明显的标识；其次，用随机数字表将每个对子中的两头试畜分到两个组；最后，将分好的两组再用随机的方法分配处理。

例 5-9　现有同一品种的供试动物 18 头，分别将性别、年龄相同、体重相似的两头动物配成对子，共 9 对，编号为 1～9 号。试用随机方法将每个对子中的两头动物分到甲、乙两个处理组中。

从随机数字表（Ⅰ）第 12 行开始，右依次抄下 9 个随机数字，将双数组中配对的第 1 头动物归入甲组，第 2 头动物归入乙组；单数组中配对的第 1 头动物归入乙组，第 2 头动物归入甲组，则 9 对动物分组见表 5-9。

表 5-9　动物分组

配对编号	1	2	3	4	5	6	7	8	9
随机数字	26	62	38	97	75	84	16	07	44
配对中第 1 头动物组别	甲	甲	甲	乙	乙	甲	甲	乙	甲
配对中第 2 头动物组别	乙	乙	乙	甲	甲	乙	乙	甲	乙

这样，两组动物的各条件就会基本相同。最后可用抽签或抓阄的方式将分好的两组动物随机确定所接受的处理。

3. 试验结果的分析

这种设计的试验数据分析方法采用 t 检验的配对比较法进行统计分析。

例 5-10　现以仔猪饲喂维生素 B_{12} 的试验为例，将设计方法及结果分析如下：

该试验选用两窝同品种、体重接近的断奶仔猪对作试验。例如，用随机分组的方法将 78，79，93，95，88，84 号仔猪分入试验组（每头每日加喂维生素 B_{12} 5 g），86，91，87，83，94，90 号仔猪分入对照组（不加喂维生素 B_{12}），增重结果如表 5-10。

表 5-10　维生素 B_{12} 对仔猪增重的影响

配对编号	试验组			对照组		
	猪号	始重 /kg	日增重 /g	猪号	始重 /kg	日增重 /g
1	78	18.2	260	86	18.1	217
2	79	20.4	271	91	20.5	226
3	93	19.6	265	87	19.6	228
4	95	22.5	292	83	22.4	260
5	88	14.7	230	94	14.8	179
6	84	16.3	245	90	16.3	198

对配对设计结果的分析，可按配对设计 t 检验法进行统计分析。

操作步骤：

第一步：在 SPSS 中录入数据。假设试验组为 1，对照组为 2，如图 5-5 所示。

7:

	日增重1	日增重2	变量	变量
1	260.00	217.00		
2	271.00	226.00		
3	265.00	228.00		
4	292.00	260.00		
5	230.00	179.00		
6	245.00	198.00		

（1）数据视图

	名称	类型	宽度	小数	标签
1	日增重1	数值(N)	8	2	
2	日增重2	数值(N)	8	2	
3					

（2）变量视图

图 5-5　数据录入

第二步：单击“分析”（Analyze）—“比较均值”（Compare Means）—“配对样本 t 检验”（Paired-samples T Test），弹出“配对样本 t 检验”（Paired-samples T Test）对话框，在对话框左侧的变量列表中选择变量“日增重 1”进入“成对变量”框中“组别 1”，“日增重 2”进入“组别 2”。如图 5-6、图 5-7 所示。

图 5-6　数据分析 -1

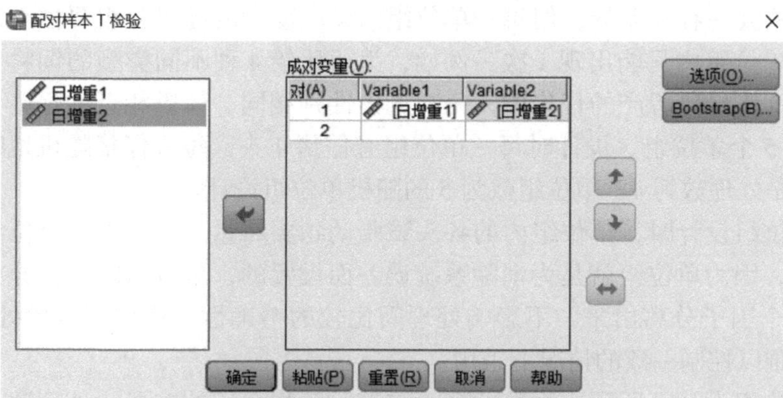

图 5-7　数据分析 -2

第三步：单击“确定”（OK）按钮，得到输出结果，如图 5-8 所示。

```
T-TEST PAIRS=日增重1 WITH 日增重2 (PAIRED)
  /CRITERIA=CI(.9500)
  /MISSING=ANALYSIS.
```

T检验

[数据集0]

成对样本统计量

		均值	N	标准差	均值的标准误
对 1	日增重1	260.5000	6	21.41728	8.74357
	日增重2	218.0000	6	27.74887	11.32843

成对样本相关系数

		N	相关系数	Sig.
对 1	日增重1 & 日增重2	6	.993	.000

成对样本检验

		成对差分					t	df	Sig.(双侧)
					差分的 95% 置信区间				
		均值	标准差	均值的标准误	下限	上限			
对 1	日增重1 - 日增重2	42.50000	6.92098	2.82548	35.23687	49.76313	15.042	5	.000

图 5-8　输出结果

结论：t=15.042，自由度 df=5，p<0.001 差异非常显著。说明维生素 B_{12} 对仔猪增重有极其明显的作用。

4. 配对设计的优缺点

配对设计的优点是试验误差比完全随机设计小，分析计算简单。缺点是选择配对动物的要求比较苛刻，在一般条件下有时不易找到配对的试验动物，若不能配对，不要勉强配对。

（三）随机单位组设计

随机单位组设计也称为随机区组（或窝组）设计。它是根据局部控制的原则，如将同窝、同性别、体重基本相同的动物划归一个单位组，每一单位组内的动物数等于处理数，并将各单位组的试验动物随机分配到各处理组，这种设计称为随机单位组设计。

随机单位组设计要求同一单位组内各头（只）试验动物尽可能一致，不同单位组间的试验动物允许存在差异，但每一单位组内试验动物的随机分组要独立进行，每种处理在一个单位组内只能出现 1 次。例如，为了比较 4 种不同类型的饲料对仔猪增重的效果，从 5 头母猪所产的仔猪中，每窝选出性别相同、体重相近的仔猪各 4 头，共 20 头，组成 5 个单位组，设计时每一单位组有仔猪 4 头，每头仔猪随机地喂给不同的饲料。这就是处理数为 4，单位组数为 5 的随机单位组设计。

随机单位组设计时，单位组内的各头试验动物要尽量一致，不同单位组间的动物可以有差异，因为单位组就是为消除系统误差而设置的，单位组间的差异在统计分析时可当作一个因子分离出来，不影响处理间比较的精确性。适用于试验处理比较多，且试验条件难以控制一致的情况下采用。

随机单位组设计，所用重复数的多少与试验动物个体的差异、处理数与试验精确度有关。一般试验动物个体的差异在试验前是不知道的，因此，只能根据处理数与精确度两方面的要求而作估计。当试验误差的自由度 df>12 时，F 值表中的临界 F 值下降较慢，因此，统计上都以自由度不小于 12 作为试验精确度的最低要求。在方差分析中，随机单位组误差自由度 =（k−1）（m−1），其中 k 为处理数，m 为单位组数（试验的重复数），则单位组数的确定方法为

$$m=\frac{12}{k-1}+1 \tag{5-15}$$

若处理数为 3，则重复数为 7；若处理数为 4，重复数为 5……处理数为 8，重复数为 3；若处理数大于 10 以上时，重复数以不少于 3 为宜。

1. 随机单位组设计的分组方法

在动物试验中，除把初始条件相同的动物如同窝仔畜划为同一单位组外，还可根据实际情况，把不同试验场、同一场内不同畜舍、不同池塘等划分为单位组。下面结合例子说明分组的方法。

例 5–11 将 4 种饲料分别以 A_1、A_2、A_3、A_4 表示，供试 5 窝仔猪分别按体重依次编号：1～4 号为第 1 组，5～8 号为第 2 组，9～12 号为第 3 组，13～16 号为第 4 组，17～20 号为第 5 组。试按随机单位组设计将试验仔猪分组，见表 5–11、表 5–12。

表 5-11　随机单位组分组表—1

仔猪编号	1	2	3	4	5	6	7	8	9	10	11	12
随机数字	82	56	96	—	66	46	13	—	34	49	94	—
除数	4	3	2	—	4	3	2	—	4	3	2	—
余数	2	2	2	—	2	1	1	—	2	1	2	—
饲料	A_2	A_3	A_4	A_1	A_2	A_1	A_3	A_4	A_2	A_1	A_4	A_3

表 5-12　随机单位组分组表—2

仔猪编号	13	14	15	16	17	18	19	20
随机数字	72	94	08	—	05	41	88	—
除数	4	3	2	—	4	3	2	—
余数	4	1	0	—	2	1	1	—
饲料	A_4	A_1	A_3	A_2	A_1	A_3	A_4	A_2

先从随机数字表（Ⅱ）第 9 纵行第 9 个数 82 开始，向下依次抄下 20 个随机数字，每抄 3 个数字留一空位，见表 5-11、表 5-12。再将同一单位组内前 3 个随机数字依次除以 4，3，2，根据余数确定每 1 单位组内各供试仔猪喂给的饲料的类型。如第 1 单位组中，第 1 个余数是 2，则将第 1 号仔猪喂给 A_2 饲料；第 2 个余数是 2，则将第 2 号仔猪喂给剩下的 3 种饲料 A_1、A_3、A_4 列于第 2 位的 A_3 饲料；第 3 个余数又为 2，此时在 A_1、A_4 两饲料中列出第 2 位者为 A_4 饲料，则第 4 号仔猪只能喂给剩下的 A_1 饲料。用同样方法一一确定其他单位组内各仔猪喂给的饲料类型。4 种不同饲料喂猪的增重结果见表 5-13。

表 5-13　4 种不同饲料喂猪的增重结果　（单位：kg）

区组	饲料			
	A_1	A_2	A_3	A_4
1	13.5	13.5	15.5	14.5
2	15.5	15	13.5	12
3	15.5	12	15	12
4	14.5	13	14	12.5
5	14.5	13.5	15	12.5

2. 试验结果的统计分析

随机单位组的分析是把单位组也看成一个因素，然后把单位组因素和试验因素一起看成是两因子试验，利用前面所讲的两因子无重复观察值的方差分析法进行分析。

例 5-12 沿用例 5-11 的数据，利用前面所讲的两因子无重复观察值的方差分析法进行分析。

第一步：输入数据，如图 5-9 所示。

15:

	区组	饲料	增重	变量
1	1	A1	13.50	
2	1	A2	13.50	
3	1	A3	15.50	
4	1	A4	14.50	
5	2	A1	15.50	
6	2	A2	15.00	
7	2	A3	13.50	
8	2	A4	12.00	
9	3	A1	15.50	
10	3	A2	12.00	
11	3	A3	15.00	
12	3	A4	12.00	
13	4	A1	14.50	
14	4	A2	13.00	
15	4	A3	14.00	
16	4	A4	12.50	
17	5	A1	14.50	
18	5	A2	13.50	
19	5	A3	15.00	
20	5	A4	12.50	

（1）数据视图

	名称	类型	宽度	小数	标签	值	缺失
1	区组	数值(N)	8	0		无	无
2	饲料	字符串	8	0		无	无
3	增重	数值(N)	8	2		无	无
4							
5							

（2）变量视图

图 5-9 数据录入

第二步：单击“分析”→“一般线性模型”→“单变量”，弹出“单变量”对话框，选择对话框中左侧的“区组”和“饲料”进入右侧“固定因子”列表框，左侧“增重”进入右侧“因变量，单击确定”；单击“两两比较”，将“因子”栏中的“饲料”和“区组”选择进入“两两比较检验”栏中，在该对话框中可选择进行均值多重比较的方法，本例选用 LSD 法，单击“继续”；单击“模型”按钮，选用在“指定模型”栏中的“设定”，选择“区组”和“饲料”进入模型，单击继续；单击“选项”，在对话框下部选择“描述统计”和“方差齐性检验”，单击继续。如图 5-10 至图 5-14 所示。

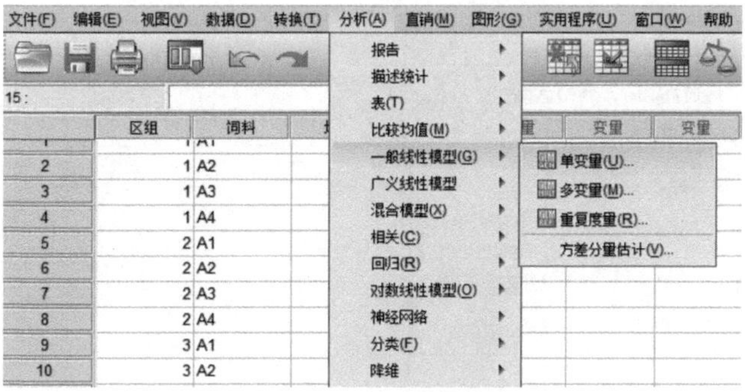

图 5-10　数据分析—1

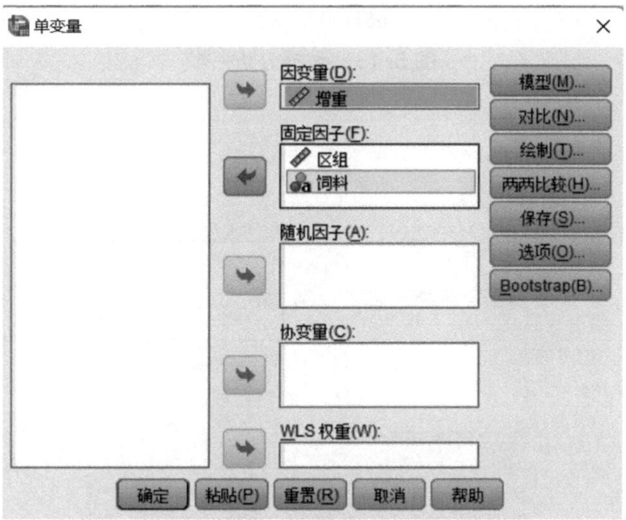

图 5-11　数据分析—2

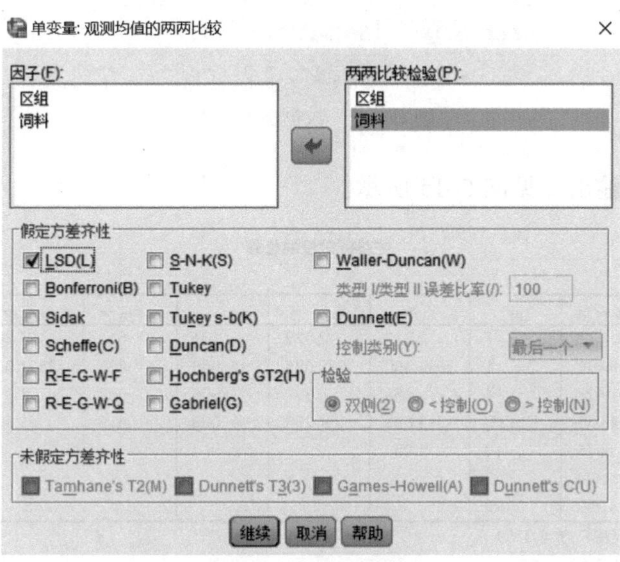

图 5-12　数据分析—3

图 5-13　数据分析—4

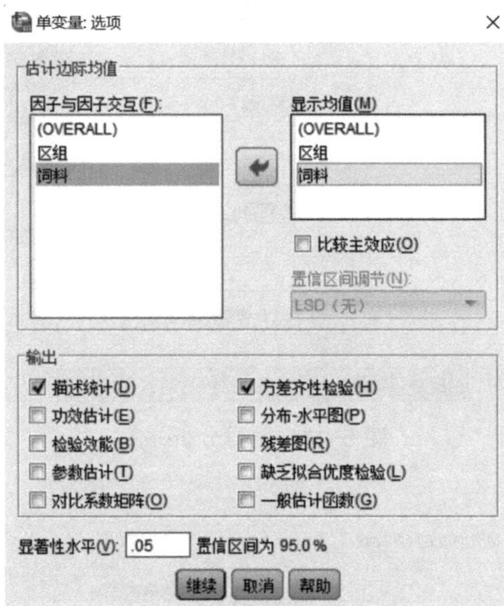

图 5-14　数据分析—5

第三步：结果输出。见图 5-15 所示。

主体间效应的检验

因变量:增重

源	III 型平方和	df	均方	F	Sig.	偏 Eta 方	非中心 参数	观测到的幂[b]
校正模型	15.475[a]	7	2.211	2.029	.134	.542	14.203	.531
截距	3836.450	1	3836.450	3521.025	.000	.997	3521.025	1.000
区组	1.425	4	.356	.327	.855	.098	1.308	.100
饲料	14.050	3	4.683	4.298	.028	.518	12.895	.727
误差	13.075	12	1.090					
总计	3865.000	20						
校正的总计	28.550	19						

a. R 方 = .542（调整 R 方 = .275）。

b. 使用 alpha 的计算结果 = .05。

图 5-15　结果输出

第四步：分析结果。

因为 $df_1=3$，$df_2=12$，$F=4.298$，$F_{0.05}<F<F_{0.01}$，表明饲料对仔猪增重影响显著，因而还需要对各种不同饲料平均数间差异的显著性进行检验。

第五步：饲料间的多重比较，如图 5-16 所示。

多个比较

因变量:增重

	(I) 饲料	(J) 饲料	均值差值 (I-J)	标准 误差	Sig.	95% 置信区间 下限	95% 置信区间 上限
LSD	A1	A2	1.3000	.66018	.072	-.1384	2.7384
		A3	.1000	.66018	.882	-1.3384	1.5384
		A4	2.0000*	.66018	.010	.5616	3.4384
	A2	A1	-1.3000	.66018	.072	-2.7384	.1384
		A3	-1.2000	.66018	.094	-2.6384	.2384
		A4	.7000	.66018	.310	-.7384	2.1384
	A3	A1	-.1000	.66018	.882	-1.5384	1.3384
		A2	1.2000	.66018	.094	-.2384	2.6384
		A4	1.9000*	.66018	.014	.4616	3.3384
	A4	A1	-2.0000*	.66018	.010	-3.4384	-.5616
		A2	-.7000	.66018	.310	-2.1384	.7384
		A3	-1.9000*	.66018	.014	-3.3384	-.4616

基于观测到的均值。
误差项为均值方 (错误) = 1.090。

*. 均值差值在 .05 级别上较显著。

图 5-16　多重比较结果输出

由图 5-16 可以看出，饲料间的相互比较仅第 1 种、第 3 种饲料（A_1、A_3 饲料）与第 4 种饲料间有显著差异，即 A_1 饲料、A_3 饲料喂仔猪增重效果比 A_4 饲料好，其余各饲料间差异均不显著。

3. 随机单位组设计的优缺点

（1）随机单位组设计的主要优点。①设计与分析方法简单易行。②由于随机单位组设计体现了试验设计三原则，在对试验结果进行分析时，能将单位组间的变异从试验误差中分离出来，有效地降低了试验误差，因而试验的精确性较高。③把条件一致的供试动物分在同一单位组，再将同一单位组的供试动物随机分配到不同处理组内，加大了处理组之间的可比性。

（2）随机单位组设计的主要缺点。当处理数目过多时，各单位组内的供试动物数量也过多，要使各单位组内供试动物的初始条件一致有一定难度，因而在随机单位组设计中，处理数以不超过 20 为宜。

（四）拉丁方设计

随机单位组设计，是为了排除一个方面的系统误差而设置的，它将试验处理从一个方面排成单位组或重复。但在实践中，系统误差有时并非只限于一个方面，而是从两个方面影响试验的精确性。如检验饲料对奶牛产奶量的影响，除奶牛个体方面的系统误差外，还存在产乳阶段方面的误差。这就需要考虑两方面系统误差的控制，拉丁方设计是从横行和直列两个方向进行双重局部控制，使横行和直列两个方向皆成单位组，是比随机单位组设计多一个单位组的设计。在拉丁方设计中，每一行或每一列都成为一个完全单位组，而每一处理在每一行或每一列都只出现 1 次，也就是说，在拉丁方设计中，试验处理数、横行单位组数、直列单位组数、试验处理的重复数都相同。在对拉丁方设计试验结果进行统计分析时，由于能将横行、直列两个单位组间的变异从试验误差中分离出来，因而拉丁方设计的试验误差比随机单位组设计小，试验精确性比随机单位组设计高。在动物试验中，如果要控制来自两个方面的系统误差，且试验动物的数量又较少，为了提高试验精确性，则常采用拉丁方设计。

1. 拉丁方

以 n 个字母 A，B，C，…为元素，作一个 n 阶方阵，若这 n 个字母在这 n 阶方阵的每一行、每一列都出现且只出现 1 次，则称该 n 阶方阵为 $n\times n$ 阶拉丁方。

例 5-13

A	*B*
B	*A*

B	*A*
A	*B*

为 2 × 2 阶拉丁方，2 × 2 阶拉丁方只有这两个。

A	*B*	*C*
B	*C*	*A*
C	*A*	*B*

为 3 × 3 阶拉丁方。

第 1 行与第 1 列的拉丁字母按自然顺序排列的拉丁方，叫标准型拉丁方。3 × 3 阶标准型拉丁方只有上面介绍的 1 种，4 × 4 阶标准型拉丁方有 4 种，5 × 5 阶标准型拉丁方有 56 种。若变换标准型的行或列，可得到更多种的拉丁方。在进行拉丁方设计时，可从上述多种拉丁方中随机选择一种；或选择一种标准型，随机改变其行列顺序后再使用。

2. 常用拉丁方

在动物试验中，最常用的有 3 × 3，4 × 4，5 × 5 阶拉丁方。表 5-14 列出部分标准型拉丁方，供进行拉丁方设计时选用。

表 5-14 常用拉丁方表

3 × 3			4 × 4															
			(1)				(2)				(3)				(4)			
A *B* *C*	*B* *C* *A*	*C* *A* *B*	*A* *B* *C* *D*	*B* *A* *D* *C*	*C* *D* *B* *A*	*D* *C* *A* *B*	*A* *B* *C* *D*	*B* *C* *D* *A*	*C* *D* *A* *B*	*D* *A* *B* *C*	*A* *B* *C* *D*	*B* *D* *A* *C*	*C* *A* *D* *B*	*DC* *B* *A*	*A* *B* *C* *D*	*B* *A* *D* *C*	*C* *D* *AB*	*D* *C* *BA*

5 × 5																			
(1)					(2)					(3)					(4)				
A *B* *C* *D* *E*	*B* *A* *D* *E* *C*	*C* *E* *A* *B* *D*	*D* *C* *E* *A* *B*	*E* *D* *B* *C* *A*	*A* *B* *C* *D* *E*	*B* *A* *E* *C* *D*	*C* *D* *B* *E* *A*	*D* *E* *A* *B* *C*	*E* *C* *D* *A* *B*	*A* *B* *C* *D* *E*	*B* *A* *E* *C* *D*	*C* *E* *D* *B* *A*	*D* *C* *A* *E* *B*	*E* *D* *B* *A* *C*	*A* *B* *C* *D* *E*	*B* *A* *D* *E* *C*	*C* *D* *E* *B* *A*	*D* *E* *A* *C* *B*	*E* *C* *B* *A* *D*

3. 拉丁方设计方法

下面结合具体例子说明拉丁方设计方法。

为了研究 5 种不同温度对蛋鸡产蛋量的影响，将 5 栋鸡舍的温度值设为 *A*、*B*、*C*、*D*、*E*，把各栋鸡舍的鸡群的产蛋期分为 5 期，由于各鸡群和产蛋期的不同对产蛋量有较大的影响，因此采用拉丁方设计，把鸡群和产蛋期作为单位组设置，以便控制这两个方面的系统误差。拉丁方设计步骤如下：

（1）选择拉丁方。选择拉丁方时应根据试验的处理数和横行、直列单位组数先确定采用几阶拉丁方，再选择标准型拉丁方或非标准型拉丁方。此例因试验处理因素为温度，处理数为 5；将鸡群作为直列单位组因素，直列单位组数为 5；将产蛋期作为横行单位组因素，横行单位组数亦为 5，即试验处理数、直列单位组数、横行单位组数均为 5，则应选取 5×5 阶拉丁方。本例选取表 5-14 列出的第 2 个 5×5 标准型拉丁方，如表 5-15 所示。

表 5-15　5×5 标准型拉丁方

A	*B*	*C*	*D*	*E*
B	*A*	*D*	*E*	*C*
C	*E*	*B*	*A*	*D*
D	*C*	*E*	*B*	*A*
E	*D*	*A*	*C*	*B*

（2）随机排列。在选定拉丁方之后，如是非标准型拉丁方，则可直接按拉丁方中的字母安排试验方案。若是标准型拉丁方，还应按下列要求对横行、直列和试验处理的顺序进行随机排列。

3×3 标准型拉丁方：直列随机排列，再将第 2 和第 3 横行随机排列。

4×4 标准型拉丁方：随机选择 4 个标准型拉丁方中的一个，然后随机所有直行及第 2，第 3，第 4 横行，或者横行、直列及处理都随机排列。

5×5 及以上标准型拉丁方：横行、直列及处理都随机排列。

下面以选定的 5×5 标准型拉丁方为例，说明其随机排列方法。

先从随机数字表（Ⅰ）第 22 行第 8 列 97 开始，向右连续抄录 3 个 5 位数，抄录时舍去“0”“6 以上的数”和重复出现的数，而将 1 至 5 的数满 5 个不同数为一组，共取 3 组，依次为 13542，41523，34521。然后将上面选定的 5×5 拉丁方的直列、横行及处理按这 3 个五位数的顺序重新随机排列（表 5-16）。

①直列随机。将拉丁方的各直列顺序按 13542 顺序重排。

②横行随机。再将直列重排后的拉丁方的各横行按 41523 顺序重排。

表 5-16 拉丁方排列

选择拉丁方					直列随机						横行随机					
1	2	3	4	5		1	3	5	4	2						
A	*B*	*C*	*D*	*E*	1	*A*	*C*	*E*	*D*	*B*	4	*D*	*E*	*A*	*B*	*C*
B	*A*	*D*	*E*	*C*	2	*B*	*D*	*C*	*E*	*A*	1	*A*	*C*	*E*	*D*	*B*
C	*E*	*B*	*A*	*D*	3	*C*	*B*	*D*	*A*	*E*	5	*E*	*A*	*B*	*C*	*D*
D	*C*	*E*	*B*	*A*	4	*D*	*E*	*A*	*B*	*C*	2	*B*	*D*	*C*	*E*	*A*
E	*D*	*A*	*C*	*B*	5	*E*	*A*	*B*	*C*	*D*	3	*C*	*B*	*D*	*A*	*E*

③把 5 种不同温度按第 3 个 5 位数 34521 顺序排列。即 A=3，B=4，C=5，D=2，E=1，也就是说，在拉丁方中的 A 表示第 3 种温度，B 表示第 4 种温度等，依次类推。从而得出 5 × 5 拉丁方设计，如表 5-17 所示。

表 5-17 5 种不同温度对蛋鸡产蛋量影响的拉丁方设计

产蛋期	鸡 群				
	1	2	3	4	5
1	*D*（2）	*E*（1）	*A*（3）	*B*（4）	*C*（5）
2	*A*（3）	*C*（5）	*E*（1）	*D*（2）	*B*（4）
3	*E*（1）	*A*（3）	*B*（4）	*C*（5）	*D*（2）
4	*B*（4）	*D*（2）	*C*（5）	*E*（1）	*A*（3）
5	*C*（5）	*B*（4）	*D*（2）	*A*（3）	*E*（1）

注：括号内数字表示温度的编号。

由表 5-17 可以看出，第 1 鸡群在第 1 个产蛋期用第 2 种温度，第 2 鸡群在第 1 个产蛋期用第 1 种温度等。

（3）试验结果的统计分析。拉丁方设计试验结果的分析，是将两个单位组因素与试验因素一起，按 3 个因素试验无重复观察值的方差分析法进行。

例 5–14 试验结果如表 5-18 所示。

表 5-18 5 种不同温度对蛋鸡产蛋量影响试验结果 （单位：个）

产蛋期	鸡群				
	1	2	3	4	5
1	*D*（23）	*E*（21）	*A*（24）	*B*（21）	*C*（19）
2	*A*（22）	*C*（20）	*E*（20）	*D*（21）	*B*（22）
3	*E*（20）	*A*（25）	*B*（26）	*C*（22）	*D*（23）
4	*B*（25）	*D*（22）	*C*（25）	*E*（21）	*A*（23）
5	*C*（19）	*B*（20）	*D*（24）	*A*（22）	*E*（19）

注：括号内数字为产蛋量。

操作步骤：

第一步：输入数据，如图 5-17 所示。

	处理	产蛋期	鸡群	产蛋量	变量
1	D	1	一	23.00	
2	E	1	二	21.00	
3	A	1	三	24.00	
4	B	1	四	21.00	
5	C	1	五	19.00	
6	A	2	一	22.00	
7	C	2	二	20.00	
8	E	2	三	20.00	
9	D	2	四	21.00	
10	B	2	五	22.00	
11	E	3	一	20.00	
12	A	3	二	25.00	
13	B	3	三	26.00	
14	C	3	四	22.00	
15	D	3	五	23.00	
16	B	4	一	25.00	
17	D	4	二	22.00	
18	C	4	三	25.00	
19	E	4	四	21.00	
20	A	4	五	23.00	

（1）数据视图

	名称	类型	宽度	小数	标签
1	处理	字符串	8	0	
2	产蛋期	字符串	8	0	
3	鸡群	字符串	8	0	
4	产蛋量	数值(N)	8	2	
5					

（2）变量视图

图 5-17　数据录入

第二步：单击“分析”→“一般线性模型”→“单变量”，弹出“单变量”对话框，选择对话框中左侧的“处理”“鸡群”和“产蛋期”进入右侧“固定因子”列表框，左侧“产单量”进入右侧“因变量，单击确定”；单击“两两比较”，将“因子”栏中的“处理”“鸡群”和“产蛋期”选择进入“两两比较检验”栏中，在该对话框中可选择进行均值多重比较的方法，本例选用 LSD 法，单击“继续”；单击“模型”按钮，选用在“指定模型”栏中的“设定”，选择“处理”“鸡群”和“产蛋期”进入模型，单击“选项”，在对话框下部选择“描述统计”和“方差齐性检验”，单击“继续”。如图 5-18 至图 5-22 所示。

图 5-18　数据分析—1

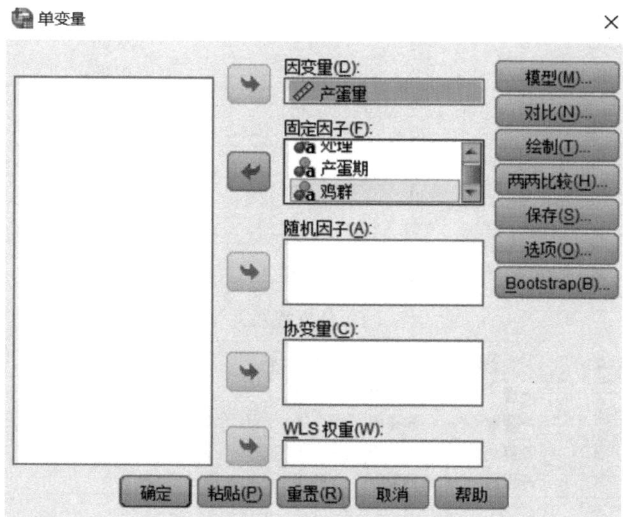

图 5-19　数据分析—2

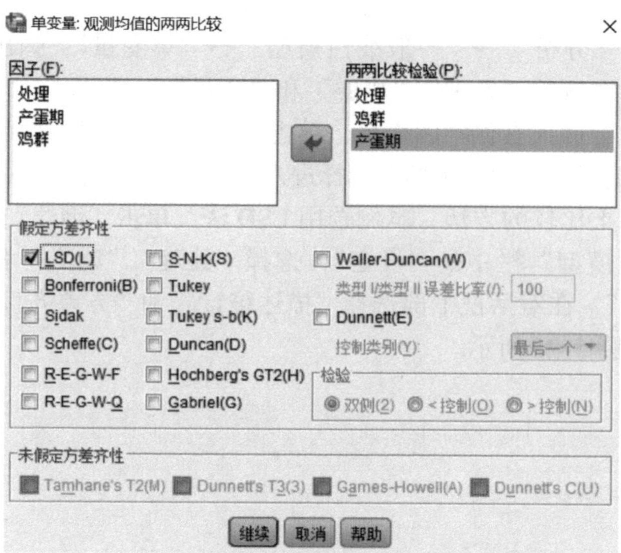

图 5-20　数据分析—3

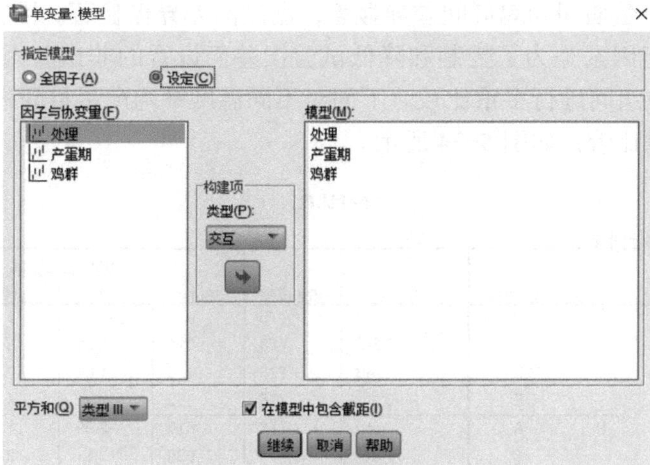

图 5-21　数据分析—4

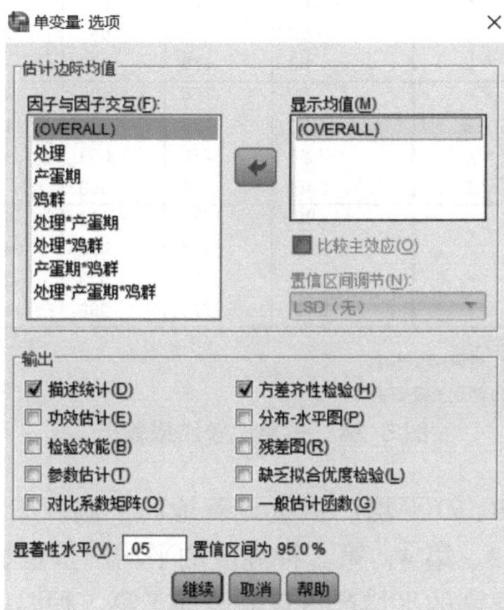

图 5-22　数据分析—5

第三步：输出结果，得出结论，如图 5-23 所示。

主体间效应的检验

因变量:产蛋量

源	III 型平方和	df	均方	F	Sig.	偏 Eta 方	非中心 参数	观测到的幂[b]
校正模型	82.880[a]	12	6.907	4.584	.007	.821	55.009	.955
截距	12056.040	1	12056.040	8001.796	.000	.999	8001.796	1.000
处理	33.360	4	8.340	5.535	.009	.649	22.142	.889
鸡群	22.160	4	5.540	3.677	.035	.551	14.708	.716
产蛋期	27.360	4	6.840	4.540	.018	.602	18.159	.813
误差	18.080	12	1.507					
总计	12157.000	25						
校正的总计	100.960	24						

a. R 方 = .821（调整 R 方 = .642）。

b. 使用 alpha 的计算结果 = .05。

图 5-23　结果输出

经 F 检验，产蛋期间和鸡群间差异显著，温度间差异极显著。因在拉丁方设计中，横行、直列单位组因素是为了控制和降低试验误差而设置的非试验因素，所以即使显著一般也不对单位组间进行多重比较。下面对不同温度平均产蛋量间进行多重比较。

第四步：多重比较，如图 5-24 所示。

多个比较

因变量:产蛋量

	(I) 处理	(J) 处理	均值差值 (I-J)	标准 误差	Sig.	95% 置信区间	
						下限	上限
LSD	A	B	.40	.776	.616	-1.29	2.09
		C	2.20*	.776	.015	.51	3.89
		D	.60	.776	.455	-1.09	2.29
		E	3.00*	.776	.002	1.31	4.69
	B	A	-.40	.776	.616	-2.09	1.29
		C	1.80*	.776	.039	.11	3.49
		D	.20	.776	.801	-1.49	1.89
		E	2.60*	.776	.006	.91	4.29
	C	A	-2.20*	.776	.015	-3.89	-.51
		B	-1.80*	.776	.039	-3.49	-.11
		D	-1.60	.776	.062	-3.29	.09
		E	.80	.776	.323	-.89	2.49
	D	A	-.60	.776	.455	-2.29	1.09
		B	-.20	.776	.801	-1.89	1.49
		C	1.60	.776	.062	-.09	3.29
		E	2.40*	.776	.009	.71	4.09
	E	A	-3.00*	.776	.002	-4.69	-1.31
		B	-2.60*	.776	.006	-4.29	-.91
		C	-.80	.776	.323	-2.49	.89
		D	-2.40*	.776	.009	-4.09	-.71

基于观测到的均值。
误差项为均值方 (错误) = 1.507。

*. 均值差值在 .05 级别上较显著。

图 5-24 多重比较结果输出

结果表明：温度 A、B、D 平均产蛋量显著地高于温度 E，温度 A、B 平均产蛋量显著地高于温度 C。即第 3、第 4、第 2 种温度的平均产蛋量显著高于第 1 种温度的平均产蛋量，第 3、第 4 种温度的平均产蛋量显著高于第 5 种温度的平均产蛋量，其余之间差异不显著。第 1 种和第 5 种温度平均产蛋量最低。

4. 拉丁方设计的优缺点

（1）拉丁方设计的主要优点。①精确性高。拉丁方设计在不增加试验单位的情况下，比随机单位组设计多设置了一个单位组因素，能将横行和直列两个单位组间的变异从试验误差中分离出来，因而试验误差比随机单位组设计小，试验的精确性比随机单位组设计高。②试验结果分析简便。

（2）拉丁方设计的主要缺点。缺乏伸缩性。因为在拉丁设计中，横行单位组数、直列单位组数、试验处理数与试验处理的重复数必须相等，所以处理数受到一定限制。若处理数少，则重复数也少，估计试验误差的自由度就小，降低其可靠性；若处理数多，则重复数也多，横行单位组数、直列单位组数也多，导致试验工作量大，且同一单位组内试验动物的初始条件亦难控制一致。因此，拉丁方设计一般用于 5～8 个处理的试验。在采用 4 个以下处理的拉丁方设计时，为了使估计误差的自由度不少于 12，可采用“重复拉丁方设计”，即同一个拉丁方试验重复进行数次，即用5个3×3及2个4×4的拉丁方，并将试验数据合并分析，以增加误差项的自由度。

应当注意，在进行拉丁方试验时，某些单位组因素，如奶牛的泌乳阶段，试验因素的各处理要逐个地在不同阶段实施，如果前一阶段有残效，在后一阶段的试验中就会产生系统误差而影响试验的准确性。此时应根据实际情况，安排适当的试验间歇期以消除残效。另外，还要注意，横行单位组因素、直列单位组因素与试验因素间不存在交互作用，否则不能采用拉丁方设计。

（五）交叉设计

在配对设计或区组设计中，为了消除试验动物个体间差异，提高精确度，要求选用在遗传及生理上相同或相似的试验动物，但这在实践中往往不易做到。如进行奶牛的泌乳试验时，要选择若干头品种、性别、年龄、胎次等条件都相同的奶牛是很困难的。为了较好地消除试验动物个体之间及试验期间的差异对试验结果的影响，可采用交叉设计法。

交叉设计又称反转试验设计，是指在同一试验中将试验单位分期进行、交叉反复两次以上的试验设计方法。

常用的有2×2和2×3交叉设计，见表5-19和表5-20。

表5-19 2×2交叉设计

群别	时期	
	Ⅰ	Ⅱ
1	处理	对照
2	对照	处理

表5-20 2×3交叉设计

群别	时 期		
	Ⅰ	Ⅱ	Ⅲ
1	处理	对照	处理
2	对照	处理	对照

1. 2×2交叉设计与分析

2×2交叉设计就是将选择的试验动物用随机的原则分为头数相等的两组，将试验期分为两个阶段，第1阶段两组试验动物随机分配两个处理，到第2阶段再互换处理。下面举例说明试验结果的分析方法。

例5-15 为了研究饲料新配方对奶牛产奶量的影响，设置对照饲料A_1和新饲料配方A_2两个处理，选择条件相近的奶牛10头，随机分为B_1、B_2两组，每组5头，预试期1周。试验分为C_1、C_2两期，每期两周，按2×2交叉设计进行试验。试验结果列于表5-21。试检验新饲料配方对提高产奶量有无效果。

表 5-21 饲料新配方对奶牛产奶量的影响试验结果 [单位：kg/（头·日）]

时期		C_1	C_2
处理		A_1	A_2
B_1 组	B_{11}	13.8	15.5
	B_{12}	16.2	18.4
	B_{13}	13.5	16.0
	B_{14}	12.8	15.8
	B_{15}	12.5	14.5
处理		A_2	A_1
B_2 组	B_{21}	14.3	13.5
	B_{22}	20.2	15.4
	B_{23}	18.6	14.3
	B_{24}	17.5	15.2
	B_{25}	14.0	13.0

对于 2×2 交叉试验资料，采用单因子二水平差值 d 的方差分析法。

第一步：输入数据，如图 5-25 所示。

15:

	处理	时期	群别	产奶量	变量
1	A1	C1	B11	13.80	
2	A1	C1	B12	16.20	
3	A1	C1	B13	13.50	
4	A1	C1	B14	12.80	
5	A1	C1	B15	12.50	
6	A2	C2	B11	15.50	
7	A2	C2	B12	18.40	
8	A2	C2	B13	16.00	
9	A2	C2	B14	15.80	
10	A2	C2	B15	14.50	
11	A2	C1	B21	14.30	
12	A2	C1	B22	20.20	
13	A2	C1	B23	18.60	
14	A2	C1	B24	17.50	
15	A2	C1	B25	14.00	
16	A1	C2	B21	13.50	
17	A1	C2	B22	15.40	
18	A1	C2	B23	14.30	
19	A1	C2	B24	15.20	
20	A1	C2	B25	13.00	

（1）数据视图

	名称	类型	宽度	小数	标签
1	处理	字符串	8	0	
2	时期	字符串	8	0	
3	群别	字符串	8	0	
4	产奶量	数值(N)	8	2	
5					

（2）变量视图

图 5-25 数据录入

第二步：单击“分析”→“一般线性模型”→“单变量”，弹出“单变量”对话框，选择对话框中左侧的“处理”“时期”和“群别”进入右侧“固定因子”列表框，左侧“产奶量”进入右侧“因变量，单击‘确定’”；单击“两两比较”，将“因子”栏中的“处理”“时期”和“群别”选择进入“两两比较检验”栏中，在该对话框中可选择进行均值多重比较的方法，本例选用LSD法，单击“继续”；单击“模型”按钮，选用在“指定模型”栏中的“设定”，选择“处理”“时期”和“群别”进入模型，单击“选项”，在对话框下部选择“描述统计”和“方差齐性检验”，单击“继续”。如图5-26至图5-30所示。

图5-26　数据分析—1

图5-27　数据分析—2

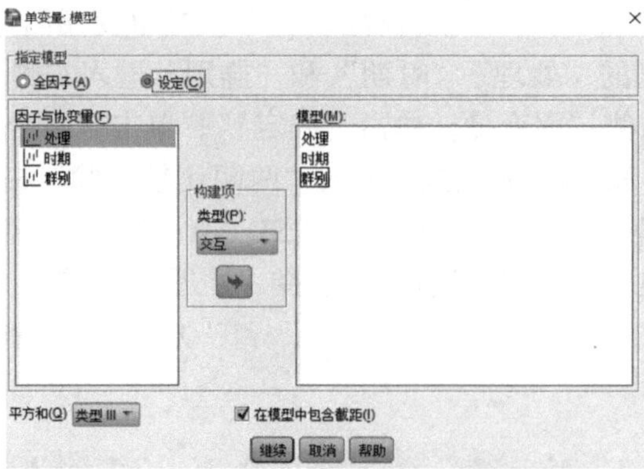

图 5-28　数据分析—3

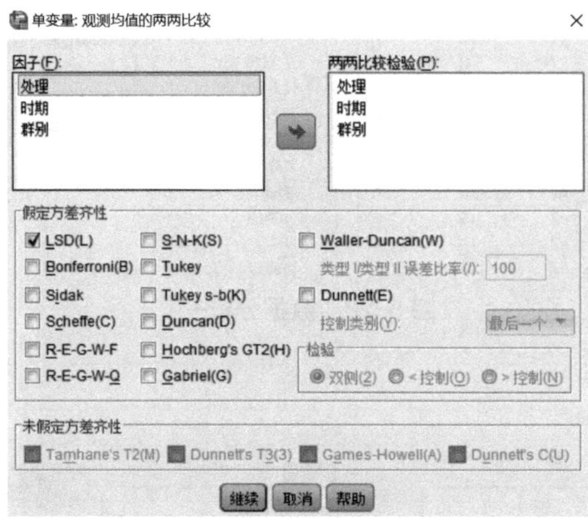

图 5-29　数据分析—4

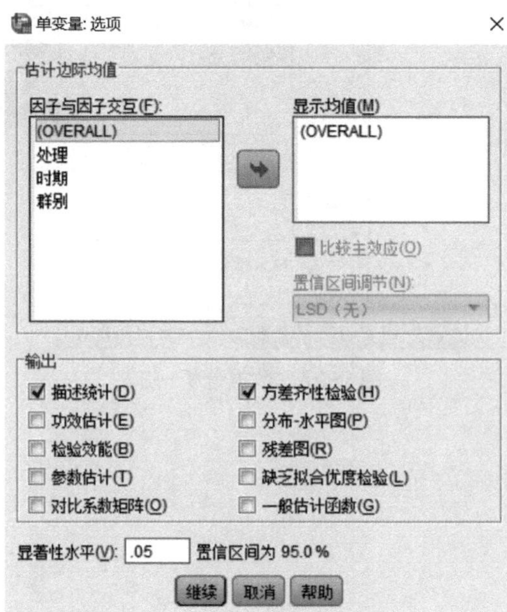

图 5-30　数据分析—5

第三步：数据输出，得出结论，如图 5-31 所示。

主体间效应的检验

因变量:产奶量

源	III 型平方和	df	均方	F	Sig.	偏 Eta 方	非中心 参数	观测到的幂[b]
校正模型	76.050[a]	11	6.914	7.577	.004	.912	83.342	.981
截距	4651.250	1	4651.250	5097.260	.000	.998	5097.260	1.000
处理	30.258	1	30.258	33.159	.000	.806	33.159	.999
时期	.162	1	.162	.178	.685	.022	.178	.066
群别	45.630	9	5.070	5.556	.012	.862	50.005	.910
误差	7.300	8	.912					
总计	4734.600	20						
校正的总计	83.350	19						

a. R 方 = .912（调整 R 方 = .792）。

b. 使用 alpha 的计算结果 = .05。

图 5-31　数据输出

因为处理 F 值 $33.159>F_{0.01}(1, 8)$，$p<0.01$，否定 H_0：$\mu_{d_1}=\mu_{d_2}$，接受 H_A：$\mu_{d_1} \neq \mu_{d_2}$，表明饲料新配方与对照饲料平均产奶量差异极显著，这里表现为饲料新配方的平均产奶量极显著高于对照饲料的平均产奶量。

2. 2 × 3 交叉设计与分析

2 × 3 交叉设计就是将试验动物分 3 期两次交叉的试验设计。对于 2 × 3 交叉试验资料，亦采用方差分析法。

例 5-16　为了研究饲喂尿素对奶牛产奶量的影响，设置尿素配合饲料 A_1 和对照饲料 A_2 两个处理，选择条件相近的奶牛 6 头，随机分为 B_1、B_2 两组，每组 3 头，试验分 C_1、C_2、C_3 3 期（每期 20 d），B_1 组（B_{11}，B_{12}，B_{13}）按 A_1—A_2—A_1 顺序给予饲料，B_2 组（B_{21}，B_{22}，B_{23}）按 A_2—A_1—A_2 顺序给予饲料，预饲期 1 周。试验结果列于表 5-22 中，试检验尿素对提高奶牛的产奶量有无效果。

无效假设与备择假设均为 H_0：$\mu_{d_1}=\mu_{d_2}$，H_A：$\mu_{d_1} \neq \mu_{d_2}$。

此例，处理数 k=2，重复数 r=3。

表 5-22　饲喂尿素对奶牛产奶量的影响试验结果　［单位：kg/（头·日）］

时期		C_1	C_2	C_3
处理		A_1	A_2	A_1
B_1 组	B_{11}	11.32	11.36	11.31
	B_{12}	13.67	13.40	13.83
	B_{13}	18.74	16.34	16.39
处理		A_2	A_1	A_2
B_2 组	B_{21}	11.65	11.19	11.12
	B_{22}	13.57	13.87	13.41
	B_{23}	11.54	10.97	10.66

第一步：输入数据，如图 5-32 所示。

17:

	饲料	时期	奶牛	产奶量	变量
1	A1	C1	B11	11.32	
2	A1	C1	B12	13.67	
3	A1	C1	B13	18.74	
4	A2	C2	B11	11.36	
5	A2	C2	B12	13.40	
6	A2	C2	B13	16.34	
7	A1	C3	B11	11.31	
8	A1	C3	B12	13.83	
9	A1	C3	B13	16.39	
10	A2	C1	B21	11.65	
11	A2	C1	B22	13.57	
12	A2	C1	B23	11.54	
13	A1	C2	B21	11.19	
14	A1	C2	B22	13.87	
15	A1	C2	B23	10.97	
16	A2	C3	B21	11.12	
17	A2	C3	B22	13.41	
18	A2	C3	B23	10.66	

（1）数据视图

	名称	类型	宽度	小数	标签
1	饲料	字符串	8	0	
2	时期	字符串	8	0	
3	奶牛	字符串	8	0	
4	产奶量	数值(N)	8	2	
5					

（2）变量视图

图 5-32　数据录入

第二步：单击“分析”→“一般线性模型”→“单变量”，弹出“单变量”对话框，选择对话框中左侧的“饲料”“时期”和“奶牛”进入右侧“固定因子”列表框，左侧“产奶量”进入右侧“因变量，单击‘确定’”；单击“两两比较”，将“因子”栏中的“饲料”“时期”和“奶牛”选择进入“两两比较检验”栏中，在该对话框中可选择进行均值多重比较的方法，本例选用 LSD 法，单击“继续”；单击“模型”按钮，选用在“指定模型”栏中的“设定”，选择“饲料”“时期”和“奶牛”进入模型，单击“选项”，在对话框下部选择“描述统计”和“方差齐性检验”，单击“继续”。如图 5-33 至图 5-37 所示。

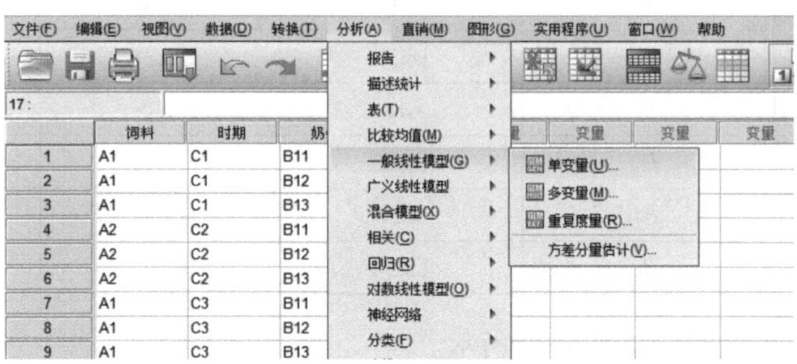

图 5-33　数据分析—1

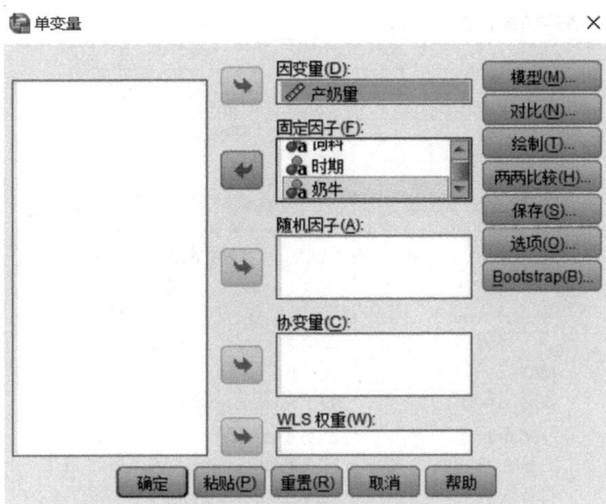

图 5-34　数据分析—2

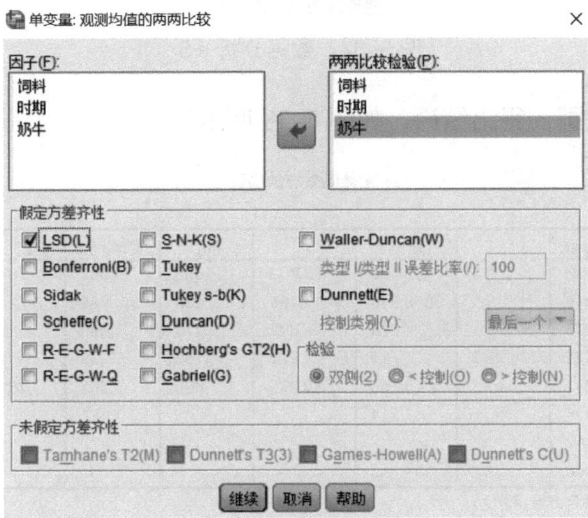

图 5-35　数据分析—3

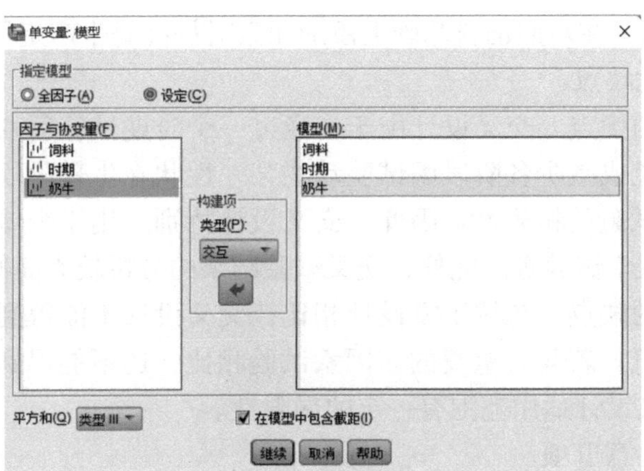

图 5-36　数据分析—4

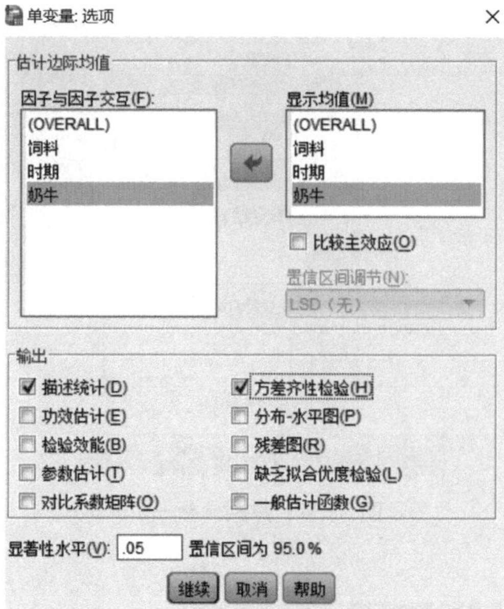

图 5-37　数据分析—5

第三步：输出数据，得出结论，如图 5-38 所示。

主体间效应的检验

因变量:产奶量

源	III 型平方和	df	均方	F	Sig.	偏 Eta 方	非中心 参数	观测到的幂[b]
校正模型	84.040[a]	8	10.505	33.460	.000	.967	267.683	1.000
截距	3050.846	1	3050.846	9717.495	.000	.999	9717.495	1.000
饲料	.279	1	.279	.889	.370	.090	.889	.135
时期	1.426	2	.713	2.271	.159	.335	4.543	.346
奶牛	78.842	5	15.768	50.225	.000	.965	251.126	1.000
误差	2.826	9	.314					
总计	3137.712	18						
校正的总计	86.866	17						

a. R 方 = .967（调整 R 方 = .939）。

b. 使用 alpha 的计算结果 = .05。

图 5-38　数据输出

F 检验结果表明，在对照饲料基础上添加尿素对提高奶牛产奶量效果不显著。

3. 交叉设计的优缺点

（1）交叉设计的优点。交叉设计由于在通过一个时期试验后两组动物交叉互换处理，所以，可以避免或减少各阶段因试验动物某一性状在生理阶段上的差异对试验结果的影响，提高了试验的精确性。因此，交叉设计特别适用于个体差异较大的动物试验，如大动物和兽医学试验等。此外，交叉试验结果的分析较为简便。

（2）交叉设计的缺点。与拉丁方设计相比，交叉设计不能得到关于个体差异和试验期差异大小的信息；若与有重复的多因素试验相比，还不能得到因素之间交互作用的信息。因此，交叉设计适用范围有一定的局限性。

4. 交叉设计的注意事项

（1）各因子间不存在交互作用。如果交叉试验中处理因素、时期、个体有交互作用，这些交互作用效应就会归入误差项中，使误差估计值增大，从而降低试验的精确性。

（2）要注意试验是否有处理残效。在交叉试验中，处理轮流更换，如果前一种处理有效应残存，则观测值的线性模型条件就不能成立。为了消除前一处理的残效，可设置适当的预试期和间歇期。对于残效不能消失的处理，例如，带有破坏性且不能恢复的试验，则不宜采用交叉设计。

（3）要求各试验组动物的头数相等。如在为了研究饲喂尿素对奶牛产奶量的影响试验中，设置尿素配合饲料 A_1 和对照饲料 A_2 两个处理，选择条件相近的奶牛 6 头，随机分为 B_1、B_2 两组，每组 3 头，试验分 C_1、C_2、C_3 3 期（每期 20 d），B_1 组（B_{11}，B_{12}，B_{13}）按 A_1—A_2—A_1 顺序给予饲料，B_2 组（B_{21}，B_{22}，B_{23}）按 A_2—A_1—A_2 顺序给予饲料，预饲期 1 周中，第 1 组按 A_1—A_2—A_1 的顺序给予饲料，第 2 组按 A_2—A_1—A_2 顺序给予饲料，每头奶牛被分配到哪一组，必须是随机确定的，但两个组的奶牛头数必须相等。只有这样才能使试验期的效应相互抵消。

（六）正交设计

前面所讲的试验设计方法，每次试验只能考察一个因子对试验指标的影响，但在实际工作中，常常需要同时考察 3 个或 3 个以上的试验因素，而且还要找出所考察的全部因子的最佳水平组合，这就需要安排多因素试验，则试验的规模将很大，这就会给实际工作带来很多困难。正交设计就是安排多因素试验、寻求最优水平组合的一种高效率试验设计方法。

正交设计是利用正交表来安排与分析多因素试验的一种设计方法。它利用从试验的全部水平组合中，挑选部分有代表性的水平组合进行试验，通过对这部分试验结果的分析了解全面试验的情况，找出最优的水平组合。

例如，影响某品种鸡的生产性能有 3 个因素：A 因素是饲料配方，分 A_1、A_2、A_3 3 个水平；B 因素是光照，分 B_1、B_2、B_3 3 个水平；C 因素是温度，分 C_1、C_2、C_3 3 个水平。这是一个 3 因素 3 水平的试验，各因素的水平之间全部可能的组合有 27 种。如果试验方案包含各因素的全部水平组合，即进行全面试验，可以分析各因素的效应，交互作用，也可选出最优水平组合。这是全面试验的优点。但全面试验包含的水平组合数较多，工作量大，由于受试验场地、试验动物、经费等限制而难以实施。若试验的目的主要是寻求最优水平组合，则可利用正交设计来安排试验。正交设计的基本特点：用部分试验来代替全面试验，通过对部分试验结果的分析，了解全面试验的情况。正因为正交试验是用部分试验来代替全面试验，它不可能像全面试验那样对各因素效应、交互作用一一分析；当交互作用存在时，有可能出现交互作用的混杂。虽然正交设计有上述不足，但它能通过部分试验找到最优水平组合，因而很受实际工作者青睐。

如对于上述 3 因素 3 水平试验，若不考虑交互作用，可利用正交表 L_9（34）安排，试验方案仅包含 9 个水平组合，就能反映试验方案包含 27 个水平组合的全面试验的情况，找出最佳的生产条件。

1. 正交表及其特性

（1）正交表。由于正交设计安排试验和分析试验结果都要用正交表，因此，我们先对正交表作一介绍。表 5-23 是一张正交表，记号为 $L_8(2^7)$，其中“L”代表正交表；L 右下角的数字“8”表示有 8 行，用这张正交表安排试验包含 8 个处理（水平组合）；括号内的底数“2”表示因素的水平数，括号内 2 的指数“7”表示有 7 列，用这张正交表最多可以安排 7 个因素。

表 5-23 $L_8(2^7)$ 正交表

试验号	列号						
	1	2	3	4	5	6	7
1	1	1	1	1	1	1	1
2	1	1	1	2	2	2	2
3	1	2	2	1	1	2	2
4	1	2	2	2	2	1	1
5	2	1	2	1	2	1	2
6	2	1	2	2	1	2	1
7	2	2	1	1	2	2	1
8	2	2	1	2	1	1	2

常用的正交表已由数学工作者制定出来，供进行正交设计时选用。2 水平正交表有 $L_4(2^3)$、$L_{16}(2^{15})$；3 水平正交表有 $L_9(3^4)$、$L_{27}(2^{13})$ 等。

（2）正交表的特性。任何一张正交表都有如下两个特性。

①任一列中，不同数字出现的次数相等 例如，$L_8(2^7)$ 中不同数字只有 1 和 2，它们各出现 4 次；$L_9(3^4)$ 中不同数字有 1、2 和 3，它们各出现 3 次。

②任两列中，同一横行所组成的数字对出现的次数相等 例如，$L_8(2^7)$ 中（1，1）、（1，2）、（2，1）、（2，2）各出现两次；$L_9(3^4)$ 中（1，1）、（1，2）、（1，3）、（2，1）、（2，2）、（2，3）、（3，1）、（3，2）、（3，3）各出现 1 次。即每个因素的一个水平与另一因素的各个水平互碰次数相等，表明任意两列各个数字之间的搭配是均匀的。

根据以上两个特性，我们用正交表安排的试验，具有均衡分散和整齐可比的特点。所谓均衡分散，是指用正交表挑选出来的各因素水平组合在全部水平组合中的分布是均匀的。整齐可比是指每一个因素的各水平间具有可比性。因为正交表中每一因素的任一水平下都均衡地包含着另外因素的各个水平，当比较某因素不同水平时，其他因素的效应都彼此抵消。如在 A、B、C 3 个因素中，A 因素的 3 个水平 A_1、A_2、A_3 条件下各有 B、C 的 3 个不同水平，见表 5-24。

表 5-24 因素水平

	B_1C_1		B_1C_2		B_1C_3
A_1	B_2C_2	A_2	B_2C_3	A_3	B_2C_1
	B_3C_3		B_3C_1		B_3C_2

在这 9 个水平组合中，A 因素各水平下包括了 B、C 因素的 3 个水平，虽然搭配方式不同，但 B、C 皆处于同等地位，当比较 A 因素不同水平时，B 因素不同水平的效应相互抵消，C 因素不同水平的效应也相互抵消。所以 A 因素 3 个水平间具有可比性。同样，B、C 因素 3 个水平间亦具有可比性。

2. 正交表的类别

（1）相同水平正交表。各列中出现的最大数字相同的正交表称为相同水平正交表。如 $L_4(2^3)$、$L_8(2^7)$、$L_{12}(2^{11})$ 等各列中最大数字为 2，称为两水平正交表；$L_9(3^4)$、$L_{27}(3^{13})$ 等各列中最大数字为 3，称为 3 水平正交表。

（2）混合水平正交表。各列中出现的最大数字不完全相同的正交表称为混合水平正交表。如 $L_8(4\times2^4)$ 表中有一列最大数字为 4，有 4 列最大数字为 2。也就是说该表可以安排一个 4 水平因素和 4 个 2 水平因素。再如 $L_{16}(4^4\times2^3)$，$L_{16}(4\times12^{12})$ 等都是混合水平正交表。

在试验安排中，每个因素在研究的范围内选几个水平，就好比在选优区内打上网格，如果网上的每个点都做试验，就是全面试验。如在 A、B、C 3 个因素中，A 因素的 3 个水平 A_1、A_2、A_3 条件下各有 B、C 的 3 个不同水平，其试验方案见表 5-25。

表 5-25 3 因素 3 水平全面试验方案

		C_1	C_2	C_3
A_1	B_1	$A_1B_1C_1$	$A_1B_1C_2$	$A_1B_1C_3$
	B_2	$A_1B_2C_1$	$A_1B_2C_2$	$A_1B_2C_3$
	B_3	$A_1B_3C_1$	$A_1B_3C_2$	$A_1B_3C_3$
A_2	B_1	$A_2B_1C_1$	$A_2B_1C_2$	$A_2B_1C_3$
	B_2	$A_2B_2C_1$	$A_2B_2C_2$	$A_2B_2C_3$
	B_3	$A_2B_3C_1$	$A_2B_3C_2$	$A_2B_3C_3$
A_3	B_1	$A_3B_1C_1$	$A_3B_1C_2$	$A_3B_1C_3$
	B_2	$A_3B_2C_1$	$A_3B_2C_2$	$A_3B_2C_3$
	B_3	$A_3B_3C_1$	$A_3B_3C_2$	$A_3B_3C_3$

（3）3 因素 3 水平的全面试验水平组合数为 $3^3=27$，4 因素 3 水平的全面试验水平组合数为 $3^4=81$，5 因素 3 水平的全面试验水平组合数为 $3^5=243$，这在动物试验中是不可能做到的。正交设计就是从选优区全面试验点（水平组合）中挑选出有代表性的部分试验点（水平组合）来进行试验。

3. 正交设计方法

在进行矿物质元素对架子猪补饲试验中，考察补饲配方、用量、食盐 3 个因素，每个因素都有 3 个水平。试安排一个正交试验方案。

正交设计一般有以下几个步骤。

（1）确定因素和水平。影响试验结果的因素很多，我们不可能把所有影响因素通过 1 次试验都予以研究，只能根据以往的经验，挑选和确定若干对试验指标影响最大、有较大经济效益而又了解不够清楚的因素来研究。同时还应根据实际经验和专业知识，定出各因素适宜的水平，列出因素水平表。在进行矿物质元素对架子猪补饲试验中，考察补饲配方、用量、食盐 3 个因素，每个因素都有 3 个水平的因素水平表见表 5-26。

表 5-26　架子猪补饲试验因素水平

水平	因素		
	矿物质元素补饲配方（A）	用量 /g（B）	食盐 /g（C）
1	配方Ⅰ（A_1）	15（B_1）	0（C_1）
2	配方Ⅱ（A_2）	25（B_2）	4（C_2）
3	配方Ⅲ（A_3）	20（B_3）	8（C_3）

（2）选用合适的正交表。确定了因素及其水平后，根据因素、水平及需要考察的交互作用的多少来选择合适的正交表。选用正交表的原则：既要能安排试验的全部因素，又要使部分水平组合数（处理数）尽可能地少。一般情况下，试验因素的水平数应恰好等于正交表记号中括号内的底数；因素的个数（包括交互作用）应不大于正交表记号中括号内的指数；各因素及交互作用的自由度之和要小于所选正交表的总自由度，以便估计试验误差。若各因素及交互作用的自由度之和等于所选正交表总自由度，则可采用有重复正交试验来估计试验误差。

此例有 3 因素 3 水平，若不考察交互作用，则各因素自由度之和为因素个数 ×（水平数 -1）=3×（3-1）=6，小于 $L_9(3^4)$ 总自由度 9-1=8，故可以选用 $L_9(3^4)$；若要考察交互作用，则应选用 $L_{27}(3^{13})$，此时所安排的试验方案实际上是全面试验方案。

（3）表头设计。正交表选好后，就可以进行表头设计。所谓表头设计，就是把挑选出的因素和要考察的交互作用分别排入正交表的表头适当的列上。在不考察交互作用时，各因素可随机安排在各列上；若考察交互作用，就应按该正交表的交互作用列表安排各因素与交互作用。此例不考察交互作用，可将矿物质元素补饲配方（A）、用量（B）和食盐（C）依次安排在 $L_9(3^4)$ 的第 1，第 2，第 3 列上，第 4 列为空列，见表 5-27。

表 5-27　表头设计

列号	1	2	3	4
因素	A	B	C	空

（4）列出试验方案。把正交表中安排各因素的每个列（不包含欲考察的交互作用列）中的每个数字依次换成该因素的实际水平，就得到一个正交试验方案。

根据表 5-28，1 号试验处理是 $A_1B_1C_1$，即配方Ⅰ、用量 15 g、食盐为 0 g；2 号试验处理是 $A_1B_2C_2$，即配方Ⅱ、用量 25 g、食盐为 4 g……9 号试验处理是 $A_3B_3C_2$，即配方Ⅲ、用量 20 g、食盐为 4 g。

表 5-28　正交试验方案

试验号	因素		
	A	*B*	*C*
1	1（配方Ⅰ）	1（15）	1（0）
2	1（配方Ⅰ）	2（25）	2（4）
3	1（配方Ⅰ）	3（20）	3（8）
4	2（配方Ⅱ）	1（15）	2（4）
5	2（配方Ⅱ）	2（25）	3（8）
6	2（配方Ⅱ）	3（20）	1（0）
7	3（配方Ⅲ）	1（15）	3（8）
8	3（配方Ⅲ）	2（25）	1（0）
9	3（配方Ⅲ）	3（20）	2（4）

4. 正交试验结果的统计分析

根据各号试验处理是无重复观察值还是有重复观察值，正交试验可分为无重复观察值正交试验和有重复观察值正交试验两种。若各号试验处理都只有一个观察值，则称为无重复观察值正交试验；若各号试验处理都有两个或两个以上观察值，则称为有重复观察值正交试验。下面介绍无重复观察值正交试验结果的方差分析。

对在进行矿物质元素对架子猪补饲试验中，考察补饲配方、用量、食盐 3 个因素，每个因素都有 3 个水平。用 $L_9(3^4)$ 安排试验方案后，各号试验只进行 1 次，试验结果（增重）列于表 5-29，试对其进行方差分析。

表 5-29　正交试验结果计算表

试验号	因素			增重 /kg
	A	*B*	*C*	
	（1）	（2）	（3）	
1	1	1	1	63.4
2	1	2	2	68.9
3	1	3	3	64.9
4	2	1	2	64.3
5	2	2	3	70.2
6	2	3	1	65.8
7	3	1	3	71.4
8	3	2	1	69.5
9	3	3	2	73.7

第一步：输入数据，如图 5-39 所示。

	配方	用量	食盐	增重
1	1	1	1	63.40
2	1	2	2	68.90
3	1	3	3	64.90
4	2	1	2	64.30
5	2	2	3	70.20
6	2	3	1	65.80
7	3	1	3	71.40
8	3	2	1	69.50
9	3	3	2	73.70

（1）数据视图

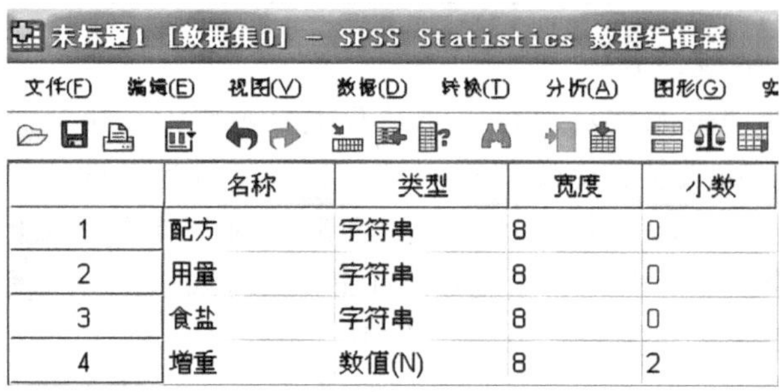

	名称	类型	宽度	小数
1	配方	字符串	8	0
2	用量	字符串	8	0
3	食盐	字符串	8	0
4	增重	数值(N)	8	2

（2）变量视图

图 5-39　数据录入

第二步：分析数据，如图 5-40 至图 5-44 所示。

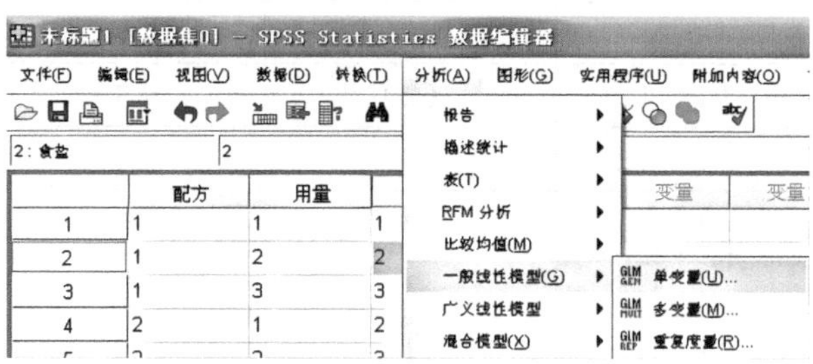

图 5-40　分析数据—1

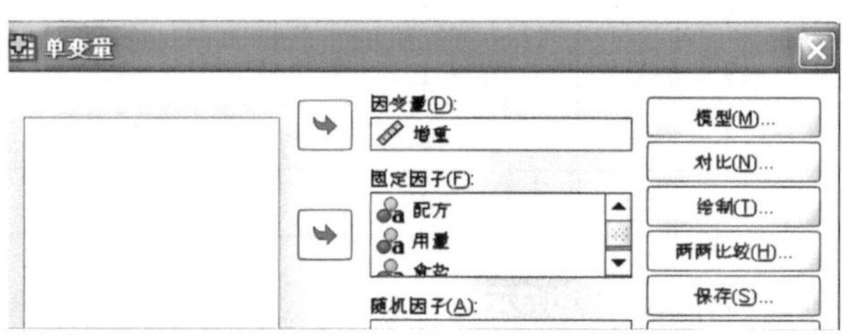

图 5-41　分析数据—2

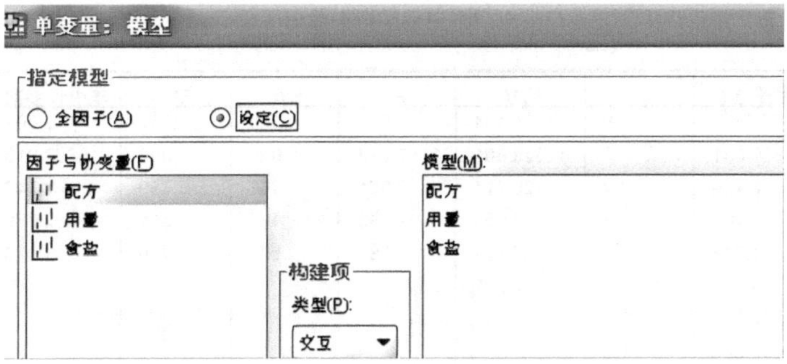

图 5-42　分析数据—3

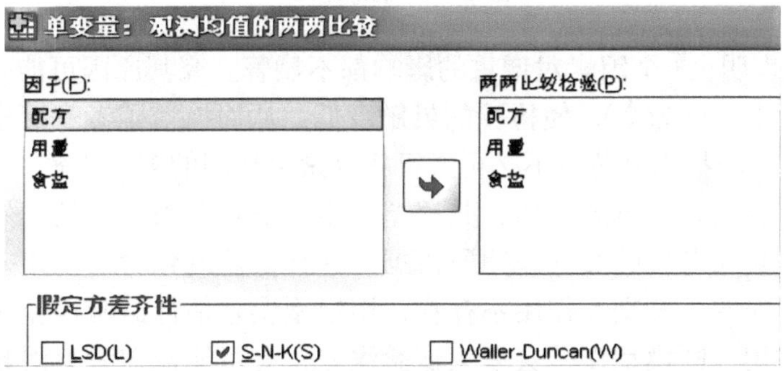

图 5-43　分析数据—4

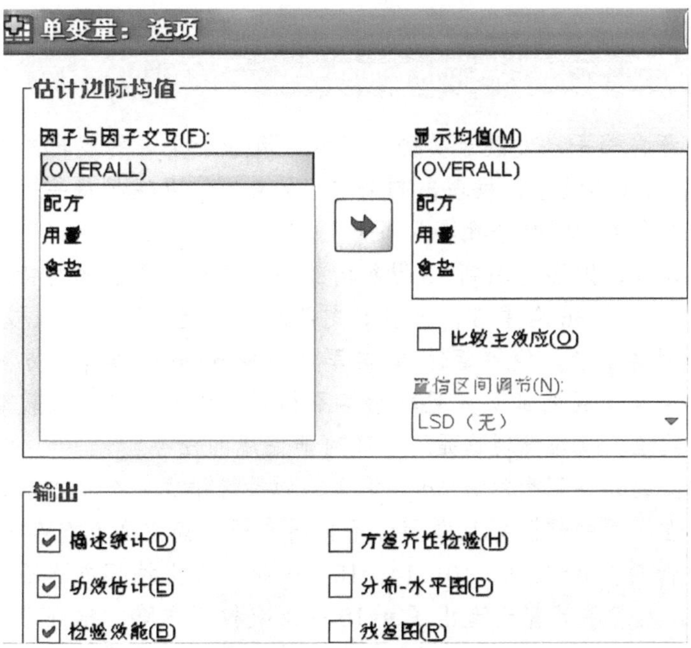

图 5-44　分析数据—5

第三步：数据输出，得出结论，如图 5-45 所示。

主体间效应的检验

因变量:增重

源	III 型平方和	df	均方	F	Sig.	偏 Eta 方	非中心 参数	观测到的幂[b]
校正模型	86.787[a]	6	14.464	2.000	.370	.857	12.002	.142
截距	41629.601	1	41629.601	5757.013	.000	1.000	5757.013	1.000
配方	57.429	2	28.714	3.971	.201	.799	7.942	.221
用量	15.109	2	7.554	1.045	.489	.511	2.089	.098
食盐	14.249	2	7.124	.985	.504	.496	1.970	.096
误差	14.462	2	7.231					
总计	41730.850	9						
校正的总计	101.249	8						

a. R 方 = .857(调整 R 方 = .429)

b. 使用 alpha 的计算结果 = .05

图 5-45 数据输出

F 检验结果表明，3 个因素对增重的影响都不显著。究其原因可能是本例试验误差大且误差自由度小（仅为 2），使检验的灵敏度低，从而掩盖了考察因素的显著性。由于各因素对增重影响都不显著，不必再进行各因素水平间的多重比较。

上述正交试验结果的方差分析，其误差是由“空列”来估计的。然而“空列”并不空，实际上是被未考察的交互作用所占据。这种误差既包含试验误差，也包含交互作用，称为模型误差。若交互作用不存在，用模型误差估计试验误差是可行的；若因素间存在交互作用，则模型误差会夸大试验误差，有可能掩盖考察因素的显著性。这时，试验误差应通过重复试验值来估计。所以，进行正交试验最好能有两次以上的重复。正交试验的重复，可采用完全随机或随机单位组设计。

思政导学

数独是一种源自瑞士，发展于美国、日本，风靡于全球的逻辑游戏，玩家需要根据 9×9 的方格中已知的数字，推理出剩余空格的数字，并满足每一行、每一列、每一个宫内的数字均包含 1~9，9 个数字且不重复。

说到数独的起源，则要追溯到 18 世纪的欧洲，据说普鲁士的腓特列大帝曾组成一支仪仗队。仪仗队共有 36 名军官，来自 6 支部队，每支部队中，上校、中校、少校、上尉、中尉、少尉各 1 名。他希望这 36 名军官排成 6×6 的方阵，方阵的每一行，每一列的 6 名军官来自不同的部队并且军衔各不相同。后来，他去求教瑞士著名的大数学家莱昂哈德·欧拉。欧拉发现这是一个不可能完成的任务。

来自 n 个部队的 n 种军衔的 $n\times n$ 名军官，如果能排成一个正方形，每一行、每一列的 n 名军官来自不同的部队并且军衔各不相同，那么就称这个方阵叫正交拉丁方阵。莱昂哈德·欧拉猜测在 n=2，6，10，14，18，…时，正交拉丁方阵不存在。然而到了 20 世纪 60 年代，人们用计算机造出了 n=10 的正交拉丁方阵，推翻了莱昂哈德·欧拉的猜测。现在已经知道，除 n=2，6 以外，其余的正交拉丁方阵都存在，而且有多种构造的方法。

（资料来源：网络整理）

思考分析：拉丁方阵体现着“数学美”：整齐、对称、有规律、简单、自然，当然也引发了人们对于拉丁方格更为具体的研究。1783年，瑞士数学家莱昂哈德·欧拉发明了一种当时称作“拉丁方块”的游戏，这个游戏是一个$n \times n$的数字方阵，每一行和每一列都是由不重复的n个数字或者字母组成的。其实拉丁方块就是没有宫的标准数独，只有两个限制条件，即行、列中的符号不能相同，这就是数独的雏形。

任务筹划

畜牧兽医试验设计方法如图5-46所示。

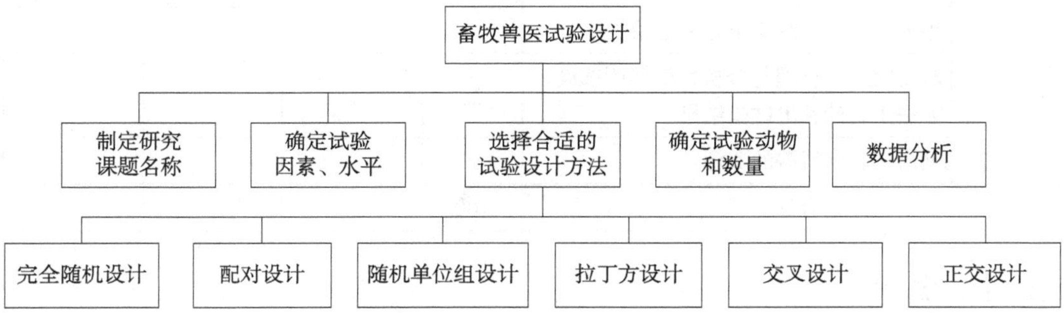

图5-46　畜牧兽医试验设计方法

任务实施

步骤一：

步骤二：

步骤三：

步骤四：

步骤五：

二维码5-4

任务检测

使用微信小程序扫码进入在线测试，可多次答题，直到获得满意的结果。

任务评价

根据任务完成情况，进行任务评价，详见表5-30。

表 5-30 工作任务完成过程评价

班级:__________ 姓名:__________ 学号:__________

项目	评分标准	分值	自我评价	小组评价	教师评价
实操技能	正确制定出研究课题的名称及试验目的	15			
	明确试验研究的因素、水平并能结合试验条件选择合适的试验设计方法	20			
	正确地选择试验动物，并能确定出所需试验动物的数量	15			
	根据所需指标制定出相关记录表格	15			
	对资料进行整理与分析并根据所选设计方法正确计算出试验结果	25			
	列出试验中所需的资源	10			
合计		100			
自我评价与总结					
教师点评					

附表 1 随机数字表（Ⅰ）

03 47 44 73 86	36 96 47 36 61	46 98 63 71 62	33 26 16 80 45	60 11 14 10 95
97 74 24 67 62	42 81 14 57 20	42 53 32 37 32	27 07 36 07 51	24 51 79 89 73
16 76 62 27 66	56 50 26 71 07	32 90 79 78 53	13 55 38 58 59	88 97 54 14 10
12 56 85 99 26	96 96 68 27 31	05 03 72 93 15	57 12 10 14 21	88 26 49 81 76
55 59 56 35 64	38 54 82 46 22	31 62 43 09 09	06 18 44 32 53	23 83 01 50 30
16 22 77 94 39	49 54 43 54 82	17 37 93 23 78	87 35 20 96 43	84 26 34 91 64
84 42 17 53 31	57 24 55 06 88	77 04 74 47 67	21 76 33 50 25	83 92 12 06 76
63 01 63 78 59	16 95 55 67 19	98 10 50 71 75	12 86 73 58 07	44 39 52 38 79
33 21 12 34 29	78 64 56 07 82	52 42 07 44 38	15 51 00 13 42	99 66 02 79 54
57 60 86 32 44	09 47 27 96 54	49 17 46 09 62	90 52 84 77 27	08 02 73 43 28
18 18 07 92 46	44 17 16 58 09	79 83 86 19 62	06 76 50 03 10	55 23 64 05 05
26 62 38 97 75	84 16 07 44 99	83 11 46 32 24	20 14 85 88 45	10 93 72 88 71
23 42 40 64 74	82 97 77 77 81	07 45 32 14 08	32 98 94 07 72	93 85 79 10 75
52 36 28 19 95	50 92 26 11 97	00 56 76 31 38	80 22 02 53 53	86 60 42 04 53
37* 85 94 35 12	43 39 50 08 30	42 34 07 96 88	54 42 06 87 98	35 85 29 48 39
70 29 17 12 13	40 33 20 38 26	13 89 51 03 74	17 76 37 13 04	07 74 21 19 30
56 62 18 37 35	96 83 50 87 75	97 12 25 93 47	70 33 24 03 54	97 77 46 44 80
99 49 57 22 77	88 42 95 45 72	16 64 36 16 00	04 43 18 66 79	94 77 24 21 90
16 08 15 04 72	33 27 14 34 09	45 59 34 68 49	12 72 07 34 45	99 27 72 95 14
31 16 93 32 43	50 27 89 87 19	20 15 37 00 49	52 85 66 60 44	38 68 88 11 80
68 34 30 13 70	55 74 30 77 40	44 22 78 84 26	04 33 46 09 52	68 07 97 06 57
74 57 25 65 76	59 29 97 68 60	71 91 38 67 54	03 58 18 24 76	15 54 55 95 52
27 42 37 86 53	48 55 90 65 72	96 57 69 36 10	96 46 92 42 45	97 60 49 04 91
00 39 68 29 61	66 37 32 20 30	77 84 57 03 29	10 45 65 04 26	11 04 96 67 24
29 94 98 94 24	68 49 69 10 82	53 75 91 93 30	34 25 20 57 27	40 48 73 51 92
16 90 82 66 59	83 62 64 11 12	67 19 00 71 74	60 47 21 29 68	02 02 37 03 31
11 27 94 75 06	06 09 19 74 66	02 94 37 34 02	76 70 90 30 86	38 45 94 30 38
35 24 10 16 20	33 32 51 26 38	79 78 45 04 91	16 92 53 56 16	02 75 50 95 98
38 23 16 86 38	42 38 97 01 50	87 75 66 81 41	40 01 74 91 62	48 51 84 08 32
31 96 25 91 47	96 44 33 49 13	34 86 82 53 91	00 52 43 48 85	27 55 26 89 62
66 67 40 67 14	64 05 71 95 86	11 05 65 09 68	76 83 20 37 90	57 16 00 11 66
14 90 84 45 11	75 73 88 05 90	52 07 41 14 86	22 98 12 22 08	07 52 74 95 80
68 05 51 18 00	33 96 02 75 19	07 60 62 93 55	59 33 82 43 90	49 37 38 44 59
20 46 78 73 90	97 51 40 14 02	04 02 33 31 08	39 54 16 49 36	47 95 93 13 30
64 19 58 97 79	15 06 15 93 20	01 90 10 75 06	40 78 78 89 62	02 67 74 17 33
05 26 93 70 60	22 35 85 15 13	92 03 51 59 77	59 56 78 06 83	52 91 05 70 74
07 97 10 88 23	09 98 42 99 64	61 71 63 99 15	06 51 29 16 93	58 05 77 09 51
68 71 86 85 85	54 87 66 47 54	73 32 08 11 12	44 95 92 63 16	29 56 24 29 48
26 99 61 65 53	58 37 78 80 70	42 10 50 67 42	32 17 55 85 74	94 44 67 16 94
14 65 52 68 75	87 59 36 22 41	26 78 63 06 55	13 08 27 01 50	15 29 39 39 43
17 53 77 58 71	71 41 61 50 72	12 41 94 96 26	44 95 27 36 99	02 96 74 30 83
90 26 59 21 19	23 52 23 33 12	96 93 02 18 39	07 02 18 36 07	25 99 32 70 23
41 23 52 55 99	31 04 49 69 96	10 47 48 45 88	13 41 43 89 20	97 17 14 49 17
90 20 50 81 69	31 99 73 68 68	35 81 33 03 76	24 30 12 48 60	18 99 10 72 34
91 25 38 05 90	94 58 28 41 36	45 37 59 03 09	90 35 57 29 12	82 62 54 65 60
34 50 57 74 37	98 80 33 00 91	09 77 93 19 82	74 94 80 04 04	45 07 31 66 49
85 22 04 39 43	73 81 53 94 79	33 62 46 86 28	08 31 54 46 31	53 94 13 38 47
09 79 13 77 48	73 82 97 22 21	05 03 27 24 83	72 89 44 05 60	35 80 39 94 88
88 75 80 18 14	22 95 75 42 49	39 32 82 22 49	02 48 07 70 37	16 04 61 67 87
00 96 23 70 00	39 00 03 06 90	55 85 78 38 36	94 37 30 69 32	90 89 00 76 33

随机数字表（Ⅱ）

54 74 23 99 67	61 02 28 69 84	94 62 67 86 24	98 33 41 19 95	47 53 53 38 09
63 38 06 86 54	99 00 65 26 94	02 82 90 23 07	79 62 67 80 60	75 91 12 81 19
35 30 58 21 46	06 72 17 10 94	25 21 31 75 96	49 28 24 00 49	55 65 79 78 07
63 45 36 82 69	65 51 18 37 98	61 38 44 12 45	32 82 85 88 65	54 34 81 85 35
98 25 37 55 26	01 91 82 81 46	74 71 12 94 97	24 02 71 37 07	03 92 18 66 75
02 63 21 17 69	71 50 80 89 56	38 15 70 11 48	43 40 45 86 98	00 83 26 91 03
64 55 22 21 82	48 22 28 06 00	61 54 13 43 91	82 78 12 23 29	06 66 24 12 27
85 07 26 13 89	01 10 07 82 04	59 63 69 36 03	69 11 15 53 80	13 29 54 19 28
58 54 16 24 15	51 54 44 82 00	62 61 65 04 69	38 18 65 18 97	85 72 13 49 21
34 85 27 84 87	61 48 64 56 26	90 18 48 13 26	37 70 15 42 57	65 65 80 39 07
03 92 18 27 46	57 99 16 96 56	30 33 72 85 22	84 64 38 56 98	99 01 30 98 64
62 95 30 27 59	57 75 41 66 48	86 97 80 61 45	23 53 04 01 63	45 76 08 64 27
08 45 93 15 22	60 21 75 46 91	98 77 27 85 42	28 88 61 08 84	69 62 03 42 73
07 08 55 18 40	45 44 75 13 90	24 94 96 61 02	57 55 66 83 15	73 42 37 11 61
01 85 89 95 66	51 10 19 34 88	15 84 97 19 75	12 76 39 43 78	64 63 91 08 25
72 84 71 14 35	19 11 58 49 26	50 11 17 17 76	86 31 57 20 18	95 60 78 46 75
88 78 28 16 84	13 52 53 94 53	75 45 69 30 96	73 89 65 70 31	99 17 43 48 76
45 17 75 65 57	28 40 19 72 12	25 12 73 75 67	60 40 60 81 19	24 62 01 61 16
96 76 28 12 54	22 01 11 94 25	71 96 16 16 88	68 64 36 74 45	19 59 50 88 92
43 31 67 72 30	24 02 94 08 63	38 32 36 66 02	69 36 38 25 39	48 03 45 15 22
50 44 66 44 21	66 06 58 05 62	68 15 54 35 02	42 35 48 96 32	14 52 41 52 48
22 66 22 15 86	26 63 75 41 99	58 42 36 72 24	58 37 52 18 51	03 37 18 39 11
96 24 40 14 51	23 22 30 88 57	95 67 47 29 83	94 69 30 06 07	18 16 36 78 86
31 73 91 61 91	60 20 72 93 48	98 57 07 23 69	65 95 39 67 58	56 80 30 19 44
78 60 73 99 84	43 89 94 36 45	56 69 47 07 41	90 22 91 07 12	78 35 34 08 72
84 37 90 61 56	70 10 23 98 05	85 11 34 76 60	76 48 45 34 60	01 64 18 30 96
36 67 10 08 23	98 93 35 08 86	99 29 76 29 81	33 34 91 58 93	63 14 52 32 52
07 28 59 07 48	89 64 58 89 75	83 85 62 27 89	30 14 78 56 27	86 63 59 80 02
10 15 83 87 66	79 24 31 66 56	21 48 24 06 93	91 98 94 05 49	01 47 59 38 00
55 19 68 97 65	03 73 52 16 56	00 53 55 90 87	33 42 29 38 87	22 15 88 83 34
53 81 29 13 39	35 01 20 71 34	62 35 74 82 14	55 73 19 09 03	56 54 29 56 93
51 86 32 68 92	33 98 74 66 99	40 14 71 94 58	45 94 19 38 81	14 44 99 81 07
35 91 70 29 13	80 03 54 07 27	96 94 78 32 66	50 95 52 74 33	13 80 55 62 54
37 71 67 95 13	20 02 44 95 94	64 85 04 05 72	01 32 90 76 14	53 89 71 60 41
93 66 13 83 27	92 79 64 64 77	28 54 96 53 84	48 14 52 98 94	56 07 93 89 30
02 96 08 45 65	13 05 00 41 84	93 07 34 72 59	21 45 57 09 77	19 48 56 27 44
49 83 43 48 35	82 88 33 69 96	72 36 04 19 76	47 45 15 18 60	82 11 08 95 97
84 60 71 62 46	40 80 81 30 37	34 39 23 05 38	25 15 35 71 30	88 12 57 21 77
18 17 30 88 71	44 91 14 88 47	89 23 30 63 15	56 54 20 47 89	99 82 93 24 98
79 69 10 61 78	71 32 76 95 62	87 00 22 58 40	92 54 01 75 25	43 11 71 99 31
75 93 36 57 83	56 20 14 82 11	74 21 97 90 65	96 12 68 63 86	74 54 13 26 94
38 30 92 29 03	06 28 81 39 38	62 25 06 84 63	61 29 08 93 67	04 32 92 08 09
51 29 50 10 34	31 57 75 95 80	51 97 02 74 77	76 15 48 49 44	18 55 63 77 09
21 61 38 86 24	37 79 81 53 74	73 24 16 10 33	52 83 90 94 76	70 47 14 54 36
29 01 23 87 88	58 02 39 37 67	42 10 14 20 92	16 55 23 42 45	54 96 09 11 06
95 33 95 22 00	18 74 72 00 18	38 79 58 69 32	81 76 80 26 92	82 80 84 25 39
90 84 60 79 80	24 36 59 87 38	82 07 53 89 35	96 35 23 79 18	05 98 90 07 35
46 40 62 98 82	54 97 20 56 95	15 74 80 08 32	10 46 70 50 80	67 72 16 42 79
20 31 89 03 43	38 46 82 68 72	32 14 82 99 70	80 60 47 18 97	63 49 30 21 30
71 59 73 03 50	08 22 23 71 77	01 01 93 20 49	82 96 59 26 94	60 39 67 98 60

参考文献

白厚义，2005. 试验方法及统计分析（全国高等农林院校教材）[M]. 北京：中国林业出版社 .

北京市农业学校，1995. 田间试验和生物统计（全国中等农业学校教材）[M]. 北京：中国农业出版社 .

贵州农学院，1989. 生物统计附试验设计 [M]. 2 版 . 北京：农业出版社 .

郭才，霍志军，2007. 田间试验与生物统计 [M]. 北京：中国农业大学出版社 .

基奥，奎因，曾岩主，等，2003. 生物实验设计与数据分析（中文版）[M]. 北京：高等教育出版社 .

李湘鸣，王劲松，2005. SPSS 10.0 常用生物医学统计使用指导 [M]. 南京：东南大学出版社 .

辽宁省锦州畜牧兽医学校，2000. 生物统计与畜牧兽医试验（中等）[M]. 2 版 . 北京：中国农业出版社 .

明道绪，1998. 生物统计 [M]. 北京：中国农业科技出版社 .

南京农学院，1979. 田间试验和生物统计 [M]. 北京：农业出版社 .

欧阳叙向，2007. 生物统计附试验设计 [M]. 重庆：重庆大学出版社 .

宋代军，2001. 生物统计附试验设计 [M]. 北京：中国农业出版社 .

王芳，李传仁，2009. 田间试验与生物统计 [M]. 北京：化学工业出版社 .

王彤，2008. 医学统计学与 SPSS 软件应用 [M]. 北京：北京大学医学出版社 .

吴占福，王艳立，2010. 生物统计与试验设计 [M]. 北京：化学工业出版社 .

张力，2006. SPSS13.0 在生物统计中的应用 [M]. 厦门：厦门大学出版社 .